普通高等院校仪器类"十三五"规划系列教材

电气控制与 PLC

付 华　侯利民　周 围　主 编

陈伟华　谢国民　刘志德　副主编

电子工业出版社

Publishing House of Electronics Industry

北京·BEIJING

内 容 简 介

本书介绍了继电接触式控制系统和 FX$_{3U}$ 系列 PLC 控制系统的工作原理、设计方法和实际应用。重点介绍了电气控制线路、FX$_{3U}$ 系列 PLC 原理及应用等内容。内容包括：常用低压电器、电气控制线路的基本规律和设计方法、FX$_{3U}$ 系列 PLC 基本指令及其应用、步进顺控指令及编程方法、功能指令及其应用、FX 系列 PLC 通信技术、PLC 控制系统的设计及工程实例等。本书从实际应用角度出发，旨在培养学生熟练地分析与设计电气控制线路，具备利用 PLC 进行控制系统设计的基本能力。

本书可作为高等学校自动化、电气工程及其自动化、测控技术、机电一体化、计算机等相关专业的教学用书，也可供研究生及相关工程技术人员参考。

图书在版编目（CIP）数据

电气控制与 PLC / 付华，侯利民，周围主编. —北京：电子工业出版社，2016.9
普通高等院校仪器类"十三五"规划系列教材
ISBN 978-7-121-29434-1

Ⅰ. ①电… Ⅱ. ①付… ②侯… ③周… Ⅲ. ①电气控制－高等学校－教材②PLC 技术－高等学校－教材
Ⅳ. ①TM571.2②TM571.6

中国版本图书馆 CIP 数据核字（2016）第 167943 号

策划编辑：赵玉山
责任编辑：刘真平
印　　刷：北京虎彩文化传播有限公司
装　　订：北京虎彩文化传播有限公司
出版发行：电子工业出版社
　　　　　北京市海淀区万寿路 173 信箱　邮编　100036
开　　本：787×1 092　1/16　印张：18.25　字数：467.2 千字
版　　次：2016 年 9 月第 1 版
印　　次：2023 年 1 月第 9 次印刷
定　　价：39.00 元

凡所购买电子工业出版社图书有缺损问题，请向购买书店调换。若书店售缺，请与本社发行部联系，联系及邮购电话：（010）88254888，88258888。

质量投诉请发邮件至 zlts@phei.com.cn，盗版侵权举报请发邮件至 dbqq@phei.com.cn。

本书咨询联系方式：zhaoys@phei.com.cn。

普通高等院校仪器类"十三五"规划系列

教材编委会

主　任：丁天怀（清华大学）

委　员：陈祥光（北京理工大学）

王　祁（哈尔滨工业大学）

王建林（北京化工大学）

曾周末（天津大学）

余晓芬（合肥工业大学）

侯培国（燕山大学）

前　　言

电气控制与PLC是电气类、机电类专业的一门实践性较强的专业课程，其在工业自动化控制领域的应用十分广泛。本书以电气控制和目前市场上具有广泛影响的主流机型三菱 FX$_{3U}$ 系列PLC为研究背景，遵循"以理论知识与实例一体化为基础，工程应用为导向，能力培养为核心，创新技能为目标"的编写思想，在突出基础知识、基本分析设计方法以及基本编程能力的基础上，更注重培养分析解决实际问题的能力、工程设计能力和创新意识，充分体现了教材的科学性、实用性和可操作性。本书突出工程特色，以工程教育为理念，围绕培养应用创新型工程人才这一培养目标，着重学生的独立研究能力、动手能力和解决实际问题能力的培养，体现了测控技术与仪器专业工程人才培养模式和教学内容的改革成果，通过科学规范的工程人才教材建设促进专业建设和工程人才培养质量的提高。

本书主要介绍了电气控制线路、FX$_{3U}$ 系列 PLC 原理及应用等内容，既注重系统全面、新颖，又力求叙述简练、层次分明、通俗易懂。在编写形式上，既注重从实际应用的角度出发，又涵盖理论知识的阐述，满足读者各自不同的需求。在结构安排上，由浅入深、循序渐进、图文并茂，具有一定的广度和深度。书中用到了先进的二维码技术，读者可以通过扫描获取经典的视频和动画等信息，在加深相关知识理解的同时丰富信息量。本书讲解透彻、逻辑性强、重点突出，读者通过学习本书，能很快掌握 PLC 技术，并具备应用系统设计的能力。

本书共分八章，第 1 章由付华、刘志德编写，第 2 章由周围编写，第 3、4 章由陈伟华编写，第 5、6 章由侯利民编写，第 7、8 章由谢国民编写。王庆贵、王怀震、谢鸿、单敏柱、臧东、王红发、任一夫、李勇、丁会巧、刘叶、刘宽、黄睿灵等人参加了部分编写工作，绘制了插图和录入了部分文字。

本书在编写过程中，参考了相关的书籍资料，在此向这些书的作者表示感谢！限于编者水平，书中难免存在错误和不妥之处，诚恳希望广大读者批评指正。

编　者

2015 年 11 月

目　　录

第1章

常用低压电器

本章知识点:
- 电磁式电器的组成与工作原理;
- 接触器的组成与原理;
- 继电器的分类与原理;
- 主令电器的原理;
- 电磁执行器的原理。

基本要求:
- 了解低压电器的定义与分类;
- 掌握电磁式电器的基本机构与工作原理;
- 掌握接触器、继电器、行程开关、电磁阀的功能、工作原理、用途及选用方法;
- 理解信号电器、低压断路器、熔断器等的功能、工作原理、用途及选用方法;
- 理解接触器与继电器、低压断路器与熔断器的区别。

能力培养:

通过接触器、继电器、电磁阀、断路器等知识点的学习,培养学生阅读、理解、分析与设计电气控制电路的基本能力。学生能根据现场技术指标要求及工程实际需求,正确选择和合理使用低压电器,运用本章所学知识分析、解决工程应用中出现的低压电器方面的问题,具有一定的工程实践能力。

1.1 低压电器的定义和分类

1.1.1 低压电器的定义

凡是自动或手动接通和断开电路,以及能对电路或非电对象实现切换、控制、保护、检测、变换和调节目的的电气元件统称为电器。用于交流 50Hz 额定电压 1200V 以下、直流额定电压 1500V 以下的电路内起通断、保护、控制或调节作用的电器称为低压电器。

1.1.2 低压电器的分类

低压电器的用途广泛,功能多样,种类繁多。

按其用途可分为:

(1)配电电器。用于配电系统,进行电能的输送和分配,如熔断器、刀开关、转换开关、低压断路器等。

（2）控制电器。主要用于自动控制系统和用电设备中，如接触器、继电器、主令电器、电阻器、电磁铁等。

按其动作方式可分为：

（1）自动操作电器。依靠外部信号的作用或本身参数的变化自动完成接通或断开操作的电器，如接触器、继电器等。

（2）手动操作电器。用手直接进行操作的电器，如按钮、转换开关等。

按其执行机构可分为：

（1）有触点电器。利用触点的接通和分断来通断电路，如接触器、低压断路器等。

（2）无触点电器。利用电子电路发出检测信号或执行指令，达到控制电路的目的，如接近开关、光电开关、电子式时间继电器等。

近年来，我国低压电器产品发展很快，通过自行设计新产品和从国外著名厂家引进技术，产品品种和质量都有明显的提高，符合新国家标准、达到国际电工委员会（IEC）标准的产品不断增加。国家严格禁止生产厂家继续销售淘汰的产品，对选用淘汰产品的工程设计则视为劣质设计。这些扶优限劣的技术政策对我国低压电器产品的技术进步和提高电气控制系统的可靠性有着十分重要的作用。

当前，低压电器继续沿着体积小、重量轻、安全可靠、使用方便的方向发展，主要途径是利用微电子技术提高传统电器的性能；在产品品种方面，大力发展电子化的新型控制电器，如接近开关、光电开关、电子式时间继电器、固态继电器与接触器、漏电继电器、电子式电机保护器和半导体启动器等，以适应控制系统迅速电子化的需要。

1.2　电磁式电器的组成与工作原理

电磁式电器在电气自动化控制电路中使用最多，类型也很多，就其结构而言，可认为是由电磁机构和触点系统两个主要部分组成的。

1.2.1　电磁机构

1. 电磁机构的结构形式及工作原理

电磁机构是电磁式电器的信号检测部分。它的主要作用是将电磁能量转换为机械能量并带动触点动作，从而完成电路的接通或分断。电磁机构由铁芯（静铁芯）、衔铁（动铁芯）和线圈等部分组成，如图 1-1 所示。

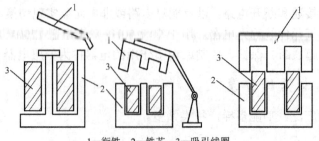

1—衔铁；2—铁芯；3—吸引线圈

图 1-1　常用的磁路结构示意图

根据衔铁的运动方式不同，可以分为转动式和直动式。电磁式电器分为直流与交流两大类，都是利用电磁铁的原理制成的。通常直流电磁铁的铁芯用整块钢材或工程纯铁制成，而交流电磁铁的铁芯则用硅钢片叠铆而成。吸引线圈的作用是将电能转换成磁场能，按通入电流种类的不同，可分为直流和交流线圈。

对于直流电磁铁，因其铁芯不发热，只有线圈发热，所以直流电磁铁的吸引线圈制成高而薄的瘦长形且不设线圈骨架，使线圈与铁芯直接接触，易于散热。

对于交流电磁铁，由于其铁芯存在磁滞和涡流损耗，这样线圈和铁芯都发热，所以交流电磁铁的吸引线圈有骨架，使铁芯与线圈隔离并将线圈制成短而厚的矮胖形，这样有利于铁芯和线圈的散热。

电磁式电器的工作原理示意图如图 1-2 所示。其工作原理是：当电磁线圈通电后，产生的磁通经过铁芯、衔铁和气隙形成闭合回路，此时衔铁被磁化产生电磁吸力，所产生的电磁吸力克服释放弹簧与触点弹簧的反力使衔铁产生机械位移，与铁芯吸合，并带动触点支架使动、静触点接触闭合。当电磁线圈断电或电压显著下降时，由于电磁吸力消失或过小，衔铁在弹簧反力作用下返回原位，同时带动动触点脱离静触点，将电路切断。

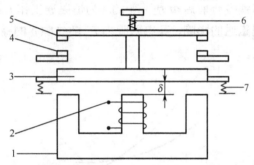

1—铁芯；2—电磁线圈；3—衔铁；4—静触点；5—动触点；6—触点弹簧；7—释放弹簧；δ—气隙

图 1-2 电磁式电器的工作原理示意图

2. 电磁机构的吸力特性与反力特性

电磁机构工作时，作用在衔铁上的力有两个：电磁吸力与反力。电磁吸力由电磁机构产生，反力则由释放弹簧和触点弹簧所产生。

根据麦克斯韦电磁力计算公式可知，如果气隙中的磁场均匀分布，电磁吸力 F_{at} 的大小与气隙的截面积 S 及气隙磁感应强度 B 的二次方成正比，即

$$F_{at} = \frac{B^2 S}{2\mu_0} \tag{1-1}$$

式中，真空磁导率 $\mu_0 = 4\pi \times 10^{-7} \text{H/m}$，非磁性材料的磁导率 $\mu \approx \mu_0$，代入式（1-1），得

$$F_{at} = \frac{10^7 B^2 S}{8\pi} = \frac{10^7}{8\pi} \frac{\Phi^2}{S} \tag{1-2}$$

式中，F_{at} 为电磁吸力，单位为 N（牛顿）；B 为气隙磁感应强度，单位为 T（特斯拉）；S 为气隙的截面积，单位为 m^2（平方米）；Φ 为气隙中的磁通量，单位为 Wb（韦伯）。

当气隙截面积 S 为常数时，电磁吸力与 B^2 或 Φ^2 成正比。

电磁机构的工作特性常用吸力特性和反力特性来表示。吸力特性是指电磁吸力 F_{at} 随衔铁与铁芯间气隙 δ 变化的关系曲线。不同的电磁机构有不同的吸力特性。

1）直流电磁机构的吸力特性

对于直流线圈，当电压 U 与线圈电阻 R 不变时，流过线圈的电流 I 不变。由磁路定律 $\Phi = \dfrac{IN}{R_m}$（式中，R_m 为气隙磁阻，$R_m = \dfrac{\delta}{\mu_0 S}$；$N$ 为线圈匝数）可知，$F_{at} \propto \Phi^2 \propto \dfrac{1}{R_m^2} \propto \dfrac{1}{\delta^2}$，即衔铁动作过程中为恒磁动势工作，电磁吸力 F_{at} 与气隙 δ 的二次方成反比，所以直流电磁机构的吸力特性为二次曲线形状，如图 1-3 所示。它表明衔铁吸合前后吸力变化很大，气隙越小吸力越大。

直流电磁机构在衔铁吸合过程中，电磁吸力是逐渐增加的，完全吸合时电磁吸力达到最大。对于可靠性要求很高或动作频繁的控制系统常采用直流电磁机构。

2）交流电磁机构的吸力特性

对于具有交流线圈的电磁机构，其吸力特性与直流电磁机构有所不同。假定交流线圈外加电压 U 不变，交流电磁线圈的阻抗主要取决于线圈的电抗，电阻可忽略，则 $U \approx E = 4.44 f N \Phi$，$\Phi = \dfrac{U}{4.44 f N}$。式中，$E$ 为线圈感应电动势，f 为电源电压频率。当 U、f、N 为常数时，Φ 为常数，即交流电磁机构在衔铁吸合前后 Φ 是不变的（为恒磁通工作），故 F_{at} 也不变，且 F_{at} 与气隙的大小无关，但考虑到漏磁通的影响，其电磁吸力 F_{at} 随气隙 δ 的减小略有增加。交流电磁机构的吸力特性如图 1-3 所示。

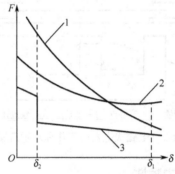

1—直流电磁机构吸力特性；2—交流电磁机构吸力特性；3—反力特性

图 1-3 吸力特性与反力特性的配合

虽然交流电磁机构的气隙磁通近似不变，但气隙磁阻 R_m 要随着气隙 δ 的加大成正比增加，因此，交流励磁电流的大小也将随气隙 δ 的加大成正比增大。所以，交流电磁机构在线圈已通电但衔铁尚未吸合时，其电流将比额定电流大很多，若衔铁卡住不能吸合或衔铁频繁动作，交流线圈可能因过电流而烧毁，故在可靠性要求高或频繁动作的场合，一般不采用交流电磁机构。

3）吸力特性和反力特性的配合

反力特性是指反作用力 F_r 与气隙 δ 的关系曲线，反作用力包括弹簧力、衔铁自身重力和摩擦阻力等。电磁机构使衔铁释放的力主要是弹簧的反力，弹簧的反力与其形变的位移 x 成正比，其反力可写为

$$F_{反} = k_1 x \tag{1-3}$$

反力特性如图 1-3 中的曲线 3 所示。图中 δ_1 为起始位置，δ_2 为动、静触点接触时的位置。在 $\delta_1 \sim \delta_2$ 区域内，反作用力随着气隙的减小而略有增大，在 δ_2 位置，动、静触点接触，这时触点的初压力作用到衔铁上，反作用力突增。在 $\delta_2 \sim 0$ 区域内，气隙越小，触点压得越紧，反作用力越大，其特性曲线比较陡峭。

为了使电磁机构正常工作，保证衔铁能牢牢吸合，其吸力特性与反力特性必须配合得当。在衔铁整个吸合过程中，其吸力都必须大于反力，即吸力特性必须始终位于反力特性上方，但不能过大或过小。吸力过大时，动、静触点接触及衔铁与铁芯接触时的冲击力很大，会使触点和衔铁发生弹跳，从而导致触点熔焊或烧毁，影响电磁机构的机械寿命；吸力过小时，又不能保证可靠吸合，难以满足高频率操作的要求。在衔铁释放时，反力必须大于吸力（此时的吸力是由剩磁产生的），即吸力特性必须位于反力特性下方。实际应用中，可通过调整反力弹簧或触点初压力来改变反力特性，使之与吸力特性配合得当。

1.2.2 触点系统

交流接触器的触点由主触点和辅助触点构成。主触点用于通断电流较大的主电路，由接触面积较大的常开触点组成，一般有三对。辅助触点用于通断电流较小的控制电路，由常开触点和常闭触点组成。所谓常开触点（也称动合触点）是指电气设备在未通电或未受外力作用时的常态下，触点处于断开状态；常闭触点（也称动断触点）是指电气设备在未通电或未受外力作用时的常态下，触点处于闭合状态。电气设备断电后，触点复原。

触点主要有以下几种结构形式：

1. 桥式触点

桥式触点又分为两个点接触的桥式触点和两个面接触的桥式触点，如图 1-4 所示。两个触点串于同一条电路中，电路的接通与断开由两个触点共同完成。点接触形式适用于电流不大且触点压力小的场合；面接触形式适用于大电流的场合。

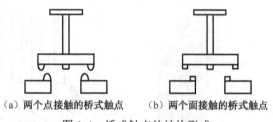

（a）两个点接触的桥式触点　　　（b）两个面接触的桥式触点

图 1-4　桥式触点的结构形式

2. 指形触点

指形触点的接触面为一直线，触点接通或分断时产生滚动摩擦，以利于去掉氧化膜。此种形式适用于通电次数多、电流大的场合。

为了使触点接触得更加紧密，以减小接触电阻，并消除开始接触时产生的振动，在触点上装有接触弹簧，在刚刚接触时产生初压力，并且随着触点闭合增大触点压力。

1.2.3 灭弧系统

在大气中断开电路时，如果被断开电路的电流超过某一数值（在 0.25～1A 之间），断开后加在触点间隙两端的电压超过某一数值（在 12～20V 之间），则触点间隙中就会产生电弧。电弧实际上是触点间气体在强电场作用下产生的电离放电现象，即当触点刚出现分断时，两触点间距离极小，电场强度极大，在高热和强电场作用下，金属内部的自由电子从阴极表面逸出，奔向阳极，这些自由电子在电场中运动时撞击中性气体分子，使之激励和游离，产生正离子和电子。因此，在触点间隙中产生大量的带电粒子，使气体导电形成了炽热的电子流，即电弧。

电弧产生后，伴随高温产生并发出强光，将触点烧损，并使电路的切断时间延长，严重时还会引起火灾或其他事故。因此，在电器中应采取适当措施熄灭电弧。

熄灭电弧的主要措施有：

（1）迅速增加电弧的长度，使得单位长度内维持电弧燃烧的电场强度不够而使电弧熄灭。

（2）使电弧与流体介质相接触，加强冷却和去游离作用，使电弧加快熄灭。电弧有直流电弧和交流电弧两类，交流电流有自然过零点，故其电弧较容易熄灭。

低压控制电器常用的灭弧方法有：

（1）拉长灭弧。通过机械装置或电动力的作用将电弧迅速拉长并在电弧电流过零时熄灭，这种方法多用于开关电器中。

（2）磁吹灭弧。在一个与触点串联的磁吹线圈产生的磁场作用下，电弧受电磁力的作用而拉长，被吹入由固体介质构成的灭弧罩内，与固体介质相接触，电弧被冷却而熄灭，直流电器中常采用磁吹灭弧。

（3）窄缝灭弧法。在电弧形成的磁场电动力的作用下，可使电弧拉长并进入灭弧罩的窄缝中，几条纵缝可将电弧分割成数段且与固体介质相接触，电弧便迅速熄灭，这种结构多用于交流接触器上，如图 1-5 所示。

（4）栅片灭弧法。灭弧栅片由多片镀铜薄钢片（称为栅片）组成，它们安放在电器触点上方的灭弧栅内，彼此之间相互绝缘。当电弧产生时，在电动力作用下，电弧被拉入灭弧栅而被分割成数段串联的短弧，增强消电离能力并使电弧迅速冷却而很快熄灭。栅片灭弧常用于大电流的刀开关与大容量交流接触器中，如图 1-6 所示。

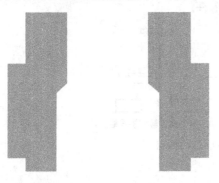

图 1-5   窄缝灭弧装置

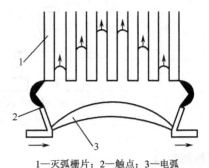

1—灭弧栅片；2—触点；3—电弧

图 1-6   栅片灭弧示意图

1.3   接触器

1.3.1   接触器的组成及工作原理

接触器能频繁地接通或断开交直流主电路，实现远距离自动控制，主要用于控制电动机、电热设备、电焊机等。它具有低电压释放保护功能，在电力拖动自动控制电路中广泛应用。接触器有交流接触器和直流接触器两大类型。

利用磁感应原理工作的接触器其结构组成与电磁式电器相同，一般也由电磁机构、触点系统、灭弧系统、复位弹簧机构或缓冲装置、支架与底座等几部分组成。接触器的电磁机构由电磁线圈、铁芯、衔铁和复位弹簧几部分组成。

1. 交流接触器

如图 1-7 所示为 CJ10-20 型交流接触器的外形与结构示意图。

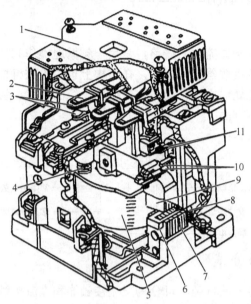

1—灭弧罩；2—触点压力弹簧片；3—主触点；4—反作用弹簧；5—线圈；6—短路环；7—静铁芯；8—弹簧；9—动铁芯；

10—辅助常开触点；11—辅助常闭触点

图 1-7　CJ10-20 型交流接触器的外形与结构示意图

交流接触器由以下四部分组成：

（1）电磁机构。电磁机构由线圈、动铁芯（衔铁）和静铁芯组成，其作用是将电磁能转换为机械能，产生电磁吸力带动触点动作。

（2）触点系统。包括主触点和辅助触点。主触点用于通断主电路，通常为三对常开触点。辅助触点用于控制电路，起电气联锁作用，故又称联锁触点，一般常开、常闭各两对。

（3）灭弧装置。容量在 10A 以上的接触器都有灭弧装置，对于小容量的接触器，常采用双断口触点灭弧、电动力灭弧、相间弧板隔弧及陶土灭弧罩灭弧；对于大容量的接触器，采用纵缝灭弧罩及栅片灭弧。

（4）其他部件。包括反作用弹簧、缓冲弹簧、触点压力弹簧、传动机构及外壳等。

交流接触器的工作原理：当电磁线圈通电后，线圈电流在铁芯中产生磁通，该磁通对衔铁产生克服复位弹簧反力的电磁吸力，使衔铁带动触点动作。触点动作时，常闭触点先断开，常开触点后闭合。当线圈中的电压值降低到某一数值（无论是正常控制还是欠电压、失电压故障，一般降至 85% 的线圈额定电压）时，铁芯中的磁通下降，电磁吸力减小，当减小到不足以克服复位弹簧的反力时，衔铁在复位弹簧的反力作用下复位，使主、辅触点的常开触点断开，常闭触点恢复闭合。这也是接触器的失电压保护功能。

交流接触器的型号含义为：

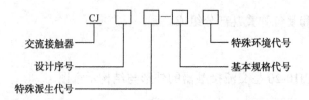

2．直流接触器

直流接触器主要用于控制直流电力线路，常用于频繁地操作和控制直流电动机。直流接触器的结构和工作原理与交流接触器基本相同，在结构上也由电磁机构、触点系统和灭弧装置等几部分组成。但也有不同之处，主要区别在铁芯结构、线圈形状、触点形状与数量、灭弧方式以及吸力特性、故障形式等方面。

直流接触器的型号含义为：

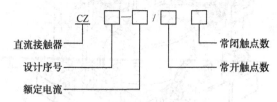

1.3.2　接触器的分类

接触器按主触点通过电流的种类，可分为交流接触器和直流接触器。交流接触器常用于远距离接通和分断电压至 660V、电流至 600A 的交流电路，以及频繁启动和控制交流电动机。直流接触器常用于远距离接通和分断直流电压至 440V、直流电流至 1600A 的直流电路，并用于直流电动机的控制。

按其主触点的对数还可以分为单极、双极、三极、四极等多种。交流接触器主触点通常为三极，直流接触器为双极。接触器的主触点一般置于密闭的真空泡中，它具有分断能力高、寿命长、操作频率高、体积小等优点。

1.3.3　接触器的主要技术参数

（1）额定电压。接触器铭牌上标注的额定电压是指主触点正常工作的额定电压。交流接触器常用的额定电压等级有 127V、220V、380V、660V；直流接触器常用的额定电压等级有 110V、220V、440V、660V。

（2）额定电流。接触器的额定电流是指主触点的额定工作电流。它是在一定的条件（额定电压、使用类别和操作频率等）下规定的，目前常用的电流等级为 10～800A。

（3）线圈的额定电压。指接触器吸引线圈的正常工作电压值。交流线圈常用的电压等级为 36V、110V、127V、220V、380V；直流线圈常用的电压等级为 24V、48V、110V、220V、440V。

（4）主触点的接通和分断能力。指主触点在规定的条件下能可靠地接通和分断的电流值。在此电流值下，接通时主触点不发生熔焊，分断时不应产生长时间的燃弧。

（5）额定操作频率。指每小时允许的操作次数，一般为 300 次/h、600 次/h 和 1200 次/h。

（6）机械寿命和电气寿命。接触器是频繁操作的电器，应有较高的机械和电气寿命，该指标是产品质量重要指标之一。

（7）动作值。指接触器的吸合电压和释放电压。规定接触器的吸合电压大于线圈额定电压的 85%时应可靠吸合，释放电压不高于线圈额定电压的 70%。

1.3.4　接触器的选择与使用

接触器的选择主要依据以下几个方面：

（1）选择接触器的类型。根据负载电流的种类来选择接触器的类型。交流负载选择交流接触器，直流负载选择直流接触器。

（2）选择主触点的额定电压。主触点的额定电压应大于或等于负载的额定电压。

（3）选择主触点的额定电流。主触点的额定电流应不小于负载电路的额定电流。

（4）选择接触器吸引线圈的电压。交流接触器线圈额定电压一般直接选用380/220V，直流接触器可选线圈的额定电压和直流控制回路的电压一致。

（5）根据使用类别选用相应产品系列。

接触器的使用应注意以下几个方面：

（1）安装注意事项。接触器在安装使用前应将铁芯断面的防锈油擦净。接触器一般应垂直安装于垂直的平面，上倾角不超过 5°；安装孔的螺钉应装有垫圈，并拧紧螺钉防止松脱或震动；避免异物落入接触器内。

（2）日常维护。定期检查接触器的零部件，要求可动部分灵活，紧固件无松动；保持触点表面的清洁，不允许沾有油污；当触点表面因电弧烧蚀而附有金属小颗粒时，应及时修磨；接触器不允许在去掉灭弧罩的情况下使用，因为这样在触点分断时很可能造成相间短路事故。陶土制成的灭弧罩易碎，应避免因碰撞而损坏。要及时清除灭弧室内的碳化物。

1.3.5　接触器的图形符号与文字符号

接触器的文字符号为 KM，图形符号如图 1-8 所示。

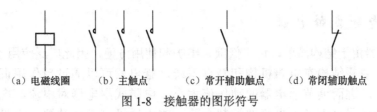

| (a) 电磁线圈 | (b) 主触点 | (c) 常开辅助触点 | (d) 常闭辅助触点 |

图 1-8　接触器的图形符号

1.4　继电器

1.4.1　继电器的分类和特性

继电器是一种根据电或非电信号的变化来接通或断开小电流（一般小于 5A）控制电路的自动控制电器。继电器的输入量（如电流、电压、温度、压力等）变化到某一定值时继电器动作，其触点便接通或断开控制回路。由于继电器的触点用于控制电路中，通断的电流小，所以继电器的触点结构简单，不安装灭弧装置。

继电器的种类很多，按照输入信号的性质可分为电压式继电器、电流式继电器、温度继电器、压力继电器、时间继电器、速度继电器等；按照工作原理不同可分为电磁式继电器、电动式继电器、感应式继电器、电子式继电器、热继电器等；按照输出形式可以划分为有触点和无触点两类；按用途可分为控制用与保护用继电器等。

继电器一般由感测机构、中间机构和执行机构三部分组成。感测机构把感测到的电气量和非电气量传递给中间机构，将它与整定值进行比较，当达到整定值（过量或欠量）时，中间机构便使执行机构动作，从而接通或断开电路。无论继电器的输入量是电气量还是非电气量，继电器工作的最终目的都是控制触点的分断与闭合，从而控制电路的通断。从这一点来看，继电器与接触器的作用是相同的，但它与接触器又有区别，主要表现在以下两个方面：

（1）所控制的电路不同。继电器主要用于小电流电路，其触点通常接在控制电路中，反映控制信号，触点容量较小（一般在 5A 以下），也无主、辅触点之分，且无灭弧装置；而接触器用于控制电动机等大功率、大电流电路及主电路，一般有灭弧装置。

（2）输入信号不同。继电器的输入信号可以是各种物理量，如电压、电流、时间、速度、压力等；而接触器的输入量只有电压。

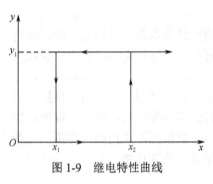

图 1-9　继电特性曲线

继电器的继电特性曲线如图 1-9 所示。x_2 称为继电器的吸合值，欲使继电器动作，输入量必须大于或等于此值；x_1 称为继电器的释放值，欲使继电器释放，输入量必须小于或等于此值；$K=x_1/x_2$，称为继电器的返回系数，它是继电器的重要参数之一。不同场合对 K 值的要求不同，可根据需要进行调节，调节方法随着继电器结构不同而有所差异。一般继电器要求低返回系数，K 值应该在 0.1～0.4 之间，这样当继电器吸合后，输入量波动较大时不致引起误动作。欠电压继电器则要求较高的返回系数，K 值应在 0.6 以上。如某继电器 $K=0.66$，吸合电压为额定电压的 90%，则电压低于额定电压的 60% 时，继电器释放，起到欠电压保护的作用。

1.4.2　电磁式继电器

电磁式继电器由于结构简单、价格低廉、维护和使用方便，因此广泛应用于控制系统中。电磁式继电器的主要结构有电磁机构和触点系统。继电器可以通过反作用调节螺母来调节反作用力的大小，进而调节继电器的动作值大小。电磁式继电器对电流、电压信号的变化做出反应，其触点用来切换小电流的控制电路。继电器没有灭弧装置，也没有主、辅触点之分。

电磁式继电器的型号含义为：

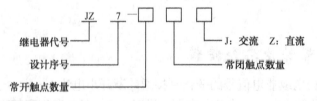

1．电磁式电流继电器

电流继电器的文字符号是 KI，图形符号如图 1-10 所示。

电流继电器的输入信号为电流，电流继电器的线圈是串联在被测量的电路中的，用来反映电路电流的变化。电流继电器的线圈匝数少，线圈阻抗小，导线粗。电流继电器又分为欠电流继电器和过电流继电器两类。

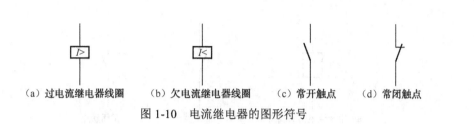

　(a) 过电流继电器线圈　　(b) 欠电流继电器线圈　　(c) 常开触点　　(d) 常闭触点

图 1-10　电流继电器的图形符号

2. 欠电流继电器

在正常工作时，线圈中通过正常负荷电流，衔铁吸合，其常开触点闭合，常闭触点断开。当通过线圈的电流降到某一个电流值时，衔铁释放，触点复位，常开断开，常闭闭合。欠电流继电器通常用于直流回路的断线保护。

使欠电流继电器衔铁释放的最大电流值称为继电器的动作电流，继电器衔铁释放之后，当流入线圈中的电流值上升至某一电流值时，继电器返回到衔铁吸合状态的最小电流值称为返回电流。

3. 过电流继电器

当正常工作时，线圈中通过正常负荷电流，继电器不动作；当通过线圈的电流值超过正常的负荷电流，达到某一整定值时，衔铁吸合，同时带动触点动作。在电力系统中常用过电流继电器进行短路保护。

使过电流继电器动作的最小电流值称为继电器的动作电流。

继电器动作之后，流入线圈中的电流值逐渐减小到达某一电流时，继电器因电磁力小于弹簧力而返回至原始位置的最大电流称为返回电流。

4. 电压继电器

依据动作电压值的不同，电压继电器又分为过电压、欠电压、零电压继电器。过电压继电器在电压是额定电压的 105%～120% 以上时动作；欠电压继电器在电压是额定电压的 40%～70% 时动作；零电压继电器在电压降低到额定电压的 5%～25% 时动作。它们用作过电压、欠电压、零电压保护。电压继电器的文字符号是 KV，图形符号如图 1-11 所示。

　(a) 过电压继电器线圈　　(c) 欠电压继电器线圈　　(c) 常开触点　　(d) 常闭触点

图 1-11　电压继电器的图形符号

5. 中间继电器

中间继电器的触点数量多，触点容量大，在控制电路中能起增加触点数量以及中间放大的作用，有的中间继电器还具有延时功能。中间继电器不具有弹簧调节装置。它的主要用途是：当其他继电器的触点对数或者触点容量不够用时，可以借助中间继电器来扩充它们的触点数，起到信号中继的作用。

常用的中间继电器有 JZ7、JZ8、JZ14 等系列，主要根据被控电路的电压等级、触点的数量、触点的种类来选用。中间继电器的文字符号是 KA，图形符号如图 1-12 所示。

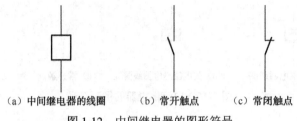

（a）中间继电器的线圈　　（b）常开触点　　（c）常闭触点

图 1-12　中间继电器的图形符号

1.4.3　时间继电器

时间继电器是指从得到输入信号开始，经过一定时间的延时后才输出信号的继电器。它的种类很多，按照动作原理可以分为电动式、电子式、电磁式和空气阻尼式等多种。时间继电器的文字符号是 KT，图形符号如图 1-13 所示。

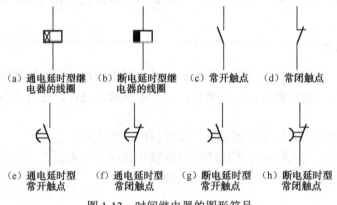

（a）通电延时型继　　（b）断电延时型继　　（c）常开触点　　（d）常闭触点
　　电器的线圈　　　　　电器的线圈

（e）通电延时型　　（f）通电延时型　　（g）断电延时型　　（h）断电延时型
　　常开触点　　　　　常闭触点　　　　　常开触点　　　　　常闭触点

图 1-13　时间继电器的图形符号

1. 直流电磁式时间继电器

直流电磁式时间继电器是利用电磁系统在电磁线圈断电后磁通延缓变化的原理工作的。在直流电磁式电压继电器的铁芯之上加一个铜制的阻尼套管，就可以构成时间继电器。在线圈断电后，通过铁芯的磁通要迅速减少，由于电磁感应，在阻尼套管中产生感应电流，感应电流产生的磁场总是要阻碍原磁场的减弱。当通电的时候，直流电磁式时间继电器吸合，由于衔铁处于释放状态，气隙大、磁通小、磁阻大，阻尼套管的阻尼作用相对较小，因此铁芯吸合时的延时时间可以忽略不计。电磁式时间继电器的特点是：结构简单，价格低廉，延时较短，只能用于直流断电延时，延时的精度不高，体积大。

2. 空气阻尼式时间继电器

空气阻尼式时间继电器利用空气阻尼原理获得延时。它由电磁机构、触点系统和延时机构组成。

空气阻尼式时间继电器可做成通电延时型，也可做成断电延时型，电磁机构可以是直流的，也可以是交流的。

空气阻尼式时间继电器的优点是：结构简单，寿命长，延时范围大，价格低并且不受电源电压以及频率波动的影响。它的缺点是：无调节刻度指示，延时误差大。适用于延时精度要求不高的场合。

空气阻尼式时间继电器改变延时的方法是：通过调整进气孔的大小来调整。

3．电动式时间继电器

电动式时间继电器的工作原理是：由微型同步电动机拖动减速机构，经机械机构获得触点延时动作。电动式时间继电器由电磁离合器、微型同步电动机、触点系统、延时调整机构、减速齿轮和脱扣机构组成。其可分为通电延时及断电延时两种。

电动式时间继电器的特点是：延时精度较高，不受电源电压波动及环境温度变化的影响；延时范围大，延时的时间有指针指示。它的缺点是：结构复杂，不适于频繁操作，延时误差受电源频率的影响，价格高，寿命短。

4．电子式时间继电器

电子式时间继电器的特点是：延时长，延时精度高，调节范围宽，使用寿命长和体积小。按照延时原理分为数字电路型和阻容充电延时型；按照输出形式可分为有触点式和无触点式，如图 1-14 所示。

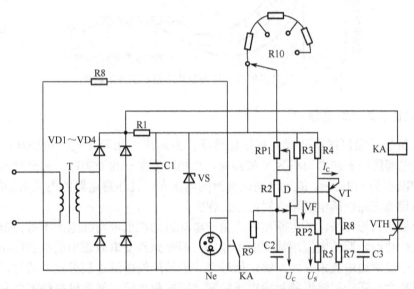

图 1-14　JS20 系列场效应管做成的通电延时型时间继电器电路

电子式时间继电器由稳压电源、电压鉴别电路、输出电路、RC 充放电电路及指示电路构成。其工作原理为：接通电源，经过电阻 R10、RP1、R2 向电容 C2 充电，当 C2 电压上升至 $|U_C - U_S| < |U_P|$ 时，VF 导通，D 点电位下降，VT 导通，晶闸管 VTH 被触发导通，继电器 KA 线圈通电动作，输出延时时间到的信号。从时间继电器通电给电容 C2 充电，到 KA 动作的这段时间称为延时时间。KA 动作之后，其常开触点闭合，C2 经 R9 放电，VF、VT 相继截止，为下次动作做好准备。同时，KA 的常闭触点断开。

1.4.4　热继电器

热继电器利用电流的热效应原理实现电动机的过载及断相保护。电动机在实际的运行过程中发生过载，只要电动机的绕组不超过允许的温升，这种过载是允许的。但是过载时间过长，将会加剧绕组绝缘老化，严重时将使电动机绕组烧毁。为了既发挥电动机的过载能力，又避免

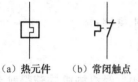

（a）热元件　（b）常闭触点

图 1-15　热继电器的图形符号

电动机长时间过载运行，故使用热继电器作为电动机的过载保护。热继电器的文字符号为 FR，其图形符号如图 1-15 所示。

1．热继电器的结构及保护特性

热继电器由热元件、触点系统、双金属片等组成。双金属片是热继电器的检测元件，它是由两种不同线膨胀系数的金属用机械辗压而成的。

热继电器中通过的过载电流和热继电器触点动作的时间关系就是热继电器的保护特性。电动机允许的过载电流和电动机允许的过载时间的关系称为电动机的过载特性。为了既适应电动机的过载特性又起到过载保护的作用，要求热继电器的保护特性和电动机的过载特性相配合，并且都是反时限特性曲线，如图 1-16 所示。

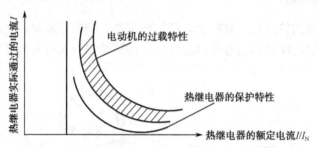

图 1-16　电动机的过载特性及热继电器的保护特性

2．带断相保护的热继电器

三相电动机的一相接线松开或一相熔丝熔断，是造成三相异步电动机烧坏的主要原因之一。如果热继电器所保护的电动机为 Y 形接法，当线路发生一相断电时，另外两相电流便增大很多。由于线电流等于相电流，流过电动机绕组的电流和流过热继电器的电流增加的比例相同，因此普通的两相或三相热继电器可以对此做出保护。

如果电动机是△形接法，发生断相时，由于电动机的相电流与线电流不等，流过电动机绕组的电流和流过热继电器的电流增加比例不相同，而热元件又串联在电动机的电源进线中，按电动机的额定电流即线电流来整定，整定值较大。当故障线电流达到额定电流时，在电动机绕组内部，电流较大的那一相绕组的故障电流将超过额定相电流，便有过热烧毁的危险。所以，△形接法必须采用带断相保护的热继电器。

带有断相保护的热继电器是在普通热继电器的基础上增加一个差动机构，对三个电流进行比较。差动式断相保护机构动作原理图如图 1-17 所示。热继电器的导板改为差动机构，由上导板 1、下导板 2 及杠杆 5 组成，它们之间都用转轴连接。图 1-17（a）为通电前机构各部件的位置。图 1-17（b）为正常通电时的位置，此时三相双金属片都受热向左弯曲，但弯曲挠度不够，所以下导板向左移动一小段距离，继电器不动作。图 1-17（c）是三相同时过载时的情况，三相双金属片同时向左弯曲，推动下导板 2 向左移动，通过杠杆 5 使常闭触点立即打开。图 1-17（d）是 C 相断线的情况，这时 C 相双金属片逐渐冷却降温，端部向右移动，推动上导板 1 向右移动。而另外两相双金属片温度上升，端部向左弯曲，推动下导板 2 继续向左移动。由于上、下导板一右一左移动，产生了差动作用，通过杠杆放大作用，使常闭触点打开。由于差动作用使热继电器在断相故障时加速动作，实现保护电动机的目的。

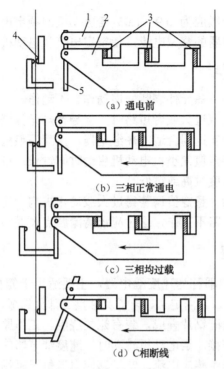

（a）通电前

（b）三相正常通电

（c）三相均过载

（d）C相断线

1—上导板；2—下导板；3—双金属片；4—常闭触点；5—杠杆

图 1-17　差动式断相保护机构动作原理图

3．热继电器的主要技术参数及分类和常用产品

热继电器的主要技术参数为：额定电流、额定电压、热元件编号、相数、整定电流等。热继电器的整定电流是指热继电器的热元件允许长期通过的又不引起继电器动作的最大电流值，超过此值热继电器就会动作。

热继电器的分类。按照相数分为单相、两相及三相式；按照功能，三相式的热继电器可分为带断相保护装置的和不带断相保护装置的；按照复位方式分为自动复位和手动复位，自动复位是指触点断开后能自动返回；按照温度补偿分为带温度补偿的和不带温度补偿的。

常用的热继电器有 JR20、JR36、JRS1、T 系列，JRS1 系列具有断相保护功能，T 系列是引进德国 ABB 技术生产的。每一系列的热继电器一般只能和相应系列的接触器配套使用。

热继电器的型号含义为：

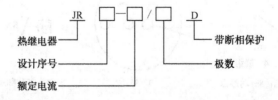

4．热继电器的选用

选用热继电器时，主要依据电动机的使用场合和额定电流来确定热继电器的型号以及热元件的额定电流等级。

一般情况可选用两相结构的热继电器。三相结构的热继电器适用于电网均衡性差的电动机。定子绕组做三角形连接，应使用具有断相保护的三个热元件的热继电器做断相和过载保护。

热元件的额定电流等级一般应为 0.9～1.05 倍电动机的额定电流，先选定热元件，再依据电动机的额定电流调整热继电器的整定电流，使整定电流和电动机的额定电流相等。

5．热继电器的故障及维修

热继电器的故障主要分为：热元件烧断、误动作、不动作。

当热继电器负荷侧出现电流过大或者短路时，会导致热元件烧断。维修方法：切断电源，检查线路，排除电路故障，重新选用合适的热继电器，重新调整整定电流值。

发生误动作的原因有：整定值偏小；电动机启动时间过长；设备操作频率过高；使用场合有强烈的冲击及振动；环境温度过高或过低。

热继电器不动作的原因为：整定值调整得过大或动作机构卡死、推杆脱出等；热继电器的常闭触点接触不良，使整个电路不工作，这时应该清除触点表面的灰尘。

1.4.5　速度继电器

按照速度原则动作的继电器称为速度继电器，主要适用于笼型异步电动机的反接制动控制，故又称为反接制动继电器。它由定子、转子及触点三部分组成，转子是一个圆柱形永磁铁，定子是一个笼型空心圆环，由硅钢片叠成，装有笼型绕组。工作原理如图 1-18 所示。

转子轴与电动机的轴相连接，当电动机转动时，速度继电器的转子随之转动，产生旋转磁场，定子绕组切割旋转磁场产生感应电流，定子感应电流位于磁场中，受到电磁力的作用，产生电磁转矩，使定子随转子的转动方向而旋转，当到达一定的转速，定子转动到一定角度时，常闭触点断开，常开触点闭合。当电动机的转速低于某一数值时，定子产生的转矩小，触点复位。速度继电器的图形符号及文字符号如图 1-19 所示。

常用的速度继电器有 JY1 和 JFZ0 型，其额定工作转速分别为 100～3600r/min、300～3600r/min。

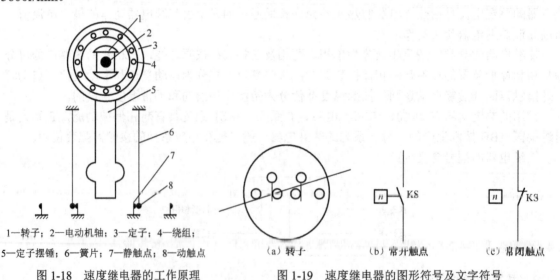

1—转子；2—电动机轴；3—定子；4—绕组；
5—定子摆锤；6—簧片；7—静触点；8—动触点

图 1-18　速度继电器的工作原理　　　图 1-19　速度继电器的图形符号及文字符号

（a）转子　　　　　（b）常开触点　　　　（c）常闭触点

1.4.6　液位继电器

某些锅炉和水箱需根据液位的高低变化来控制水泵电动机的启停，这一控制可由液位继电器来完成。

图 1-20（a）为液位继电器的结构示意图。浮筒置于被控锅炉或水箱内，浮筒的一端有一根磁钢，锅炉外壁装有一对触点，动触点的一端也有一根磁钢，与浮筒一端的磁钢相对应。当锅炉或水箱内的水位降低到极限值时，浮筒下落使磁钢端绕支点 A 上翘。由于磁钢同性相斥的作用，使动触点的磁钢端被斥下落，通过支点 B 使触点 1-1 接通，2-2 断开。反之，水位升高到上限位置时，浮筒上浮使触点 2-2 接通，1-1 断开。显然，液位继电器的安装位置决定了被控的液位，液位继电器价格低廉，主要用于不精确的液位控制场合。液位继电器触点的图形和文字符号如图 1-20（b）所示。

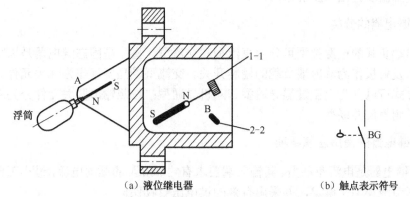

（a）液位继电器　　　　　　　　　（b）触点表示符号

图 1-20　液位继电器结构示意图和触点表示符号

1.4.7　压力继电器

压力继电器适用于各种气体和液体压力控制系统，通过检测气体压力或液体压力的变化，发出相应信号，从而控制执行机构的启动和停止。压力继电器由微动开关、给定装置、压力传送装置及外壳等几部分组成。

图 1-21 为一种压力继电器的结构简图。其中，给定装置包括给定螺帽、平衡弹簧 3 等，压力传送装置包括入油口管道接头 5、橡皮膜 4 及滑杆 2 等。当压力继电器用于机床润滑油泵的控制时，润滑油经入油口管道接头 5 进入油管，将压力传送给橡皮膜 4，当油管内的压力达到某给定值时，橡皮膜 4 会受力向上凸起，推动滑杆 2 向上移动，压合微动开关 1，发出控制信号。平衡弹簧 3 上面的给定螺帽，可以调节弹簧的松紧程度，改变动作压力的大小，以适应控制系统的需要。

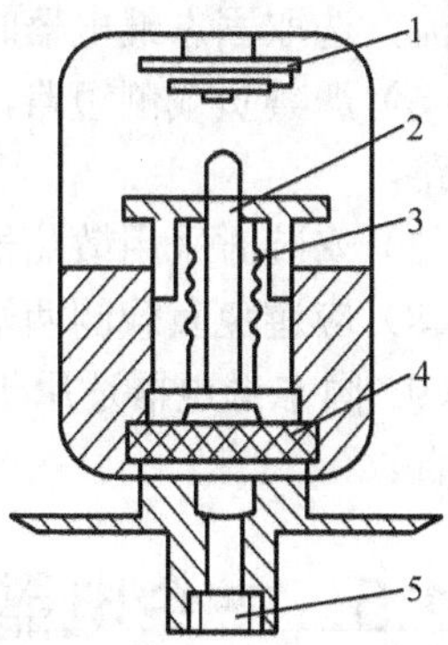

1.4.8　固态继电器

采用半导体元件的无触点开关称为固态继电器（Solid State Relay，SSR）。

固态继电器一方面是能满足电子电路的输出信号可以控制强电电路的执行元件，另一方面还为强、弱电之间提供了良好的电隔离，来保护电子电路及人身安全。固态继电器目前广泛用于计算机外部接口装置、数控机械、工业自动化、化工、煤矿的防潮、防爆、防腐等场合。

1—微动开关；2—滑杆；3—平衡弹簧；

4—橡皮膜；5—入油口管道接头

图 1-21　压力继电器结构简图

1．固态继电器的结构和特点

固态继电器是一个四端有源器件，其中输入端、输出端各两个，中间采用隔离器件，来实现输入与输出之间的电隔离。

固态继电器是电子元件，故其功率小、开关速度快、工作频率高、使用寿命长、防爆、防潮、防腐蚀、耐冲击、耐振荡并且能与 TTL 等逻辑电路兼容，因为没有触点的机构特点，所以在开断电路时，不会产生电火花。固态继电器的缺点是：过载能力差，有断态漏电流，交直流不能通用，使用温度范围窄及价格高。

2．固态继电器的分类

按照输出端负载的电源类型可分为直流型和交流型。直流型固态继电器是以功率晶体三极管的集电极和发射极作为输出端负载的控制开关。交流型以晶闸管作为开关元件。按照双向晶闸管的触发方式可以分为电压过零导通型和随机导通型；按照输出开关元件分为双向晶闸管输出型和单向晶闸管反并联型。

3．固态继电器的使用注意事项

（1）固态继电器是电流驱动型。其输入端要求有约 20mA 的驱动电流，最小工作电压为 3V。其选择应依据负载类型来确定，并采用有效的过电压吸收保护。

（2）多个固态继电器的输入端可以串、并联。

（3）输出端要采用 RC 浪涌吸收回路或加非线性压敏电阻吸收瞬变电压。

（4）固态继电器的电压等级选择。当交流负载为 220V 的阻性负载时，可选择 220V 电压等级固态继电器。当交流负载为 220V 感性负载或 380V 阻性负载时，可选择 380V 电压等级固态继电器。当交流负载为 380V 感性负载时，可选择 480V 电压等级固态继电器。

（5）固态继电器的电流等级的选择。固态继电器内部输出晶闸管永久性损坏的主要原因是过电流，选取固态继电器时，电流等级一定要留有一定的裕量。

（6）严禁负载侧短路，以免损坏固态继电器。判断固态继电器的好坏时必须采用带有负载的电路。

（7）安装时采用散热器，要求接触良好，且对地绝缘。

（8）应避免负载侧两端短路。

（9）固态继电器适用于 50Hz 和 60Hz 的工频电网，并不适用于低频或者高次谐波分量较大的场合。

1.5　主令电器

主令电器是指用来发布命令，接通和分断控制电路的电器。主令电器只适合应用于控制电路中，不适合应用于主电路中。主令电器的种类繁多，按照用途的不同可以分为控制按钮、行程开关、接近开关和万能转换开关等。

1.5.1　控制按钮

发出短时操作信号的主令电器称为控制按钮。控制按钮由按钮帽、复位弹簧、静触点和动触点组成，如图 1-22 所示。

工作原理：当控制按钮按下时，其常开触点闭合，常闭触点断开。当控制按钮松开时，在复位弹簧的作用下，其常开触点断开，常闭触点闭合。

常用控制按钮的规格为：交流额定电压 380V，额定电流 5A。为了方便操作，根据控制按钮的作用不同，按钮帽做成不同的颜色及形状。一般来说，红色按钮帽表示停止，绿色按钮帽表示启动，黄色按钮帽表示应急等。控制按钮在结构上又分为按钮式、自锁式、旋钮式、钥匙式、紧急式等。

控制按钮的文字符号为 SB，图形符号如图 1-23 所示。

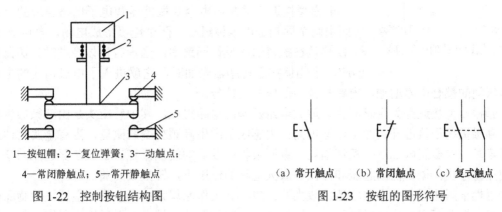

1—按钮帽；2—复位弹簧；3—动触点；

4—常闭静触点；5—常开静触点

图 1-22　控制按钮结构图

（a）常开触点　（b）常闭触点　（c）复式触点

图 1-23　按钮的图形符号

1.5.2　行程开关

行程开关又称为位置开关或限位开关，行程开关与控制按钮的工作原理基本相同，行程开关靠机械运动部件的挡铁碰压行程开关，使其触点动作，进而控制电路发出转换命令。行程开关主要应用于控制机械的运动方向、限位保护及行程长短。行程开关可分为滚轮式、直动式及微动式。行程开关的文字符号为 SQ，图形符号如图 1-24 所示。

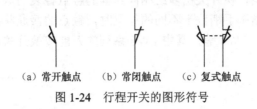

（a）常开触点　（b）常闭触点　（c）复式触点

图 1-24　行程开关的图形符号

1. 滚轮式行程开关

滚轮式行程开关又可分为单轮式、双轮式。它适用于低速运动的机械，单轮式行程开关可以自动复位，而双轮式不可以自动复位。单轮式的工作原理：当运动机械的挡铁碰撞到行程开关的滚轮时，在杠杆的作用下使凸轮推动撞块，推动微动开关并迅速动作，使常闭触点断开，常开触点闭合。当挡铁离开后，在复位弹簧的作用下行程开关复位。双轮式的工作原理：因其不能自动复位，挡铁离开后，触点不复位，当运动机械返回，挡铁碰撞到另一个轮时，触点再次切换。

2. 直动式行程开关

直动式行程开关是靠运动机械的挡铁撞击行程开关的推杆来发出控制命令的。直动式行程开关在挡铁离开推杆之后可以自动复位。其缺点是触点的通断速度取决于运动机械的运动速度，当速度过低时，触点动作过慢，触点的烧蚀严重。

1.5.3　接近开关

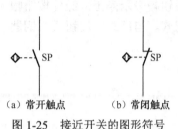

（a）常开触点　　　（b）常闭触点

图 1-25　接近开关的图形符号

接近开关是无触点的行程开关，当运动机械与其接近到一定的距离时就会发出动作信号。接近开关可以应用在检测装置中，用来高速计数、检测等。接近开关可以分为电容型、高频振荡型、非磁性金属及磁感应型。接近开关的图形符号如图 1-25 所示。

电容型接近开关是由电容式振荡器和电子电路组成的，其感应面由两个同轴金属电极组成，两个电极形成电场，电极 A 和电极 B 连接在振荡器的反馈回路中，当没有物体经过时该振荡器不感应，当物体接近传感器表面时，它就进入了电极构成的电场，引起电极间的耦合电容增加，电路振荡，形成开关信号。

高频振荡型接近开关由感应头、放大电路及输出电路组成，其中感应头是由高频振荡器构成的。高频振荡型接近开关的工作原理为：由感应头产生高频交变的磁场，当有金属物体进入线圈磁场时，在金属内部产生涡流损耗，进而吸收振荡器的能量，打破了振荡器起振的条件，从而使振荡停止。振荡器的起振和停振在放大电路的作用下，转换成开关信号。

非磁性金属接近开关由振荡器、放大器组成。其工作原理为：当非磁性金属被检测面检测到时，促使振荡频率变化，经过放大，转换成二进制的开关信号。对于磁性金属则不起作用。

磁感应型接近开关主要适用于气动、液动、活塞的位置测定，同时也可以作为限位开关使用。

1.5.4　万能转换开关

万能转换开关是指具有多个操作位置，同时可以控制多个回路，在控制电路中用来实现电路的转换的主令电器。万能转换开关由多组相同结构的触点叠装而成，由于凸轮制作成不同的形状，当万能转换开关的操作手柄位于不同的位置时，触点的接通状态不同。常用的万能转换开关的型号有 LW5、LW6、LW8 等，其中 LW6 系列的万能转换开关是由操作机构、手柄、面板及触点座等部件组成的。

其图形符号如图 1-26 所示。

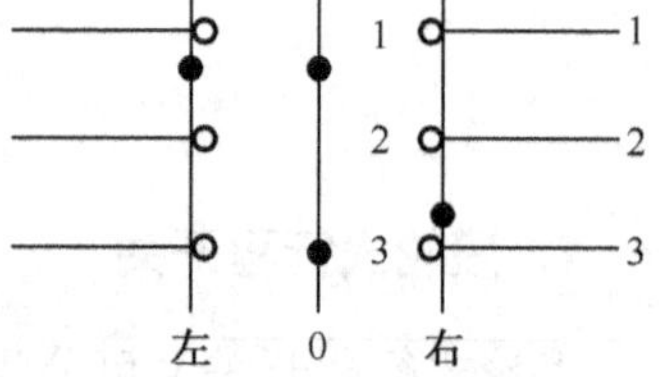

1.6　信号电器

左　　0　　右

图 1-26　万能转换开关的图形符号

信号电器主要用来对电气控制系统中的某些信号的状态、报警信息等进行指示，主要包括指示灯（信号灯）、灯柱、电铃和蜂鸣器等。

信号电器的图形符号如图 1-27 所示。

（a）指示　　　　（b）电铃　　　　（c）蜂鸣器

图 1-27　信号电器的图形符号

指示灯在各类电气设备及电气线路中用作电源指示及指挥信号、预告信号、运行信号、故障信号及其他信号的指示。指示灯主要由发光体、壳体及灯罩等组成。指示灯的外形结构多样，发光体主要有白炽灯、氖灯和半导体灯三种。发光颜色有红、黄、绿、蓝和白五种，具体含义见表 1-1。指示灯颜色的选择原则是按照指示灯被接通（发光、闪光）后所反映的信息来选色。指示灯的文字符号为 HL。

表 1-1　指示灯的颜色及其含义

颜　色	含　义	解　释	典 型 应 用
绿色	运行状态、准备、安全	设备安全运行条件指示或机械设备准备启动	泵安全正常运行指示
红色	停机状态、异常情况或警报	设备停机状态；对可能出现危险和需要立即处理的情况报警	泵停机状态指示；电源指示；温度超过规定限制；短路故障
黄色	警告	状态改变或变量接近其极限值	温度值偏离正常值
蓝色	特殊指示	上述几种颜色未包括的任一种功能	选择开关处于指定位置
白色	一般信号	上述几种颜色未包括的各种功能	某种动作正常

灯柱是一种由几种颜色的环形指示灯叠装在一起的指示灯，可根据不同的控制信号而使不同的灯点亮。灯柱常用于生产线上不同的信号指示。

电铃和蜂鸣器属于声响类指示器件。在警报发生时，不仅需要指示灯指示具体的故障情况，还需要声响报警，以光、声方式告知操作人员。蜂鸣器一般用在控制设备上，而电铃主要用在较大场合的报警系统中。

1.7　开关电器

开关电器主要应用于配电系统中，用作电源开关，主要起隔离电源、保护电气设备的作用。

1.7.1　刀开关

刀开关主要应用于低压电路中，用于不频繁地手动接通、断开电路和隔离电源。刀开关具有单极、双极和三极三种分类。刀开关还可分为有灭弧罩和不带灭弧罩的，但是都不能应用于频繁接通和断开的电路中。刀开关的文字符号为 Q，图形符号如图 1-28 所示，外形如图 1-29 所示。

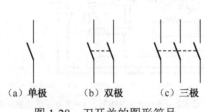

（a）单极　　（b）双极　　（c）三极
图 1-28　刀开关的图形符号

图 1-29　刀开关外形图

刀开关由手柄、触刀、绝缘底座和静插座组成。为了避免由于重力下落引起合闸误动作，刀开关安装时，手柄必须向上推为合闸，不可以倒装或者平装。接线时应满足上进下出的原则。选择刀开关的时候，应当使其额定电压、电流大于等于电路的额定电压、电流，由于电动机启动瞬间电流很大，当刀开关用来控制电动机时，应当使其额定电流大于电动机额定电流的 3 倍。

1.7.2 低压断路器

低压断路器又称为低压自动开关。它主要应用于接通和断开不频繁的电路中，当电路发生故障时，低压断路器能自动断开电路，起到保护电路的作用。低压断路器的文字符号为 QF，图形符号如图 1-30 所示。

图 1-30 低压断路器的图形符号

1. 低压断路器的结构和工作原理

低压断路器主要由主触点、脱扣器和操作机构三部分组成，其中主触点带有灭弧装置。

低压断路器原理图如图 1-31 所示。手动合闸后，主触点 1 闭合，自由脱扣机构 2 将主触点锁在合闸位置上。如果电路中发生故障，自由脱扣机构就在相关脱扣器的移动下动作，使脱钩脱开，主触点随之断开。过电流脱扣器（也称为电磁脱扣器）3 的线圈和热脱扣器 4 的热元件与主电路串联。当电路发生短路或严重过载时，过电流脱扣器的衔铁首先吸合，使自由脱扣机构 2 动作，从而带动主触点 1 断开主电路，其动作特性具有瞬动特性。当电路过载时，热脱扣器（过载脱扣器）4 的热元件发热使双金属片向上弯曲，推动自由脱扣机构 2 动作，动作特性具有反时限特性。当低压断路器由于过载而断开后，一般应等待 2～3min，双金属片冷却复位后，才能重新合闸，以使热脱扣器恢复原位，这也是低压断路器不能连续频繁地进行通断操作的原因之一。过电流脱扣器和热脱扣器互相配合，热脱扣器担负主电路的过载保护功能，过电流脱扣器担负短路和严重过载故障保护功能。欠电压脱扣器 6 的线圈和电源并联。当电路欠电压时，欠电压脱扣器的衔铁释放，也使自由脱扣机构动作。分励脱扣器 5 用于远距离控制，实现远方控制断路器切断电源。在正常工作时，其启动按钮是断开的，线圈不得电；当需要远距离控制时，按下启动按钮 7，使线圈通电，衔铁带动自由脱扣机构动作，使主触点断开。

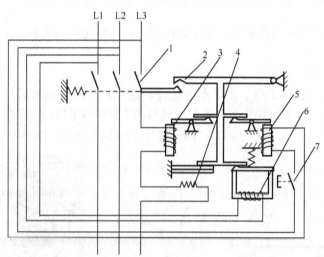

1—主触点；2—自由脱扣机构；3—过电流脱扣器；4—热脱扣器；5—分励脱扣器；6—欠电压脱扣器；7—启动按钮

图 1-31 低压断路器原理图

2. 低压断路器的分类

低压断路器按用途和结构特点可分为框架式（又称万能式）、塑料外壳式、直流快速式、限流式、漏电保护式等类型；按极数可分为单极式、双极式、三极式和四极式；按操作方式可分为直接手柄操作式、杠杆操作式、电磁铁操作式和电动机操作式。

1）框架式断路器

框架式断路器具有绝缘衬底的框架结构底座，所有结构元件都装在同一框架或底座上，可有较多结构变化方式和较多类型脱扣器。一般大容量断路器多采用框架式结构，用于配电网络的保护。其主要产品有 DW10、DW15、DW16、DW17（ME）、DW45 等系列。

2）塑料外壳式断路器

塑料外壳式断路器具有模压绝缘材料制成的封闭型外壳，可以将所有构件组装在一个塑料外壳内，结构紧凑、体积小。一般小容量断路器多采用塑料外壳式结构，用作配电网络的保护及电动机、照明电路、电热器等的控制开关。其主要产品有 DZ5、DZ10、DZ12、DZ15、DZ20、DZ47、C45、3VE 等系列。

3）快速断路器

快速断路器具有快速电磁铁和强有力的灭弧装置，最快动作时间可在 0.02s 以内，用于半导体整流器件和整流装置的保护。其主要产品有 DS 系列。

4）限流断路器

限流断路器一般具有特殊结构的触点系统，当短路电流通过时，触点在电动力作用下斥开而提前呈现电弧，利用电弧电阻来快速限制短路电流的增长。它比普通断路器有较大的开断能力，并能快速限制短路电流对被保护电路的电动力和热效应的作用，常用于短路电流相当大（高达 70kA）的电路中。其主要产品有 DWX15、DZX10 等系列。

5）漏电保护断路器

漏电保护断路器既有断路器的功能，又有漏电保护的功能。当有人触电或电路泄漏电流超过规定值时，漏电保护断路器能在 0.1s 内自动切断电源，保障人身安全和防止设备因发生泄漏电流造成的事故。漏电保护断路器是目前民用住宅领域中最理想的配电保护开关，主要产品有 DZ302（DPN1）、DZ231、DZ47LE 等系列。

以上介绍的断路器大多利用了热效应或电磁效应原理，通过机械系统的动作来实现开关和保护功能。目前，还出现了多种智能断路器，其特征是采用了以微处理器或单片机为核心的智能控制器。它不仅具有普通断路器的各种保护功能，而且还具有实时显示电路中的电气参数，对电路进行在线监视、测量、自诊断和通信功能，还能够对各种保护功能的动作参数进行显示、设定和修改，并具有进行故障参数的存储等功能。

3. 低压断路器的选择

断路器的额定电流、电压应大于或等于线路、设备的正常运行电流、电压。低压断路器的分断能力应当大于或等于电路的最大三相短路电流。欠压脱扣器的额定电压应当等于线路的额定电压。

1.8　熔断器

熔断器是一种使用方便、结构简单、价格低廉的保护电器。熔断器主要应用于电气设备和供电线路的短路保护。熔断器的文字符号为 FU，图形符号如图 1-32 所示，外形图如图 1-33 所示。

图 1-32　熔断器的图形符号　　　　图 1-33　熔断器外形图

1.8.1　熔断器的结构和工作原理

熔断器的组成：熔断器由熔体及安放熔体的熔管组成，其中熔体是熔断器的核心部件，熔体的材料一般有熔点低的材料和熔点高的材料。其中熔点低的材料有铅锡合金、锌等，其熔化时所需热量小，有利于过载保护，但是由于熔体电阻系数大，熔体的截面积比较大，熔断时产生较多的金属蒸气，不利于灭弧，因此分断能力较低；熔点高的材料银丝、铜丝等，熔化所需的热量大，不利于过载保护，但是其电阻系数小，熔体的截面积小，熔断时不会产生太多的金属蒸气，有利于灭弧。

熔断器是以串联的方式接入电路中的，在电路发生过载或短路故障时，通过熔断器的电流值超过熔断器的限定数值后，使熔体的温度迅速上升，超过熔体的熔点，使熔体熔断切断电路，来保护电路设备。

1.8.2　熔断器的类型

熔断器按照结构可以分为螺旋式、插入式、有填料封闭式、无填料封闭式和自复式；按照用途可分为保护一般电气设备的熔断器和保护半导体器件用的熔断器。

1．螺旋式熔断器

为了利于电弧的熄灭，螺旋式熔断器熔管内装有惰性气体或者石英砂，因此，其具有较高的分断能力。可以通过瓷帽上的玻璃孔观察到熔体上端的指示器，当熔体熔断时，红色指示器弹出。螺旋式熔断器的优点是更换熔体方便，不需要其他工具，具有明显的分断指示。

2．插入式熔断器

在低压分支线路中常使用瓷插式熔断器。它具有结构简单、分断能力小的特点，一般应用于居民应用和照明电路中。

3．快速熔断器

快速熔断器主要用于保护半导体器件和整流装置的短路保护。因半导体的过载能力很低，故要求其短路保护应具有快速熔断的能力。

4．封闭式熔断器

封闭式熔断器可分为有填料和无填料两种。采用耐高温的密封保护管，内装熔丝或熔片。当熔丝熔化时，管内气压很高，能起到灭弧的作用，还能避免相间短路。常用在容量较大的负载上作短路保护。

5. 自复式熔断器

自复式熔断器既能切断短路电流，还可以在故障消除之后自动恢复，不需要更换熔体。自复式熔断器通常情况下是与低压断路器配合使用的，有时组合为一种电器。自复式熔断器主要用来切断短路电流，低压断路器用来通断电路及实现过负荷保护。自复式熔断器的优点是能重复使用，不需要更换熔体，在线路中只能限制短路电流，而不能切除故障电路。

1.8.3　熔断器的主要技术参数

熔断器的主要技术参数有额定电流、额定电压及极限分断能力。

1. 额定电流

熔断器长期工作，温升不超过规定数值所允许通过的电流称为熔断器的额定电流。熔管的额定电流规格比较少，熔体的额定电流等级较多，一个额定电流规格的熔管同时可以配合选用不同等级的熔体。熔体的额定电流必须小于等于熔断器的额定电流。

2. 额定电压

熔断器长期工作和分断后，能够正常工作的电压称为熔断器的额定电压。额定电压值一般等于或大于熔断器所接电路的工作电压，否则熔断器在长期工作时可能会发生绝缘击穿及熔体熔断之后电弧不能熄灭。

3. 极限分断能力

在规定的额定电压下熔断器能分断的最大短路电流值称为熔断器的极限分断能力。熔断器的极限分断能力取决于熔断器的灭弧能力。

1.8.4　熔断器的选择与使用

熔断器的选择主要指选择熔断器的类型、额定电流、额定电压等。

1. 熔断器类型的选择

熔断器的类型主要由电控系统整体的设计来确定。根据负载的过载特性及短路电流的大小选择熔断器的类型。容量较小的照明电路和电动机的保护一般采用无填料密闭管式熔断器；而有填料密闭式熔断器一般用在容量较大的照明电路或具有易燃气体的地方；对于半导体元件的保护，应当采用快速熔断器。

2. 熔断器额定电流的选择

（1）用于保护照明或电热设备的熔断器，因负载电流比较稳定，熔体的额定电流一般应等于或稍大于负载的额定电流，即

$$I_{re} \geqslant I_e \tag{1-4}$$

式中，I_{re} 为熔体的额定电流，I_e 为负载的额定电流。

（2）用于保护单台长期工作的电动机（即供电支线）的熔断器，考虑电动机启动时不应熔断，即

$$I_{re} \geqslant (1.5 \sim 2.5) I_e \tag{1-5}$$

轻载启动或启动时间比较短时，系数可取近似 1.5；带重载启动或启动时间较长时，系数

可取近似 2.5。

（3）用于保护频繁启动电动机（即供电支线）的熔断器，考虑频繁启动时发热而熔断器也不应熔断，即

$$I_{re} \geqslant （3 \sim 3.5） I_e \tag{1-6}$$

式中，I_{re} 为熔体的额定电流，I_e 为电动机的额定电流。

（4）用于保护多台电动机（即供电干线）的熔断器，在出现尖峰电流时不应熔断。通常将其中容量最大的一台电动机启动，而其余电动机正常运行时出现的电流作为其尖峰电流。为此，熔体的额定电流应满足下述关系

$$I_{re} \geqslant （1.5 \sim 2.5） I_{e, max} + \sum I_e \tag{1-7}$$

式中，$I_{e, max}$ 为多台电动机中容量最大的一台电动机额定电流，$\sum I_e$ 为其余电动机额定电流之和。

（5）为防止发生越级熔断，上、下级（即供电干、支线）熔断器间应有良好的协调配合。为此，应使上一级（供电干线）熔断器的熔体额定电流比下一级（供电支线）大 1～2 个级差。

3．熔断器额定电压的选择

熔断器的额定电压应大于或等于实际电路的工作电压。

1.9　电磁执行器

电磁执行器的作用是驱动受控对象，常见的有电磁铁、电磁阀、电磁制动器、电磁抱闸、电磁离合器、液压阀等。起重机械、升降机械、磁选机械等设备就是靠这些元件来工作的。电磁铁、电磁阀已发展成为一种新的电器产品系列，已成为成套设备中的重要元件，广泛应用于电力、石油、化工、市政等行业。

1.9.1　电磁铁

电磁铁是通电产生电磁的一种装置，由励磁线圈、铁芯和衔铁三个基本部分构成，其工作原理与接触器相似。在铁芯的外部缠绕与其功率相匹配的导电绕组，这种通有电流的线圈像磁铁一样具有磁性。通常把它制成条形或蹄形状，以使铁芯更加容易磁化。另外，为了使电磁铁断电立即消磁，往往采用消磁较快的软铁或硅钢材料来制作。这样的电磁铁在通电时有磁性，断电后磁性就随之消失。根据励磁电流的性质，电磁铁分为直流电磁铁和交流电磁铁，直流电磁铁的铁芯根据不同的剩磁要求选用整块的铸钢或工程纯铁制成，交流电磁铁的铁芯则用相互绝缘的硅钢片叠成，这两种电磁铁具有各自不同的机电特性，适用于不同场合。WEISTRON 电磁铁如图 1-34 所示。

电磁铁可按照用途来划分，主要可分为以下五种：

（1）牵引电磁铁——主要用来牵引机械装置、开启或关闭各种阀门，以执行自动控制任务。

（2）起重电磁铁——用作起重装置来吊运钢锭、钢材、铁砂等铁磁性材料。

（3）制动电磁铁——主要用于对电动机进行制动以达到准确停车的目的。

（4）自动电器的电磁系统——如电磁继电器和接触器的电磁系

图 1-34　WEISTRON 电磁铁

统、自动开关的电磁脱扣器及操作电磁铁等。

（5）其他用途的电磁铁——如磨床的电磁吸盘及电磁振动器等。

选用电磁铁时，应考虑用电类型（交流或直流）、额定行程、额定吸力、额定电压等技术参数，同时要满足工艺、安全等要求。电磁铁衔铁在启动时与铁芯的距离称为额定行程。衔铁处于额定行程时的吸力称为额定吸力，必须大于机械装置所需的启动吸力。电磁铁的励磁线圈两端的电压即额定电压，应尽量与机械设备的电控系统所用电压相符。

1.9.2　电磁阀

电磁阀是一种隔离阀，是用电磁控制的工业设备，用来控制流体的自动化基础元件，属于执行器。电磁阀配合电源控制阀门的开启与关闭，它操作方便，可安装于消防、给水、长距离控制阀门开启等处。

1. 电磁阀的工作原理

电磁阀里有密闭的腔，在不同位置开有通孔，每个孔连接不同的管路，腔中间是活塞，两面是两块电磁铁，哪面的磁铁线圈通电阀体就会被吸引到哪边，通过控制阀体的移动来开启或关闭不同的管路。图 1-35 是电磁阀外形图。

在液压控制系统中，电磁阀可用来控制液流方向。阀门开关由电磁铁来操纵，因此，控制电磁铁就可控制电磁阀。电磁阀的性能可用它的位置数和通路数来表示，并有单电磁铁（称为单电式）和双电磁铁（称为双电式）两种。其图形符号如图 1-36 所示。电磁阀

图 1-35　电磁阀外形图

接口是指阀上各种管路的进、出口，通常将接口称为"通"。阀内阀芯可移动的位置数称为切换位置数，将阀芯的位置称为"位"。图形符号中"位"用方格表示，几位即几个方格；"通"用箭头符号"↑"表示，箭头表示进液或回液的方向，图形符号的下方数字 1、2 表示进液口或回液口；"不通"用堵截符号"⊥"表示，箭头首尾和堵截符号与一个方格有几个交点即为几通。因此，按其工作位置数和通路数的多少，电磁阀可分为二位三通、二位四通、三位四通等。

单电式电磁阀的图形符号中，与电磁铁邻接的方格中孔的通向表示的是电磁铁得电时的工作状态，与弹簧邻接的方格中表示的状态是电磁铁失电时的工作状态。双电式电磁阀的图形符号中，与电磁铁邻接的方格中孔的通向表示的是该侧电磁铁得电时的工作状态。

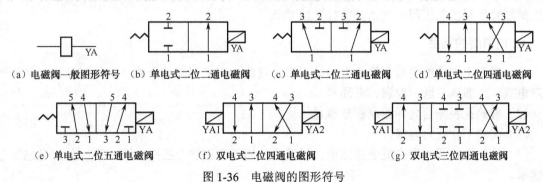

（a）电磁阀一般图形符号　（b）单电式二位二通电磁阀　（c）单电式二位三通电磁阀　（d）单电式二位四通电磁阀

（e）单电式二位五通电磁阀　　（f）双电式二位四通电磁阀　　　（g）双电式三位四通电磁阀

图 1-36　电磁阀的图形符号

图 1-36（a）为电磁阀一般图形符号，文字符号为 YA。

图 1-36（b）为单电式二位二通电磁阀，电磁阀得电时的工作状态是 1 孔与 2 孔相通；电磁阀失电时的工作状态，由于弹簧起作用，使阀芯处在左边，表示两孔不通。

图 1-36（c）为单电式二位三通电磁阀，电磁阀得电时的工作状态是 1 孔与 2 孔相通；电磁阀失电时的工作状态是 1 孔与 3 孔相通。

图 1-36（d）为单电式二位四通电磁阀，电磁阀得电时的工作状态是 1 孔与 4 孔相通，2 孔与 3 孔相通；电磁阀失电时的工作状态是 1 孔与 3 孔相通，2 孔与 4 孔相通。

图 1-36（e）为单电式二位五通电磁阀，电磁阀得电时的工作状态是 2 孔与 4 孔相通，3 孔与 5 孔相通；电磁阀失电时的工作状态是 1 孔与 4 孔相通，2 孔与 5 孔相通。

图 1-36（f）为双电式二位四通电磁阀，电磁铁 YA1 得电时，与 YA1 邻接的方格中的工作状态是 1 孔与 3 孔相通，2 孔与 4 孔相通；随后如果 YA1 失电，而 YA2 又未得电，此时电磁阀的工作状态仍保留 YA1 得电时的工作状态，没有变化。直至电磁铁 YA2 得电时，电磁阀才换向，其工作状态为与 YA2 邻接方格所表示的内容，即 1 孔与 4 孔相通，2 孔与 3 孔相通。同样，如 YA2 失电，仍保留 YA2 得电时的工作状态。如果换向，则需 YA1 得电，才能改变流向。设计控制电路时，不允许电磁铁 YA1 和 YA2 同时得电。

图 1-36（g）为双电式三位四通电磁阀，当电磁铁 YA1 和 YA2 都失电时，其工作状态以中间方格的内容表示，四孔互不相通；当 YA1 得电时，阀的工作状态由邻接 YA1 的方格中的内容确定，即 1 孔与 3 孔相通，2 孔与 4 孔相通；当 YA2 得电时，阀的工作状态由邻接 YA2 的方格所表示的内容确定，即 1 孔与 4 孔相通，2 孔与 3 孔相通。在设计控制电路时，同样不允许电磁铁 YA1 和 YA2 同时得电。

2．电磁阀的种类

按压力分类，有以下几种：

（1）真空阀——工作压力低于标准大气压的阀门。

（2）低压阀——公称压力 P_N <1.6MPa 的阀门。

（3）中压阀——公称压力 P_N =2.5～6.4MPa 的阀门。

（4）高压阀——公称压力 P_N =10.0～80.0MPa 的阀门。

（5）超高压阀——公称压力 P_N >100.0MPa 的阀门。

另外，各种电磁阀又可分为二通、三通、四通、五通等规格，还可分为主阀和控制阀等。电磁阀用途广泛，如在发电厂中，电磁阀能够控制锅炉与汽轮机的运转；在石油、化工生产中，电磁阀能够控制工艺流程中气动阀的打开或关闭。

3．电磁阀的选用

（1）阀的工作机能要符合执行机构的要求，据此确定采用阀的形式（二位或三位，单电式或双电式，二通或三通、四通、五通等）。

（2）阀的孔径是否允许通过额定流量。

（3）阀的工作压力等级。

（4）电磁铁线圈采用交流或直流电，以及电压等级等都要与控制电路一致，并应考虑通电持续率。

1.9.3　电磁制动器

电磁制动器应用电磁铁原理使衔铁产生位移，在各种运动机构中吸收旋转运动惯性能量，从而达到制动的目的，被广泛应用于起重机、卷扬机、碾压机等类型的升降机械设备中。电磁制动器主要由制动器、电磁铁或电力液压推动器、摩擦片、制动轮（盘）或闸瓦等组成。电磁制动器外形如图 1-37 所示。

图 1-37　电磁制动器外形图

电磁制动器可分为电磁粉末制动器、电磁涡流制动器和电磁摩擦式制动器三种。

（1）电磁粉末制动器。励磁线圈通电时形成磁场，磁粉在磁场作用下磁化，形成磁粉链，并在固定的导磁体与转子间聚合，靠磁粉的结合力和摩擦力实现制动。励磁电流消失时磁粉处于自由松散状态，制动作用解除。这种制动器体积小、重量轻、励磁功率小，而且制动力矩与转动件转速无关，但磁粉会引起零件磨损。它便于自动控制，适用于各种机器的驱动系统。

（2）电磁涡流制动器。励磁线圈通电时形成磁场，制动轴上的电枢旋转切割磁力线而产生涡流，电枢内的涡流与磁场相互作用形成制动力矩。电磁涡流制动器坚固耐用、维修方便、调速范围大；但低速时效率低、温升高，必须采取散热措施。这种制动器常用于有垂直载荷的机械中。

（3）电磁摩擦式制动器。励磁线圈通电产生磁场，通过磁轭吸合衔铁，衔铁通过连接法兰实现对轴的制动。

思考与练习

1．低压电器中常用的熄弧方法有哪些？

2．交流接触器和直流接触器能否互换使用？为什么？

3．热继电器在电路中有什么作用？

4．行程开关、万能转换开关在电路中各有什么作用？

5．电磁阀的工作原理是什么？电磁阀的"位"和"通"是什么含义？

6．熔断器和低压断路器均有短路保护的功能，两者有什么区别？

7．时间继电器和中间继电器在电路中的作用是什么？

8．交流接触器的工作原理是什么？如何选用？

9．熔断器有哪些用途？一般如何选用？

10．低压断路器有哪些功能？

11．低压电器中电弧是如何产生的？有哪些危害？

12．指示灯的不同颜色各代表什么含义？

13．接触器和继电器有什么区别？

14．时间继电器的延时常开和延时常闭触点与瞬时常开和常闭触点有什么区别？

第 2 章

电气控制线路

本章知识点：

- 电气原理图的识别与绘制；
- 电气安装图的绘制；
- 三相异步电动机的启动控制电路；
- 三相异步电动机的正反转控制电路；
- 三相异步电动机的其他控制电路；
- 电气控制线路的一般设计方法；
- 电气控制线路的逻辑设计方法。

基本要求：

- 掌握电气原理图的识别与绘制；
- 掌握电气安装图的绘制；
- 掌握三相异步电动机的启动控制、正反转控制电路；
- 了解三相异步电动机的其他控制电路；
- 了解电气控制线路的一般设计方法及逻辑设计方法。

能力培养：

通过本章的学习，使得学生初步掌握电气控制线路的一般设计方法，具备根据实际的功能要求设计并绘制电气原理图和电气安装图的能力，以及设计并绘制三相异步电动机的控制电路的能力，培养学生的识图和绘图能力，以及在电路设计与绘制过程中的创新能力。

在各行各业广泛使用的各种生产机械和电气设备中，主要采用各类电动机作为动力，并辅以电气控制电路来完成自动控制。

电气控制线路是把各种有触点的接触器、继电器以及按钮、行程开关等电气元件，用导线按一定的控制方式连接起来组成的控制线路，因此电气控制通常称为继电器接触器控制。电气控制线路能够实现对电动机或其他执行电器的启停、正反转、调速和制动等运行方式的控制，从而实现生产过程自动化，满足生产工艺的要求。

生产工艺和生产过程不同，对生产机械或电气设备的自动控制线路的要求也不同。但是，无论是简单的还是复杂的电气控制线路，都是按一定的控制原则和逻辑规律，由基本的控制环节组合而成的。因此，只要掌握各种基本控制环节以及一些典型线路的工作原理、分析方法和设计方法，就很容易掌握复杂电气控制线路的分析和设计方法。结合具体的生产工艺要求，通过各种基本环节的组合，就可设计出复杂的电气控制线路。

本章主要介绍常用电气控制线路的基本原理及分析方法。

2.1 电气控制线路的绘制

电气控制线路是由按钮、开关、接触器、继电器等低压控制电器所组成的，能实现某种控制功能的控制线路。为了表达生产机械电气控制系统的结构、原理等设计意图，便于电气系统的安装、调试、使用和维护，将电气控制系统中各电气元件及其连接线路用一定的图形表达出来，这就是电气控制线路图。电气控制线路图的表示方法有电气原理图、安装接线图和电气布置图三种。电气控制线路图是工程技术的通用语言，它将各电气元件的连接用图形来表达，各种电气元件用不同的图形符号来表示，并用不同的文字符号来说明其所代表电气元件的名称、用途、主要特征及编号等。

2.1.1 电气控制系统图中的图形和文字符号

在电气控制线路中，各种电气元件的图形、文字符号必须符合国家标准。国家标准局参照国际电工委员会（IEC）颁布的有关文件，制定了我国电气设备有关国家标准，采用新的图形和文字符号及回路标号，颁布了 GB 4728—84《电气图用图形符号》、GB 6988—87《电气制图》和 GB 7159—87《电气技术中的文字符号制订通则》。规定从 1990 年 1 月 1 日起，电气控制线路中的图形和文字符号必须符合最新的国家标准。

表 2-1 列出了常用电器图形、文字符号的新旧对照，以供参考。

表 2-1 常用电器图形、文字符号新旧对照表

名 称	新标准 图形符号	新标准 文字符号	旧标准 图形符号	旧标准 文字符号	名 称	新标准 图形符号	新标准 文字符号	旧标准 图形符号	旧标准 文字符号
一般三极电源开关		QK	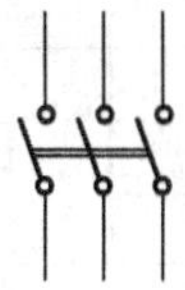	K	接触器 线圈/主触点/常开辅助触点/常闭辅助触点		KM		C
低压断路器		QF		UZ					
位置开关 常开触点/常闭触点		SQ		XK	速度继电器 常开触点/常闭触点		KS		SDJ

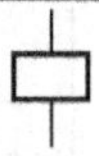

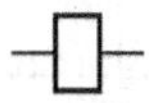

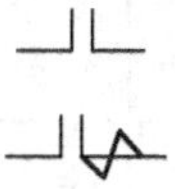

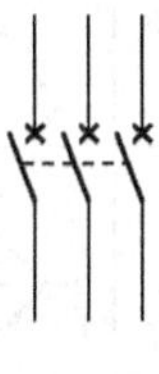

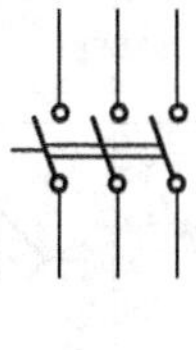

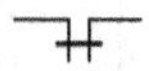

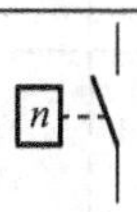

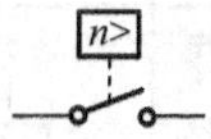

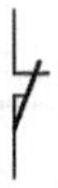

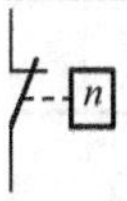

名 称		新标准		旧标准		名 称		新标准		旧标准	
		图形符号	文字符号	图形符号	文字符号			图形符号	文字符号	图形符号	文字符号
位置开关	复合触点					时间继电器	线圈				
	熔断器		FU		RD		常开延时闭合触点		KT		SJ
按钮	启动		SB		AN		常闭延时打开触点				
	停止						常闭延时闭合触点				
	复合						常开延时打开触点				
热继电器	线圈		FR		PJ		制动电磁铁		YB		DT
	常闭触点						电磁离合器		YC		CH
继电器	中间继电器线圈		KA		ZJ		电位器		RP	与新标准相同	W
	欠电压继电器线圈	<U	KA		QYJ	桥式整流装置			UC		ZL
	过电压继电器线圈	>U	KA		GYJ		照明灯		EL	与新标准相同	ZD

续表

名称		新标准 图形符号	文字符号	旧标准 图形符号	文字符号	名称	新标准 图形符号	文字符号	旧标准 图形符号	文字符号
继电器	常开触点		相应继电器符号		相应继电器符号	信号灯		HL		XD
	常闭触点					电阻器	或	R		R
	欠电流继电器线圈	<I	KI		QLJ	接插器		X		CZ
	过电流继电器线圈	>I	KI		GLJ	电磁铁		YA		DT
转换开关			SA	与新标准相同	HK	电磁吸盘		YH		DX
串励直流电动机		M				单相变压器			与新标准相同	B
						整流变压器		T		ZLB
并励直流电动机		M	M		ZD	照明变压器				ZB
						隔离变压器		TC		B
他励直流电动机		M				三相自耦变压器		T	与新标准相同	ZOB
复励直流电动机		M				半导体二极管		V		D
直流发电机		G	G	F	ZF	PNP型三极管				T

续表

名　　称	新　标　准		旧　标　准		名　　称	新　标　准		旧　标　准	
	图形符号	文字符号	图形符号	文字符号		图形符号	文字符号	图形符号	文字符号
三相鼠笼式异步电动机	 (M 3~)	M	 ⊚	D	NPN 型三极管	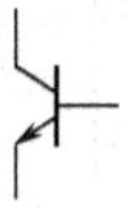	V		T
三相绕线式异步电动机	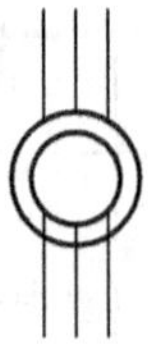 ⊚		与新标准相同		晶闸管				SCR

2.1.2 电气原理图

电气原理图是用来表明电气设备的工作原理及各电气元件的作用、相互之间关系的一种表示方式，具有结构简单、层次分明、便于研究和分析电路的工作原理等优点。在各种生产机械的电气控制中，无论在设计部门还是生产现场，电气原理图都得到广泛的应用。运用电气原理图的方法和技巧，对于分析电气线路、排除机床电路故障是十分有益的。

电气原理图一般由主电路、控制电路、保护电路、配电电路等几部分组成。

1. 绘制电气原理图应遵循的原则

（1）电气控制线路根据电路通过的电流大小可分为主电路和控制电路。主电路包括从电源到电动机的电路，是强电流通过的部分，用粗线条画在原理图的左边。控制电路是通过弱电流的电路，一般由按钮、电气元件的线圈、接触器的辅助触点、继电器的触点等组成，用细线条画在原理图的右边。

（2）电气原理图中，所有电气元件的图形、文字符号必须采用国家规定的统一标准。

（3）采用电气元件展开图的画法。同一电气元件的各部件可以不画在一起，但需要用同一文字符号标出。若有多个同一种类的电气元件，可在文字符号后加上数字符号，如 KM1 和 KM2 等。

（4）所有按钮、触点均按没有外力作用和没有通电时的原始状态画出。

（5）控制电路的分支线路，原则上按照动作的先后顺序排列，两线交叉连接时的电气连接点需用黑点标出。

2. 电气原理图的绘制方法

1）绘制主电路

绘制主电路时，应依规定的电气图形符号用粗实线画出主要控制、保护电路等。

2）绘制控制电路

控制电路一般由开关、按钮、信号指示、接触器、继电器的线圈和各种辅助触点构成。无论简单还是复杂的控制电路，一般均由各种典型电路（如延时电路、联锁电路、顺控电路等）组合而成，用以控制主电路中受控设备的启动、运行、停止，使主电路中的设备按设计工艺的要求正常工作。对于简单的控制电路，只要依据主电路要实现的功能，结合生产工艺要求及设备动作的先后顺序依次分析，仔细绘制即可。对于复杂的控制电路，要按各部分所完成的功能，分割成若干个局部控制电路，然后与典型电路相对照，找出相同之处，本着先简后繁、先易后难的原则逐个画出每个局部环节，再找到各环节的相互关系。

3. 电气原理图坐标图示法

电气原理图坐标图示法是在上述电气原理图基础上发展而来的，分为轴坐标标注法和横坐标标注法两种。

1）轴坐标标注法

首先根据线路的繁简程度及线路中各部分线路的性质、作用和特点，将线路分为交、直流主电路，交、直流控制电路及辅助电路等。

图 2-1 为 M7120 平面磨床轴坐标图示法电气原理图，图中根据线路性质、作用和特点分为交流主电路、交流控制电路、交流辅助电路和直流控制电路四部分。为方便标注坐标，线路各电气元件均按纵向画法排列，每一条纵向线路为一个线路单元，而每一个线路单元给定一个轴坐标，并用数码表示。这样，每一线路单元中的各电气元件具有同一轴坐标。在对线路单元进行坐标标号时，为标明各线路性质、作用和特点，往往对同一系统的线路单元用一定的数码来标注轴坐标。在图 2-1 中，交流主电路轴坐标标号由 100 到 110，交流控制电路轴坐标标号由 200 到 211，直流控制电路轴坐标标号由 301 到 312，交流辅助电路轴坐标标号由 402 到 410。在轴坐标 201 标号的线路单元中有 SB1、SB2、KM1、FR1、KA 等电气元件。

在选定坐标系统与给定坐标后，下一步就是标注图示坐标。为了阅读、查找方便，可在线路图下方标注"正序图示坐标"和"逆序图示坐标"。

正序图示坐标一般标注在含有接触器或继电器线圈的线路单元的下方。在图 2-1 中标注了 KM1～KM6、FR1～FR3、KA 的正序图示坐标。在该线路单元的下方标注该继电器或接触器各触点分布位置所在线路单元的轴坐标标号。如接触器 KM5 具有 5 对常开触点、2 对常闭触点，在线路中用上了 4 对常开触点、1 对常闭触点，它们分别位于 210、308、309、409、211 号线路单元中。这样，各对触点的位置和作用就一目了然了。

逆序图示坐标一般标注在各线路单元的下方，用来标注该线路单元中触点受控线圈所在的轴坐标号。如图 2-1 的 201 线路单元中含有触点 SB1、SB2、FR1、KA。其中，FR1 触点的热元件 FR1 在 101 线路单元中；KA 控制线圈在 307 线路单元中（对于按钮 SB1 和 SB2，因不受其他单元元件的控制，故无须标注）。

由上可知，正序图示坐标是以线圈为依据找触点，而逆序图示坐标则是以触点为依据找线圈。图示坐标的标注采用与否，可根据线路图的繁简程度决定。线路简单、一目了然的，正、逆图示坐标均可不标注；线路不是很复杂的，一般只标注正序图示坐标即可；比较复杂的线路，可根据需要标注正、逆图示坐标。线路越复杂，则越能体现标注坐标的优越性。

2）横坐标标注法

电动机正反转横坐标图示法电气原理图如图 2-2 所示。采用横坐标标注法，线路各电气元件均按横向画法排列。各电气元件线圈的右侧，由上到下标明各支路的序号 1，2，…，并在该电气元件线圈旁标明其常开触点（标在横线上方）、常闭触点（标在横线下方）在电路中所在支路的标号，以便阅读和分析电路时查找。例如，接触器 KM1 常开触点在主回路有 3 对、控制回路 2 支路中有 1 对；常闭触点在控制电路 3 支路中有 1 对。此种表示法在机床电气控制线路中普遍采用。

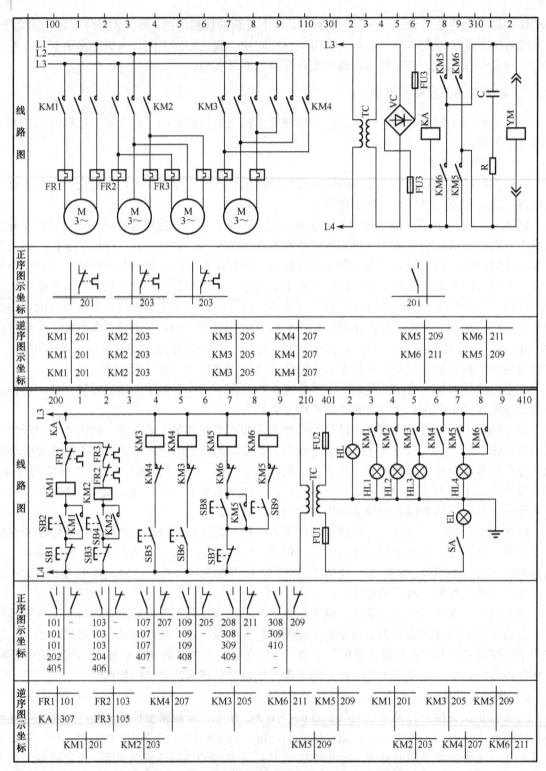

图 2-1 M7120 平面磨床轴坐标图示法电气原理图

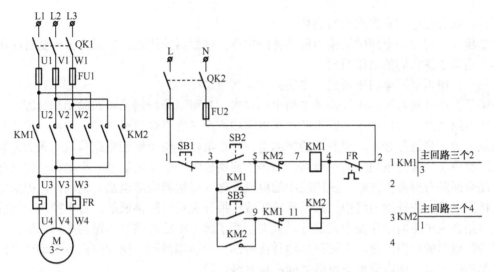

图 2-2　电动机正反转横坐标图示法电气原理图

4．电气原理图识别方法

看电气控制电路图一般方法是先看主电路，再看辅助电路，并用辅助电路的回路去研究主电路的控制程序。

1）看主电路的步骤

第一步：看清主电路中的用电设备。用电设备指消耗电能的用电器具或电气设备，看图首先要看清楚有几个用电器，了解它们的类别、用途、接线方式及一些不同要求等。

第二步：要弄清楚用电设备是用什么电气元件控制的。控制电气设备的方法很多，有的直接用开关控制，有的用各种启动器控制，有的用接触器控制。

第三步：了解主电路中所用的控制电器及保护电器。前者是指除常规接触器以外的其他控制元件，如电源开关（转换开关及空气断路器）、万能转换开关。后者是指短路保护器件及过载保护器件，如空气断路器中电磁脱扣器及热过载脱扣器、熔断器、热继电器及过电流继电器等元件的用途及规格。一般来说，对主电路进行如上内容的分析以后，即可分析辅助电路。

第四步：看电源。要了解电源电压等级是 380V 还是 220V，是从母线汇流排供电、配电屏供电，还是从发电机组接出来的。

2）看辅助电路的步骤

辅助电路包含控制电路、信号电路和照明电路。

分析控制电路。根据主电路中各电动机和执行电器的控制要求，逐一找出控制电路中的其他控制环节，将控制线路"化整为零"，按功能不同划分成若干个局部控制线路来进行分析。如果控制线路较复杂，则可先排除照明、显示等与控制关系不密切的电路，以便集中精力进行分析。

第一步：看电源。首先，看清电源的种类是交流还是直流。其次，要看清辅助电路的电源是从什么地方接来的及其电压等级。电源一般是从主电路的两条相线上接来的，其电压为 380V；也有从主电路的一条相线和一条零线上接来的，电压为单相 220V；此外，也可以从专用隔离电源变压器接来，电压有 140V、127V、36V、6.3V 等。辅助电路为直流时，直流电源可从整流器、发电机组或放大器上接来，其电压一般为 24V、12V、6V、4.5V、3V 等。辅助电路中的一切电气元件的线圈额定电压必须与辅助电路电源电压一致。否则，电压低时电路元件不动作；

电压高时，则会把电气元件的线圈烧坏。

第二步：了解控制电路中所采用的各种继电器、接触器的用途，如采用了一些特殊结构的继电器，还应了解它们的动作原理。

第三步：根据辅助电路来研究主电路的动作情况。

分析了上面这些内容后再结合主电路中的要求，就可以分析辅助电路的动作过程。

控制电路总是按动作顺序画在两条水平电源线或两条垂直电源线之间。因此，也就可从左到右或从上到下来进行分析。对复杂的辅助电路，在电路中整个辅助电路构成一条大回路，在这条大回路中又分成几条独立的小回路，每条小回路控制一个用电器或一个动作。当某条小回路形成闭合回路有电流流过时，在回路中的电气元件（接触器或继电器）则动作，把用电设备接入或切除电源。在辅助电路中一般是靠按钮或转换开关把电路接通的。对于控制电路的分析必须随时结合主电路的动作要求来进行，只有全面了解主电路对控制电路的要求以后，才能真正掌握控制电路的动作原理，不可孤立地看待各部分的动作原理，而应注意各个动作之间是否有相互制约的关系，如电动机正反转之间应设有联锁等。

第四步：研究电气元件之间的相互关系。电路中的一切电气元件都不是孤立存在的，而是相互联系、相互制约的。这种互相控制的关系有时表现在一条回路中，有时表现在几条回路中。

第五步：研究其他电气设备和电气元件，如整流设备、照明灯等。

2.1.3　电气安装图

电气安装图是按照电气元件的实际位置和实际接线绘制的，根据电气元件布置最合理、连接导线最经济等原则来安排，为安装电气设备、电气元件之间进行配线及检修电气故障等提供了必要的依据。图 2-3 为三相鼠笼式异步电动机正反转控制安装接线图。绘制安装接线图应遵循以下原则：

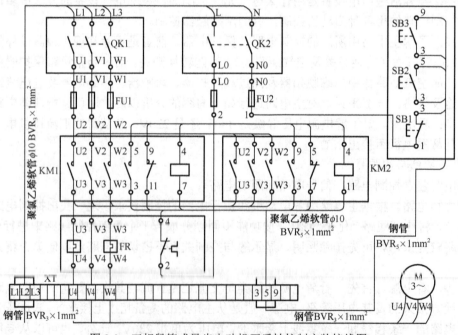

图 2-3　三相鼠笼式异步电动机正反转控制安装接线图

（1）各电气元件用规定的图形、文字符号绘制，同一电气元件的各部分必须画在一起。各电气元件的位置应与实际安装位置一致。

（2）不在同一控制柜或配电屏上的电气元件的电气连接必须通过端子板进行。各电气元件的文字符号及端子板的编号应与原理图一致，并按原理图的接线进行连接。

（3）走向相同的多根导线可用单线表示。

（4）画连接导线时，应标明导线的规格、型号、根数和穿线管的尺寸。

2.2　三相异步电动机控制电路

2.2.1　三相异步电动机的启动控制电路

对于远距离控制电动机，通常将电动机的控制线路安装在控制柜里或者控制盘上。

图 2-4 为三相异步电动机启停控制电路的实际配线图，相应的电气原理图如图 2-5 所示。该控制线路实现按下按钮开关 SB2，电动机启动并连续运转，按下按钮开关 SB1，电动机停止运转。

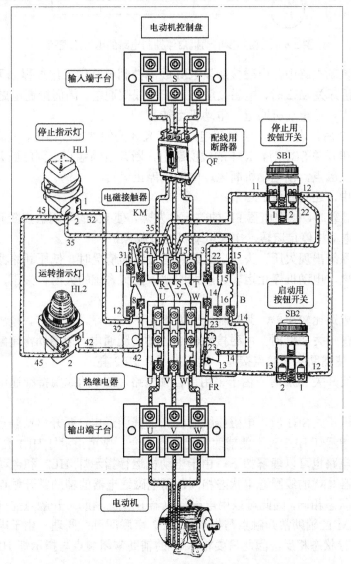

图 2-4　三相异步电动机启停控制电路的实际配线图

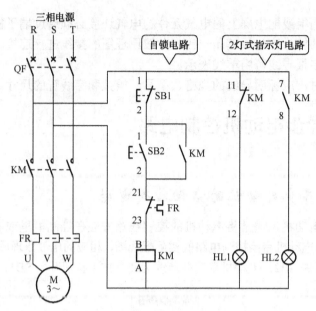

图 2-5　三相异步电动机启停控制电路的电气原理图

在控制系统的控制电路中，电磁接触器 KM 线圈控制电路的工作过程如下：

（1）当按下按钮开关 SB2 时，电磁接触器 KM 的线圈通电，因而接通电磁接触器 KM 在主电路中的常开主触点，使电动机通电，电动机运转。

（2）当松开 SB2 后，由于采用了自锁电路，使 KM 的线圈持续通电，电动机连续运行。

（3）当按下按钮开关 SB1 时，KM 的线圈断电，断开自锁触点，同时断开电磁接触器 KM 在主电路中的常开主触点，使电动机断电，电动机停止运转。

在该控制系统中，还具有保护环节：

（1）当电动机过载时，热继电器 FR 的热元件发热，使 FR 的常闭触点断开，从而使接触器 KM 的线圈断电，电动机停止运转，实现电动机的过载保护。

（2）当该控制系统出现欠压、失压、过载或者短路的情况时，低压断路器 QF 断开，使主电路和控制电路失电，电动机停止运转，从而实现该控制系统的欠压、失压、过载或者短路保护。

指示灯的控制电路比较简单，其控制过程如下：

（1）当按下按钮开关 SB2 时，电磁接触器 KM 的线圈通电，使辅助常闭触点断开，停止指示灯 HL1 灭，同时使辅助常开触点接通，运行指示灯 HL2 亮。

（2）当松开按钮开关 SB2 时，由于采用了自锁电路，KM 的线圈持续通电，指示灯状态保持。

（3）当按下按钮开关 SB1 时，电磁接触器 KM 的线圈通电，断开自锁触点，同时使辅助常开触点断开，运行指示灯 HL2 灭，使辅助常闭触点闭合，停止指示灯 HL1 亮。

指示灯的控制电路也可以理解如下：由于电动机运行指示灯 HL2 和电动机的运行状态相同，即与电磁接触器 KM 的线圈通电状态相同，而电磁继电器的辅助常开触点状态与电磁接触器 KM 的线圈通电状态相同，因此可以用电磁继电器 KM 的辅助常开触点控制电动机运行指示灯 HL2，只要将 KM 的辅助常开触点与指示灯 HL2 串联即可；同理，由于电动机停止指示灯 HL1 和电动机的运行状态相反，因此只要将 KM 的辅助常闭触点与指示灯 HL1 串联即可完成相应的控制功能。

2.2.2　三相异步电动机的正反转控制电路

在许多工业控制场合，如传送带的前进和后退、升降机的上升和下降、自动门的打开和关闭等，都需要改变电动机的转动方向或传送方向，通常采用控制电动机的正转和反转来实现。

电动机的转动方向通常从电动机输出轴的正面来看，沿逆时针方向的转动为正转，沿顺时针的转动为反转。

要改变三相异步电动机的转动方向，只需要把三相电源与电动机相连的三根线中任意两根对调连接即可。如图 2-6（a）所示，三相电源 R、S、T 相分别与电动机的 U、V、W 端（即电动机定子的 U、V、W 三相）连接，为电动机的正转接线；若将 R 和 T 相调换一下，即 R、S、T 分别与 W、V、U 相接，如图 2-6（b）所示，则电动机就反向转动。

在实际的小型三相异步电动机正反转控制线路中，通常使用两个电磁接触器，分别控制正转和反转，正转接触器如图 2-6（a）所示接线，反转接触器如图 2-6（b）所示接线，可共用低压断路器，构成三相异步电动机正反转控制主电路实际接线，如图 2-7 所示。

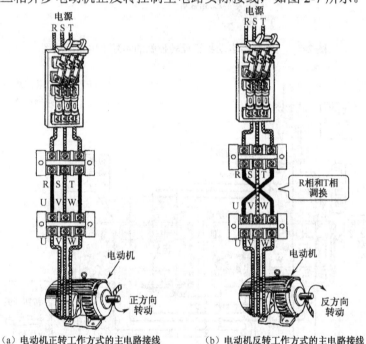

（a）电动机正转工作方式的主电路接线　　　（b）电动机反转工作方式的主电路接线

图 2-6　三相异步电动机正向转动与反向转动工作方式的主电路接线

图 2-8 为小型三相异步电动机正反转控制的实际配线图，相应的电气原理图如图 2-9 所示。该控制线路实现如下功能：按下正转按钮 SB2，电动机正转，再按下停止按钮 SB1，电动机停止运转；按下反转按钮 SB3，电动机反转，再按下停止按钮 SB1，电动机停止运转。

该线路中，仅使用了由接触器的触点实现的一种互锁方式，该线路的缺点是当需要换向运转时，必须先按下停止按钮 SB1，因此该线路也称为正-停-反控制线路。克服该缺点的方法是增加按钮互锁，即 SB2 和 SB3 改为复合按钮，其中常闭触点分别串接到反转和正转电路中，如图 2-10 所示。该控制线路可以实现电动机立即换向，由于具有接触器触点和按钮两种互锁方式，因此也被称为双重互锁的电动机正反转控制电路；同时，该线路还使用了热继电器 FR，实现电动机的过载保护。

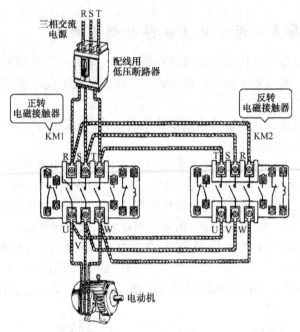

图 2-7　三相异步电动机正反转控制的实际主电路配线图

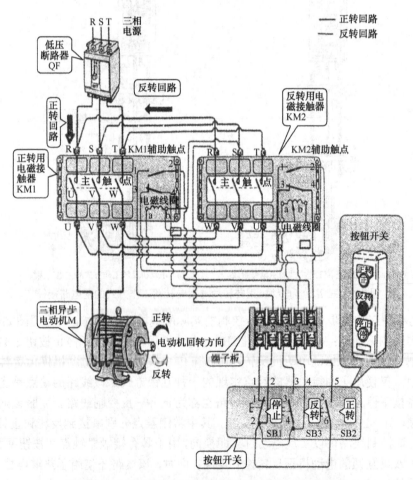

图 2-8　小型三相异步电动机正反转控制的实际配线图

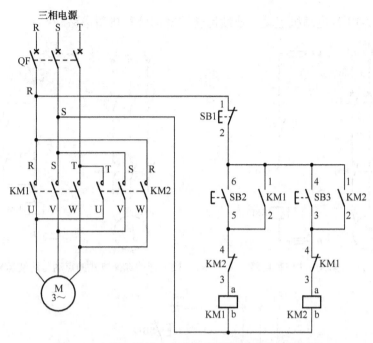

图 2-9　小型三相异步电动机正反转控制电气原理图

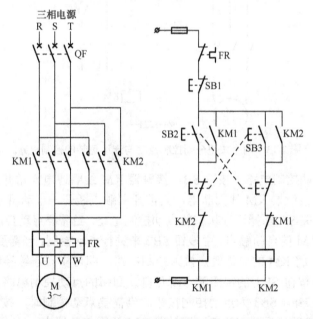

图 2-10　具有双重互锁的三相异步电动机正反转控制电气原理图

2.2.3　三相异步电动机的其他控制电路

1. 电动机点动和连续运转控制

在生产实践中，某些生产机械常常要求既能正常启动，又能实现位置调整的点动控制。所谓点动，即按下按钮时电动机转动，松开按钮后，电动机即停止工作。点动控制主要用于机床刀架、横梁、立柱等的快速移动、对刀调整等。

图 2-11～图 2-13 为电动机点动和连续运转控制的几种典型电路。

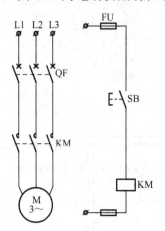

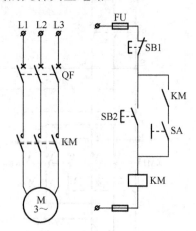

图 2-11　基本点动控制电路　　　图 2-12　开关选择方式的点动与连续运转的控制电路

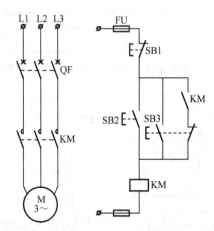

图 2-13　两个按钮分别控制点动与连续运转的控制电路

图 2-11 为基本点动控制电路。按下 SB，接触器 KM 线圈通电，常开主触点闭合，电动机启动运转；松开 SB，接触器 KM 线圈断电，其常开主触点断开，电动机停止运转。

图 2-12 为采用开关 SA 选择运行状态的点动控制电路。当需要点动控制时，只要把开关 SA 断开，即断开接触器 KM 的自锁触点，由按钮 SB2 来进行点动控制；当需要电动机正常运行时，只要把开关 SA 合上，将 KM 的自锁触点接入控制电路，即可实现连续控制。

图 2-13 为用复合按钮 SB3 的常闭触点断开自锁回路的点动控制电路。SB1 为停止按钮，SB2 为连续运转启动按钮，SB3 为点动控制按钮。当需要点动控制时，按下 SB2，其常闭触点先将自锁回路切断，然后常开触点才接通接触器 KM 线圈使其通电，KM 常开主触点闭合，电动机启动运转；当松开 SB3 时，其常开触点先断开，接触器 KM 线圈断电，KM 常开主触点断开，电动机停转，然后 SB3 常闭触点才闭合，但此时 KM 常开辅助触点已断开，KM 线圈无法保持通电，即可实现点动控制。

通过分析点动和连续运转控制电路的工作过程可以看出，点动控制电路最大的特点是取消了自锁触点。

2. 电动机多地控制

有些机械和生产设备，需要操作人员在两地或者两个以上的地点均能进行控制操作，可以使用多地控制电路，如图 2-14 所示。

在图 2-14 电路中，按下 SB2（或 SB4、SB6），KM 线圈通电，电动机运转；按下 SB1（或 SB3、SB5），KM 线圈断电，电动机停止运转。该电路实现的是三地启停控制。

从图 2-14 所示电路中可以看出，多地控制电路只需多用几个启动按钮和停止按钮，无须增加其他电气元件。启动按钮应该并联，停止按钮应该串联，分别装在几个地方。

通过分析电路工作过程和控制电路可以得出以下结论：若有几个电器能够控制某接触器通电，则几个电器的常开触点应并联接到该电器的线圈控制电路，即形成逻辑"或"关系；若几个电器能够控制某接触器断电，则几个电器的常闭触点应该串联接到该接触器的线圈控制电路，即形成逻辑"与"关系。

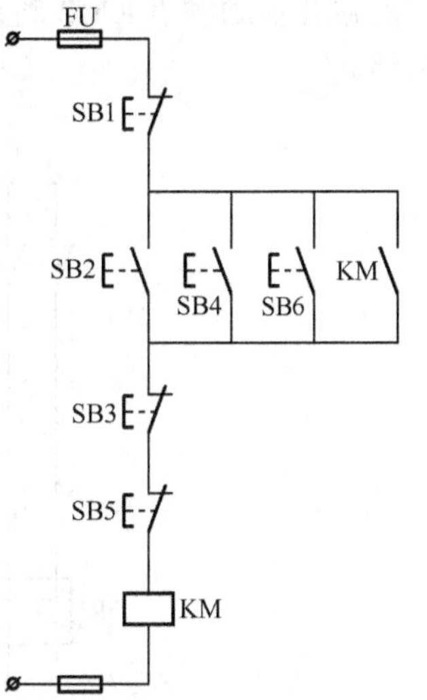

3. 电动机顺序控制

图 2-14　多地控制的控制电路图

在机床的控制电路中，常常要求电动机的启动和停止按照一定的顺序进行。例如，磨床要求先启动润滑油泵，然后再启动主轴电动机；铣床的主轴旋转后，工作台方可移动等。顺序工作控制电路有顺序启动、分别停止控制电路，有顺序启动、同时停止控制电路，也有顺序启动、顺序停止控制电路，还有顺序启动、逆序停止控制电路。

图 2-15 为两台电动机顺序启动、分别停止的控制电路图，图 2-16 为两台电动机顺序启动、逆序停止的控制电路图。

在图 2-15 所示的控制电路中，只有按下 SB2，使 KM1 线圈通电（M1 电动机运转）后，其串在 KM2 线圈控制回路中的 KM1 常开触点闭合，才能使 KM2 线圈存在通电的可能，以此制约了 M2 电动机，只能在 M1 启动后才能按下 SB4 启动电动机 M2。而 SB1 和 SB3 可以分别控制 M1 和 M2 电动机的停止。

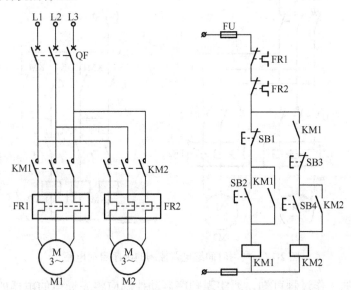

图 2-15　两台电动机顺序启动、分别停止的控制电路图

图 2-16 所示的控制电路中，控制 M1 和 M2 顺序启动的原理同图 2-15。而控制电动机停止时，必须先按下按钮 SB3，切断 KM2 线圈的供电，电动机 M2 先停止运转；其并联在按钮 SB1 下的常开辅助触点 KM2 断开，此时再按下 SB1，才能使 KM1 线圈断电，然后电动机 M1 停止运转。

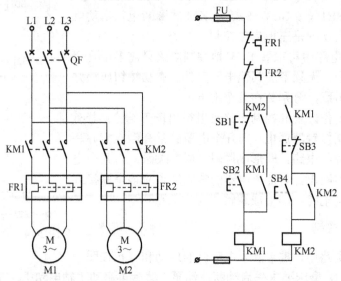

图 2-16　两台电动机顺序启动、逆序停止的控制电路图

图 2-17 为利用时间继电器控制的顺序启动电路。其电路的关键在于利用时间继电器自动控制 KM2 线圈通电。当按下按钮 SB2 时，KM1 线圈通电，电动机 M1 启动，同时时间继电器线圈 KT 通电，延时开始；经过设定时间后，串联接入接触器 KM2 控制电路中的时间继电器 KT 的常开触点闭合，KM2 线圈通电，电动机 M2 启动。按下 SB1，接触器 KM1 线圈、KM2 线圈和时间继电器 KT 线圈同时断电，两台电动机 M1、M2 同时停止。

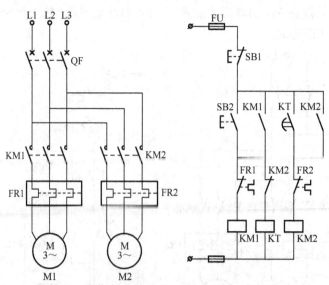

图 2-17　利用时间继电器控制的顺序启动电路

通过分析电路的工作过程可知，要实现顺序启动控制应将先通电的电器的常开触点串接在

后通电的电器的线圈控制电路中；要实现顺序/逆序停止，应将先断电的电器的常开触点并联到后断电的电器的线圈控制电路中的停止按钮（或其他断电触点）上。

4．电动机降压启动控制

用前面介绍的各种控制线路启动电动机时，加在电动机定子绕组上的电压为电动机的额定电压，属于全压启动，也称直接启动。直接启动的优点是电气设备少、线路简单、维修量较少。异步电动机直接启动时，启动电流一般为额定电流的 4～7 倍。在电源变压器容量不够大而电动机功率较大的情况下，直接启动将导致电源变压器输出电压下降，不仅减小电动机本身的启动转矩，而且会影响统一供电线路中其他电气设备的正常工作。因此较大容量的电动机需要用降压启动。

通常规定：电源容量在 180kVA 以上，电动机容量在 7kW 以下的三相笼型异步电动机可采用直接启动。凡不满足直接启动条件的，均须采用降压启动。

降压启动是指将电压适当降低后加到电动机的定子绕组上进行启动，待电动机运转后，再使其电压恢复到额定值正常运转。由于电流随电压的降低而减小，因此降压启动达到了减小启动电流的目的。但是，由于电动机转矩与电压的平方成正比，所以降压启动也将导致电动机的启动转矩大为降低。因此降压启动需要在空载或者轻载下启动。

常见的降压启动方法有四种：定子绕组串接电阻降压启动、自耦变压器降压启动、Y-△降压启动、延边△降压启动。下面以 Y-△降压启动控制电路为例，介绍三相异步电动机的降压启动。

Y-△降压启动是指电动机启动时，把定子绕组接成 Y 形，以降压启动电压，限制启动电流。待电动机启动后，再把定子绕组改接成△形，使电动机全压运行。凡是在正常运行时定子绕组作△形连接的异步电动机，均可采用这种降压启动方法。

Y-△降压启动控制线路如图 2-18 所示。该线路由三个接触器、一个热继电器、一个时间继电器和两个按钮组成。时间继电器 KT 用于控制 Y 形降压启动时间和完成△形自动切换。

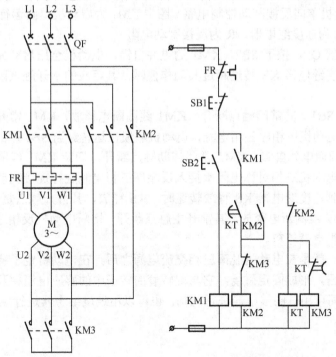

图 2-18　三相交流异步电动机 Y-△降压启动控制线路

合上低压断路器 QF，按下启动按钮 SB2，KM1、KT、KM3 线圈同时通电并自锁，电动机三相定子绕组连接成 Y 形接入三相交流电进行降压启动；当电动机转速接近额定转速时，通电延时型时间继电器 KT 动作，KT 常闭触点断开，KM3 线圈断电释放，断开 Y 形连接；同时 KT 常开触点闭合，KM2 线圈通电吸合并自锁，电动机绕组连接成 △ 形全压运行。当 KM2 通电吸合后，KM2 常闭触点断开，使 KT 线圈断电，避免时间继电器长期工作。KM2、KM3 常闭触点为互锁触点，以防止同时接成 Y 形和 △ 形，造成电源短路。

5．电动机制动控制

在生产过程中，许多机床（如万能铣床、组合机床等）都要求能迅速停车和准确定位，这就要求必须对拖动电动机采取有效的制动措施。制动控制的方法有两大类：机械制动和电气制动。

机械制动是利用机械装置产生机械力来强迫电动机迅速停车；电气制动是使电动机产生的电磁转矩方向与电动机旋转方向相反，起到制动作用。电气制动有反接制动、能耗制动、再生制动以及派生的电容制动等。这些制动方法各有特点，适用于不同的环境。下面以反接制动电路为例，介绍三相交流异步电动机制动控制。

反接制动实质上是改变异步电动机定子绕组中的三相电源相序，使定子绕组产生与转子方向相反的旋转磁场，因而产生制动转矩的一种制动方法。

电动机反接制动时，转子与旋转磁场的相对速度近乎于两倍的同步转速，所以定子绕组流过的反接制动电流相当于全压启动的两倍，因而反接制动的制动转矩大，制动迅速，但冲击大，通常适用于 10kW 及以下的小容量电动机。为防止绕组过热，减小冲击电流，通常在笼型异步电动机定子电路中串入反接制动电阻。另外，采用反接制动，当电动机转速降为零时，要及时将反接电源切断，防止电动机反向再启动。通常，电路用速度继电器来检测电动机转速并控制电动机反接电源的断开。

图 2-19 为电动机单向反接制动控制电路。图中 KM1 为电动机单向运行接触器，KM2 为反接制动接触器，KS 为速度继电器，R 为反接制动电阻。

合上低压断路器 QF，按下 SB2，KM1 通电并自锁，电动机全压启动并正常运行，与电动机有机械连接的速度继电器 KS 转速超过其动作值时，其相应的常开触点闭合，为反接制动做准备。

停车时，按下 SB1，其常闭触点断开，KM1 线圈断电释放，KM1 常开触点和常开辅助触点同时断开，切断电动机原相序三相电源，电动机靠惯性运转。当 SB1 按到底时，其常开触点闭合，使 KM2 线圈通电并自锁，KM2 常闭辅助触点断开，切断 KM1 线圈控制电路。同时其常开主触点闭合，电动机三相对称电阻串接入反相序三相电源进行反接制动，电动机转速迅速下降。当转速下降到速度继电器 KS 释放转速时，KS 释放，其常开触点复位断开，切断 KM2 线圈控制电路，KM2 线圈断电释放，其常开主触点断开，切断电动机反相序三相交流电源，反接制动结束，电动机自然停车。

所谓能耗制动，就是在电动机脱离三相交流电源之后，在电动机定子绕组中的任意两相立即加上一个直流电压，形成固定磁场，它与旋转着的转子中的感应电流相互作用，产生制动转矩。能耗制动的时间可用时间继电器进行控制，也可以用速度继电器进行控制。图 2-20 为单相能耗制动控制线路。

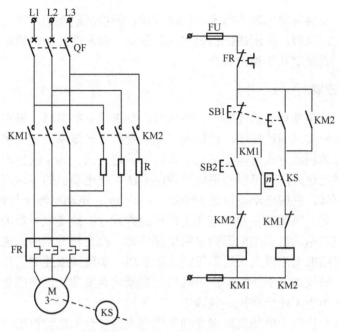

图 2-19　电动机单向反接制动控制电路

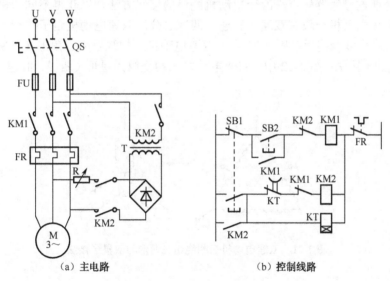

（a）主电路　　　　　（b）控制线路

图 2-20　单相能耗制动控制线路

图 2-20 所示为用时间继电器控制的单相能耗制动控制线路。在电动机正常运行时，若按下停止按钮 SB1，接触器 KM1 线圈失电，主触点释放，电动机脱离三相交流电源，同时，接触器 KM2 线圈通电，主触点吸合，直流电源经 KM2 的主触点加入定子绕组的 V、W 两相；时间继电器 KT 线圈与接触器 KM2 线圈同时通电，并由 KM2 辅助触点形成自锁，于是电动机进入能耗制动状态。当其转子的惯性速度接近于零时，时间继电器延时时间到，其常闭触点 KT 断开接触器 KM2 线圈支路，KM2 线圈失电，主触点释放，直流电源被切断；由于 KM2 常开辅助触点复位，时间继电器 KT 线圈的电源也被断开，电动机能耗结束。该线路具有手动控制能耗制动的能力，只要使停止按钮 SB1 处于按下的状态，电动机就能实现能耗制动。

由以上分析可知，由于能耗制动是利用转子中的储能进行的，所以比反接制动消耗的能量少，其制动电流也比反接制动电流小得多，制动准确；但能耗制动的制动速度不及反接制动迅速，同时需要一个直流电源，控制线路相对也比较复杂。通常能耗制动适用于电动机容量较大和启动、制动频繁，要求制动平稳的场合。

6．电动机调速控制

对于很多设备，如钢铁行业的轧钢机、鼓风机，制造行业的车床、机械加工中心，都要求三相笼型异步电动机能实现调速控制，以提高产品质量和生产效率。电动机调速分为定速电动机和变速联轴节配合的调速方式及电动机自身调速的调速方式。为了使生产机械获得更大的调速范围，除采用机械变速外，还可以采用电气控制方法实现电动机的多速运行。

由电动机原理可知，感应电动机转速 $n=60f_1$（$1-s$）$/p_1$，电动机转速与定子绕组的极对数、转差率和电源频率有关。因此三相异步电动机的调速方式有：改变极对数的变极调速、改变转差率的降压调速和改变电动机供电电源频率的变频调速。改变转差率的调速可以通过调节定子电压、改变转子电路中的电阻以及采用串级调速来实现，实现调速控制简单，价格便宜，但不能实现无级调速，一般仅适用于笼型异步电动机；变频调速复杂，但性能最好，随着其成本的日益降低，已广泛应用于工业自动控制领域中。

下面以三相交流异步电动机的变极调速和变频调速为例介绍电动机的调速控制。

1）三相笼型电动机变极调速控制线路

变极调速是通过接触器触点来改变电动机绕组的接线方法，以获得不同的极对数，从而达到调速目的。变极电动机一般有双速、三速、四速之分。双速电动机定子装有一套绕组，而三速、四速电动机则为双套绕组。图 2-21 中，双速电动机三相绕组为三角形（四极，低速）与双星形（二极，高速）接法；图 2-22 中，双速电动机三相绕组为星形（四极，低速）与双星形（二极，高速）接法。

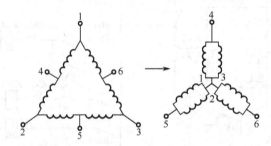

图 2-21　双速电动机三相绕组三角形与双星形接法

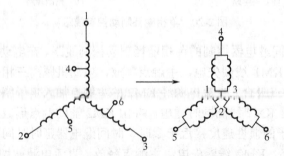

图 2-22　双速电动机三相绕组星形与双星形接法

图 2-23 中为双速电动机变极调速控制电路。图中 KM1 为电动机三角形连接接触器，KM2、KM3 为电动机双星形连接接触器。KT 为电动机低速换高速时间继电器，SA 为高、低速选择开

关，其有三个位置："左"位为低速，"右"位为高速，"中间"位为停止。当 SA 位于"左"位接通低速时，KM1 接通，电动机以三角形连接方式运转；当 SA 位于"中间"停止位时，KM1～KM3 均断电，电动机停止运转；当 SA 切换成"右"位高速时，KT 通电，KT 的瞬时常开触点闭合，使 KM1 先通电，电动机先以三角形连接方式低速运转，当延时时间到时，KT 延时断开的常闭触点断开，使 KM1 断电，然后 KT 延时闭合的常开触点闭合，使 KM2 通电，从而使KM3 也通电，电动机以双星形连接方式进行高速运转。

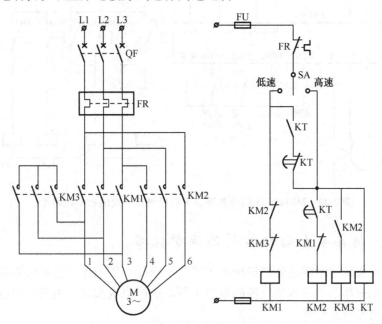

图 2-23 双速电动机变极调速控制电路

2）三相异步电动机变频调速控制线路

交流电动机变频调速是近年来发展起来的新技术。随着电力电子技术和微电子技术的迅速发展，交流调速系统已经进入实用化、系列化，采用变频器的变频装置已获得广泛应用。

交流电源的额定频率 f_{in}=50Hz，所以变频调速有额定频率以下调速和额定频率以上调速两种。电动机额定频率以下的调速为恒磁通调速，调速过程中电磁转矩不变，属于恒转矩调速；电动机额定频率以上的调速为恒功率调速。

目前三相异步电动机变频调速装置一般为变频器。变频器按变频的原理分为交-交变频器和交-直-交变频器。根据调压方式不同，交-直-交变频器又分为脉幅调制型和脉宽调制型。

脉幅调制是指通过改变直流电压大小来改变变频器输出电压大小，常用 PAM 表示，这种调压方式已很少使用。脉宽调制是指变频器输出电压大小是通过改变输出脉冲的占空比来实现的，常用 PWM 表示。目前使用最多的是按正弦规律变化的正弦脉宽调制 SPWM 方式。

常用的变频器种类很多，如西门子 MICROMASTER 440（MM440）。变频器可使用数字操作面板控制，或者使用端子控制，还可以使用通信接口对其进行远程控制。

图 2-24 所示为一个利用西门子 MM440 变频器对异步电动机进行调速的控制线路图，其中，可调电阻 R 用于调节电动机速度，SB3 控制电动机正转，SB4 控制电动机反转，SB6 控制电动机正向点动，SB7 控制电动机反向点动，SB1 控制电动机停止运转。

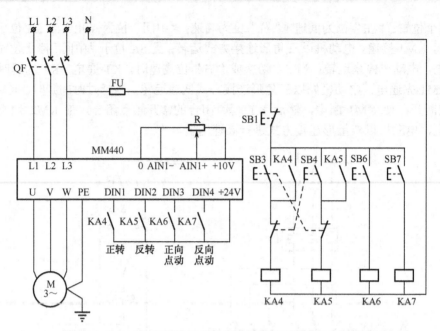

图 2-24　MM440 变频器对异步电动机进行调速的控制线路图

2.2.4　三相异步电动机控制的保护环节

继电器控制系统除了能满足生产机械加工工艺要求外，还应保证设备长期安全、可靠、无故障运行，因此保护环节是所有电气控制系统不可缺少的组成部分，用来保护电动机、电网、电气控制设备以及人身安全等。

继电器控制系统中常用的保护环节有短路保护、过电流保护、过载保护、零电压保护、欠电压保护和弱磁保护。

1. 短路保护

电动机、电器以及导线的绝缘损坏或线路发生故障时，都可能造成短路事故。很大的短路电流可能使电气设备损坏，因此一旦发生短路故障，控制电路应能迅速、可靠地切断电路进行保护，并且保护装置不会受到启动电流的影响而误动作。常用的短路保护元件有熔断器和低压断路器。

熔断器价格便宜，断弧能力强，所以一般电路几乎无一例外地使用它做短路保护。但是熔体的品质、老化及环境温度等因素对其动作值影响较大，用其保护电动机时，可能会因一相熔体熔断而造成电动机单相运行。因此熔断器适用于动作准确度和自动化程度要求不高的系统，如小容量的笼型电动机、普通交流电源等。

低压断路器又称自动空气开关，它有短路、过载和欠电压保护。这种开关在线路发生短路故障时，其电流线圈动作，开关自动跳闸，同时将三相电源切断。自动空气开关结构复杂，价格较贵，不宜频繁操作，广泛应用于要求较高的场合。

之前介绍的继电接触器控制系统实例大部分使用低压断路器实现短路保护，对于小容量电动机，也有用刀开关配合熔断器代替低压断路器的。

2．过电流保护

电动机不正确启动和负载转矩剧烈增加会引起电动机过电流运行。一般情况下这种电流比短路电流小，但比电动机额定电流大得多，过电流的危害虽没有短路那么严重，但同样会造成电动机的损坏。

原则上，短路保护所用的元件也可以用作过电流保护，实际应用中常用瞬时动作的过电流继电器和接触器配合起来作为过电流保护。过电流继电器作为测量元件，接触器作为执行元件断开电路。

过电流保护一般只用在直流电动机和绕线式异步电动机上。整定过电流动作值一般为启动电流的 1.2 倍。

3．过载保护

电动机长期超载运行时，电动机绕组温升将超过其允许值，造成绝缘材料变脆，寿命减少，严重时会使电动机损坏。过载电流越大，达到允许温升的时间就越短。

常用的过载保护元件是热继电器。热继电器可以满足以下要求：当电动机为额定电流时，电动机为额定温升，热继电器不动作；在过载电流较小时，热继电器要经过较长时间动作；过载电流较大时，热继电器则经过较短时间就会动作。

由于热惯性的原因，热继电器不会受到电动机短时过载冲击电流或者短路电流的影响而瞬时动作，因此在使用热继电器做过载保护的同时，还必须设有短路保护，选作短路保护的熔断器熔体的额定电流不应超过热继电器发热元件额定电流的 4 倍。

必须强调指出，短路、过电流、过载保护虽然都是电流保护，但是由于故障电流的动作值、保护特性和保护要求以及使用元件不同，它们之间是不能相互取代的。

4．零电压和欠电压保护

在电动机运行过程中，如果电源电压因某种原因消失，那么在电源电压恢复时，如果电动机自行启动，将可能使生产设备损坏，也可能造成人身事故。对于供电系统的电网来说，同时有许多电动机及其他用电设备自行启动也会引起不允许的过电流和瞬间电压下降。为防止电网失电后恢复供电时电动机自行启动而做的保护叫作零电压保护。

电动机正常运行时，电源电压过分地降低将引起一些电器释放，造成控制电路工作不正常，甚至发生事故。电网电压过低，如果电动机负载不变，由于三相异步电动机的电磁转矩与电压的二次方成正比，电动机则会因电磁转矩的降低而带不动负载，造成电动机堵转停车，电动机电流增大使电动机发热，严重时会烧毁电动机。因此在电源电压降到允许值以下时，需要采取保护措施，及时切断电源，这就是欠电压保护。

通常采用欠电压继电器或设置专门的零电压继电器来实现欠电压保护。

在控制电路的主电路或者控制电路由同一个电源供电时，具有电气自锁的接触器兼有欠电压和零电压保护作用。若因故障电网电压下降到允许值以下时，接触器线圈释放，从而切断电动机电源；当电网电压恢复时，由于自锁已经解除，电动机也不会再自行启动。

欠电压继电器的线圈直接跨接在定子的两相电源线上，其常开触点串接在控制电动机的接触器线圈控制电路中。低压断路器的欠压脱扣也可以作为欠电压保护。

除了上述几种保护措施外，控制系统中还可能有其他保护，如互锁保护、行程保护、油压保护、温度保护等。只要在控制电路中串接上能反映这些参数的控制电器的常开触点或者常闭触点，就能够实现相关的保护。

2.3 电气控制线路设计

2.3.1 电气控制线路的一般设计法

一般设计法是根据生产机械的工艺要求和加工过程，利用各种典型的基本控制环节，加以修改、补充、完善，最后得出最佳方案。若没有典型的控制环节可以采用，则按照生产机械的工艺要求逐步进行设计。

一般设计法比较简单，但必须熟悉大量的控制电路，掌握多种典型线路的设计资料，同时具有丰富的实践经验。由于是依靠经验进行设计，故没有固定模式，通常是先采用一些典型的基本环节，实现工艺基本要求，然后逐步完善其功能，并加上适当的联锁与保护环节。初步设计出来的线路可能有好几种，需加以分析比较，甚至通过试验加以验证，检验线路的安全和可靠性，最后确定比较合理、完善的设计方案。

采用一般设计法由于是靠经验进行设计，灵活性很大，设计出来的电路可能不是最简，所用的电器及触点不一定最少，所得出的方案也不一定是最佳方案。

采用一般设计法时应注意许多问题，需遵守以下几个原则：

(1) 最大限度地实现生产机械和工艺对电气控制线路的要求；

(2) 确保控制线路工作的可靠性和安全性；

(3) 控制线路应力求简单、经济；

(4) 尽可能地使操作简单、维修方便。

具体内容可参见有关的电气手册。

2.3.2 电气控制线路的逻辑设计法

1. 简介

采用一般设计法来设计继电接触式控制电路，对于同一个工艺要求往往会设计出各种不同结构的控制电路，并且较难获得最简单的电路结构。通过多年的实践和总结，工程技术人员发现，继电器控制电路中的输入信号和输出信号通常只有两种状态，即通电和断电。而早期的控制系统基本上是针对顺序动作而进行的设计，于是提出了逻辑设计的思想。

逻辑控制法即逻辑分析设计方法，是根据生产工艺要求，利用逻辑代数来分析、化简、设计线路的方法，这种设计方法能够确定实现一个开关量自动控制线路的逻辑功能所必需的、最少的中间继电器的数目，以达到使控制线路最简的目的。

逻辑设计法利用逻辑代数这一数学工具来设计电气控制线路，同时也可以用于线路的简化。逻辑设计法是把电气控制线路中的接触器、继电器等电气元件线圈的通电和断电、触点的闭合和断开看成逻辑变量，线圈的通电状态和触点的闭合状态设定为"1"态；线圈的断电状态和触点的断开状态设定为"0"态。首先根据工艺要求将这些逻辑变量关系表示为逻辑函数的关系式，再运用逻辑函数基本公式和运算规律，对逻辑函数式进行化简；然后由简化的逻辑函数式画出相应的电气原理图；最后再进一步检查、完善，以期得到既满足工艺要求，又经济合理、安全可靠的最佳设计线路。

用逻辑函数来控制元件的状态，实质上是以触点的状态作为逻辑变量，通过简单的"逻辑与"、"逻辑或"、"逻辑非"等基本运算，得出其运算结果，此结果即表明电气控制线路的结构。

逻辑时序电路具有反馈电路，即具有记忆功能。其设计过程比较复杂，难度较大，在一般常规设计中很少采用。

总的来说，逻辑设计法较为科学，设计的线路比较简化、合理，但是当设计的控制线路比较复杂时，工作量比较大，设计十分烦琐，容易出错，因此一般适用于简单的系统设计。但如果可将复杂的、较大的控制系统模块化，则可用逻辑设计法完成每个模块的设计，然后用一般设计法将这些模块组合起来。

2. 控制电路中的逻辑处理方法

一般在控制电路中，电器的线圈或触点的工作存在着两个物理状态。对于接触器、继电器的线圈是通电与断电，对于触点是闭合与断开。在继电接触式控制电路中，每一个接触器或继电器的线圈、触点以及控制按钮的触点都相当于一个逻辑变量，它们都具有两个对立的物理状态，故可采用"逻辑 0"和"逻辑 1"来表示。在任何一个逻辑问题中，"0"状态和"1"状态所代表的意义必须做出明确的规定，在继电接触式控制电路逻辑设计中规定如下：

（1）对于继电器、接触器、电磁铁、电磁阀、电磁离合器等元件的线圈，通常规定通电为"1"状态，失电为"0"状态；

（2）对于按钮、行程开关元件，规定压下时为"1"状态，复位时为"0"状态；

（3）对于元件的触点，规定闭合状态为"1"状态，断开状态为"0"状态。

分析继电器、接触器控制电路时，元件状态常以线圈通电或断电来判定。该元件线圈通电时，其本身的动断触点断开。因此，为了清楚地反映元件状态，元件的线圈和其用同一字符来表示，而其动断触点的状态用该字符的"非"来表示，如对接触器 KM1 来说，其动合触点的状态用 KM1 表示，其动断触点的状态则用 $\overline{\text{KM1}}$ 表示。

3. 控制电路中的基本逻辑运行方式

控制电路中的基本逻辑运算可以概括为与、或、非三种。

（1）逻辑"与"。图 2-25 所示的电路可用逻辑"与"来解释，只有当继电器 K1 和 K2 两个触点全部闭合，即都为"1"状态时，接触器 KM 线圈才能通电为"1"状态。如果 K1 和 K2 两个触点中任一个触点断开，则 KM 线圈断电。所以电路中触点串联形式是逻辑"与"的关系。逻辑"与"的逻辑函数式为

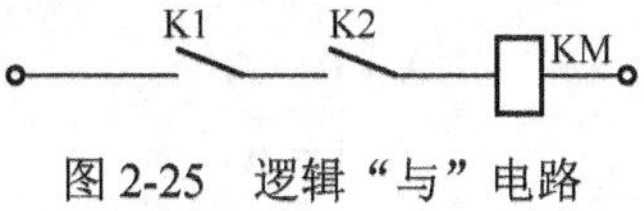

图 2-25　逻辑"与"电路

$$f(\text{KM}) = \text{K1} \cdot \text{K2} \tag{2-1}$$

式中，K1 和 K2 均称为逻辑输入变量（自变量），而 KM 称为逻辑输出变量。

（2）逻辑"或"。如图 2-26 所示电路可用逻辑"或"来解释，当触点 K1 和 K2 任意一个闭合时，KM 线圈通电即为"1"状态；只有当触点 K1 和 K2 都断开时，KM 线圈才断电即为"0"状态。逻辑"或"的逻辑函数式为

$$f(\text{KM}) = \text{K1} + \text{K2} \tag{2-2}$$

（3）逻辑"非"。逻辑"非"也称逻辑"求反"。图 2-27 表示元件状态 KA 的动断触点 $\overline{\text{KA}}$ 与接触器 KM 线圈状态的控制是逻辑非关系。其逻辑函数式为

$$f(\text{KM}) = \overline{\overline{\text{KM}}} \tag{2-3}$$

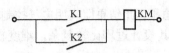
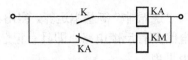

图 2-26　逻辑"或"电路　　　　　　图 2-27　逻辑"非"电路

当 K 合上时，动断触点 $\overline{KA}$ 的状态为"0"，则 KM 线圈不通电，KM 为"0"状态；当 K 打开，$\overline{KA}=1$，则 KM 线圈通电，KM 为"1"状态。

在任何控制电路中，控制对象和控制条件之间都可以用逻辑函数式来表达，所以逻辑法不仅用于电路设计，也可以用于电路简化和读图分析。

逻辑代数化简的有关基本定理如下：

（1）交换律。

$$A \cdot B = B \cdot A \qquad A + B = B + A$$

（2）结合律。

$$A \cdot (B \cdot C) = (A \cdot B) \cdot C$$
$$A + (B + C) = (A + B) + C$$

（3）分配律。

$$A \cdot (B + C) = A \cdot B + A \cdot C$$
$$A + B \cdot C = (A + B) \cdot (A + C)$$

（4）吸收律。

$$A + AB = A$$
$$A + B \cdot C = (A + B) \cdot (A + C)$$
$$A + \overline{A}B = A + B$$
$$\overline{A} + A \cdot B = \overline{A} + B$$

（5）重叠律。

$$A \cdot A = A$$
$$A + A = A$$

（6）反演律。

$$\overline{A + B} = \overline{A} \cdot \overline{B}$$
$$\overline{A \cdot B} = \overline{A} + \overline{B}$$

（7）基本恒等式。

$$A + 0 = A$$
$$A \cdot 1 = A$$
$$A + 1 = A$$
$$A \cdot 0 = A$$
$$A + \overline{A} = 1$$
$$A \cdot \overline{A} = 0$$

例如，利用逻辑代数化简图 2-28（a）所示的电路。由图根据逻辑基本运算可得

$$f(K) = A\overline{B}C + A\overline{B}\,\overline{C} + \overline{B}\,\overline{C} + AC + \overline{B}C$$
$$= AC(1 + \overline{B}) + \overline{B}\,\overline{C}(1 + A) + \overline{B}C$$
$$= AC + \overline{B}\,\overline{C} + \overline{B}C$$
$$= AC + \overline{B}$$

简化后的电路图如图 2-28（b）所示。

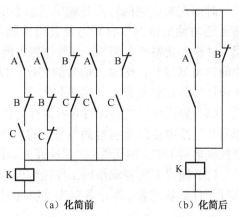

（a）化简前   （b）化简后

图 2-28 用逻辑代数化简电路

4．逻辑设计法的一般步骤

（1）按工艺要求作出工作循环图。

（2）按工作循环图画出主令元件、检测元件和执行元件等的状态波形图。

（3）根据状态波形图，写出执行元件（输出元件）的逻辑函数表达式。

（4）根据逻辑函数表达式画出电路结构图。

（5）进一步检查、化简和完善电路，并增加必要的联锁、保护等辅助环节。

5．逻辑电路的设计方法

逻辑电路的设计有组合逻辑电路设计和时序逻辑电路设计两种方法，下面分别介绍这两种设计方法。

1）组合逻辑电路的设计

组合逻辑电路是指执行元件的输出状态只与同一时刻控制元件的状态有关，输入、输出呈单方向关系，即只能由输入量影响输出量，而输出量对输入量无影响。

如某通风机为保证其安全运行，必须在两地由两个人同时控制时才能启动。电路中使用 SB1、SB2、SB3 三个按钮控制通风机接触器线圈 KM，同时按下 SB1、SB2 或 SB3。根据上述通风机控制功能所列出的元件状态表见表 2-2。

表 2-2 元件状态表

元 件	状 态							
SB1	0	1	0	0	1	0	1	1
SB2	0	0	1	0	1	1	0	1
SB3	0	0	0	1	0	1	1	1
f(KM)	0	0	0	0	1	1	0	0

逻辑变量和输出变量的逻辑代数式合并化简为

$$f(\mathrm{KM}) = \mathrm{SB1} \cdot \mathrm{SB2} \cdot \overline{\mathrm{SB3}} + \overline{\mathrm{SB1}} \cdot \mathrm{SB2} \cdot \mathrm{SB3} = \mathrm{SB2}(\mathrm{SB1} \cdot \overline{\mathrm{SB3}} + \overline{\mathrm{SB1}} \cdot \mathrm{SB3}) \tag{2-4}$$

根据逻辑代数式绘制的控制电路如图 2-29 所示。

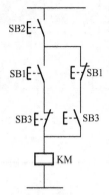

图 2-29　通风机控制电路

2）时序逻辑电路的设计

时序逻辑电路的特点是输出状态不仅与同一时刻的输入状态有关，而且还与输出量的原有状态及其组合顺序有关，即输出量通过反馈作用，对输入状态产生影响。这种逻辑电路设计要设置中间记忆元件（如中间继电器等）记忆输入信号的变化，以达到各程序两两区分的目的。其设计过程比较复杂，基本步骤如下：

（1）先设计主电路，明确各执行元件的控制要求，并选择产生控制信号（包括主令信号与检测信号）的主令元件（如按钮、控制开关、主令控制器等）和检测元件（如行程开关、压力继电器、过电流继电器等）。

（2）根据工艺要求作出工作循环图，并列出主令元件、检测元件及执行元件的状态表，写出各状态的特征码（一个以二进制数表示一组状态的代码）。

（3）为区分所有状态（重复特征码）而增设必要的中间记忆元件（中间继电器）。

（4）根据已区分的各种状态的特征码，写出各执行元件（输出）与中间继电器、主令元件及检测元件（逻辑变量）间的逻辑关系表达式。

（5）化简逻辑式，据此绘出相应控制电路。

（6）检查并完善设计电路。

由于这种设计方法难度较大，整个设计过程较复杂，还要涉及一些新概念，因此，在一般常规设计中，很少单独采用。

思考与练习

1. 什么是电气控制线路？
2. 电气控制线路图的表示方法有哪些？
3. 绘制电气原理图的原则有哪些？
4. 三相异步电动机点动启停的意义是什么？
5. 三相异步电动机的制动方式有哪几种？
6. 三相异步电动机的保护环节有哪些？
7. 什么是电气控制线路的一般设计法？
8. 什么是电气控制线路的逻辑设计法？

第3章

可编程序控制器概述

本章知识点：
- PLC 的产生及定义；
- PLC 的发展与应用；
- PLC 的特点、分类及其硬件结构；
- PLC 的等效电路；
- PLC 循环扫描的工作过程。

基本要求：
- 了解 PLC 的产生及定义、发展与应用等基本知识；
- 掌握 PLC 的特点、分类及其硬件结构和各部分的作用；
- 熟练掌握 PLC 的工作原理。

能力培养：

通过本章知识点的学习，使学生了解 PLC 的一般结构、工作原理和工作方式，为后续利用 PLC 解决实际工程问题奠定理论基础。

3.1 PLC 的产生及定义

3.1.1 PLC 的产生

20 世纪 20 年代起，人们把各种继电器、定时器、接触器及其触点按一定的逻辑关系连接起来组成控制系统，来控制各种生产机械，这就是大家熟悉的传统的继电器-接触器控制系统。由于它结构简单、容易掌握、价格便宜，能满足大部分场合电气顺序逻辑控制的要求，因而在工业控制领域中一直占据着主导地位。但是继电器-接触器控制系统具有以下明显的缺点：设备体积大、可靠性差、动作速度慢、功能弱，难于实现较复杂的控制；特别是由于它是靠硬连线逻辑构成的系统，接线复杂烦琐，当生产工艺或对象改变时，原有的接线盒控制柜就需要更换，所以通用性和灵活性较差。

20 世纪 50 年代末，人们曾设想利用计算机功能完备，通用性、灵活性强的特点来解决上述问题。但是，由于当时的计算机原理复杂、生产成本高、程序编制难度大，加上工业控制需要大量的外围接口设备，可靠性问题突出，使得它在广泛的一般工业控制领域中难以普及应用。

到了 20 世纪 60 年代末，有人曾设想：能否把计算机的通用、灵活、功能完善与"继电器-接触器控制系统"的简单易懂、使用方便、生产成本低等优点结合起来，来生产出一种面向生产过程顺序控制、可利用简单语言编程、能让完全不熟悉计算机的人也能方便使用的控制器呢？

这一设想最早由美国最大的汽车制造商——通用汽车公司（GM 公司）于 1968 年提出。当时，该公司为了适应汽车市场多品种、小批量的生产需求，需要解决汽车生产线"继电器-接触器控制系统"中存在的通用性、灵活性差的问题，提出了一种新颖控制器的十大技术要求，并面向社会进行招标。该十大技术要求归纳如下：

（1）编程方便，且可以在现场方便地编辑、修改控制程序；

（2）价格便宜，性价比要高于继电器-接触器控制系统；

（3）体积要明显小于继电器-接触器控制系统；

（4）可靠性要明显高于继电器-接触器控制系统；

（5）具有数据通信功能，使数据可直接送入管理计算机；

（6）输入可以是 AC 115V（美国电压标准）；

（7）输出应为 AC 115V，容量要求在 2A 以上，可直接驱动接触器、电磁阀等；

（8）硬件维护方便，最好采用"插接式"结构；

（9）扩展时，只需要对原系统进行很小的改动；

（10）用户程序存储器容量至少可以扩展到 4KB。

以上就是著名的"GM 十条"。这些要求的实质内容是提出了将继电器-接触器控制系统的简单易懂、使用方便、价格低廉的优点与计算机的功能完善、灵活性、通用性好的优点结合起来，将继电器-接触器控制系统的硬连线逻辑转变为计算机的软件逻辑编程的设想。

1969 年，美国数字设备公司（DEC）根据上述要求研发出世界上第一台可编程序控制器，并在 GM 公司汽车生产线上成功应用，这就是世界上第一台可编程序控制器，型号为 PDP-14，人们把它称作可编程序逻辑控制器（Programmable Logic Controller，简称 PLC）。当时开发 PLC 的主要目的是用来取代继电器-接触器逻辑控制系统，所以最初的 PLC 功能也仅限于执行继电器逻辑、计时、计数等功能。

随着微电子技术的发展，20 世纪 70 年代中期出现了微处理器和微型计算机，人们将微机技术应用到 PLC 中，使得它能更多地发挥计算机的功能，不仅用逻辑编程取代了硬连线逻辑，还增加了运算、数据传送和处理等功能，使其真正成为一种电子计算机工业控制设备。

3.1.2　PLC 的定义

PLC 的技术从诞生之日起就不断地发展，定义也经过多次变动。国际电工委员会（IEC）曾于 1982 年 11 月颁发了可编程序控制器标准草案第一稿，1985 年 1 月发表了第二稿，1987 年 2 月颁布了第三稿。终稿中对可编程序控制器的定义是："可编程序控制器是一种数字运算操作的电子系统，专为在工业环境下的应用而设计。它采用可编程序的存储器，用来存储执行逻辑运算和顺序控制、定时、计数和算术运算等操作的指令，并通过数字或模拟的输入/输出接口，控制各种类型的机器设备或生产过程"。

在 IEC 的定义中，已经对可编程序控制器的使用环境（即工业环境）与功能（具有通信与可扩展功能）做了更为明确的要求。简言之，定义规定的可编程序控制器是一种具有通信功能与可扩展输入/输出接口的工业计算机。可编程序控制器及其相关设备的设计原则是应"易于与工业控制系统连成一个整体且具有扩充功能"。

此外，PLC 与继电器-接触器控制系统、单片机控制系统和传统的集散型控制系统等典型控制系统均有本质的区别。PLC 与其他典型控制系统的区别如下：

1. PLC 与继电器-接触器控制系统的比较

传统的继电器-接触器控制系统是针对一定的生产机械、固定的生产工艺而设计的，采用硬接线方式安装而成，只能完成既定的逻辑控制、定时和计数等功能，即只能进行开关量的控制，一旦改变生产工艺过程，继电器-接触器控制系统必须重新配线，因而适应性很差，且体积庞大，安装、维护均不方便。由于 PLC 应用了微电子技术和计算机技术，各种控制功能是通过软件来实现的，只要改变程序，就可适应生产工艺改变的要求，因此适应性强。PLC 不仅能完成逻辑运算、定时和计数等功能，而且能进行算术运算，因而它既可以进行开关量控制，又可进行模拟量控制，还能与计算机联网，实现分级控制。PLC 还有自诊断功能，所以在用微电子技术改造传统产业的工程中，传统的继电器-接触器控制系统必将被 PLC 所取代。

2. PLC 与单片机控制系统的比较

单片机控制系统仅适用于比较简单的自动化项目，硬件上主要受 CPU、内存容量及 I/O 接口的限制，软件上主要受限于与 CPU 类型有关的编程语言。现代 PLC 的核心就是单片机微处理器。虽然用单片机做控制部件在成本方面具有优势，但是从单片机到工业控制装置之间毕竟有一个硬件开发和软件开发的过程。虽然 PLC 也有必不可少的软件开发过程，但两者所用的语言差别很大，单片机主要使用汇编语言（或 C 语言）开发软件，所用的语言复杂且易出错，开发周期长；而 PLC 使用专用的指令系统来编程，简便易学，现场就可以开发调试。与单片机比较，PLC 的输入/输出端口更接近现场设备，不需要添加太多的中间部件，这样节省了用户时间和资金投资。一般说来，单片机控制系统的应用只是为某个特定的产品服务的，单片机控制系统的通用性、兼容性和扩展性都相当差。

3. PLC 与传统的集散型控制系统的比较

PLC 是由继电器-接触器控制系统发展而来的，而传统的集散控制系统 DCS（Distributed Control System）是由回路仪表控制系统发展起来的分布式控制系统，它在模拟量处理、回路调节等方面有一定的优势。随着微电子技术、计算机技术和通信技术的发展，无论在功能上、速度上、智能化模块还是联网通信上，PLC 都有很大的提高，并开始与小型计算机连成网络，构成了以 PLC 为重要部件的分布式控制系统，现在各类 DCS 也面临着高端 PLC 的威胁。由于 PLC 的技术不断发展，现代 PLC 基本上全部具备 DCS 过去所独有的一些复杂控制功能，且 PLC 具有操作简单的优势，最重要的一点，就是 PLC 的价格和成本是 DCS 系统所无法比拟的。

3.2　PLC 的发展与应用

3.2.1　PLC 的发展历程

第一台 PLC 诞生后不久，Dick Morley（被誉为可编程序控制器之父）的 MODICON 公司也推出了 084 控制器。这种控制器的核心思想就是采用软件编程方法代替继电器-接触器控制系统的硬接线方式，并有大量的输入传感器和输出执行器的接口，可以方便地在工业生产现场直接使用。随后，1971 年日本推出了 DSC-80 控制器，1973 年西欧国家的各种 PLC 也研制成功。虽然这些 PLC 的功能还不强大，但它们开启了工业自动化应用技术新时代的大门。PLC 诞生不久即显示了其在工业控制中的重要性，在许多领域得到了广泛应用。

PLC 技术随着计算机和微电子技术的发展而迅速发展，由最初的 1 位机发展为 8 位机。随着微处理器 CPU 和微型计算机技术在 PLC 中的应用，形成了现代意义上的 PLC。进入 20 世纪 80 年代以来，随着大规模和超大规模集成电路等微电子技术的迅速发展，以 16 位和 32 位微处理器构成的微机化 PLC 得到了惊人的发展，使 PLC 在概念、设计、性能价格比以及应用等方面都有了新的突破。不仅控制功能增强，功耗、体积减小，成本下降，可靠性提高，编程和故障检测更为灵活方便，而且远程 I/O 和通信网络、数据处理以及人机界面（HMI）也有了长足的发展。现在 PLC 不仅能得心应手地应用于制造业自动化，而且还可以应用于连续生产的过程控制系统，所有这些已经使之成为自动化技术领域的三大支柱之一，即使在现场总线技术成为自动化技术应用热点的今天，PLC 仍然是现场总线控制系统中不可缺少的控制器。

大致总结一下，PLC 的发展经历了五个阶段。

1．初级阶段

从第一台 PLC 问世到 20 世纪 70 年代中期。这个时期的 PLC 功能简单，主要完成一般的继电器控制系统的功能，即顺序逻辑、定时和计数等，编程语言为梯形图。

2．崛起阶段

从 20 世纪 70 年代初期到 70 年代末期。由于 PLC 在取代继电器控制系统方面的卓越表现，使得它在电气自动控制领域得到了飞速的发展。这个阶段的 PLC 在其控制功能方面增强了很多，如数据处理、模拟量的控制等。

3．成熟阶段

从 20 世纪 80 年代初期到 80 年代末期。这之前的 PLC 主要是单机应用和小规模、小系统的应用；但随着对工业自动化技术水平、控制性能和控制范围要求的提高，在大型的控制系统（如冶炼、饮料、造纸、烟草、纺织、污水处理等）中，PLC 也展示出了其强大的生命力。对这些大规模、多控制器的应用场合，就要求 PLC 控制系统必须具备通信和联网功能。这个时期的 PLC 顺应时代要求，在大型的 PLC 中一般都扩展了遵守一定协议的通信接口。

4．飞速发展阶段

从 20 世纪 90 年代初期到 90 年代末期。由于对模拟量处理功能和网络通信功能的提高，PLC 控制系统在过程控制领域也开始大面积使用。随着芯片技术、计算机技术、通信技术和控制技术的发展，PLC 的功能得到了进一步的提高。现在 PLC 不论从体积上、人机界面功能、端子接线技术，还是从内在的性能（速度、存储容量等）、实现的功能（运动控制、通信网络、多机处理等）上都远非过去的 PLC 可比。从 20 世纪 90 年代以后，是 PLC 发展最快的时期，年增长率一直都保持在 30%～40%之间。

5．开放性、标准化阶段

从 20 世纪 90 年代末期至今。其实关于 PLC 开放性的工作在 20 世纪 80 年代就已经展开；但由于受到各大公司的利益阻挠和技术标准化难度的影响，这项工作进展得并不顺利。所以 PLC 诞生后的近 30 年的时间里，各个 PLC 在通信标准、编程语言等方面都存在着不兼容的地方，这为在工业自动化中实现互换性、互操作性和标准化都带来了极大的不便。现在随着可编程序控制器国际标准 IEC61131 的逐步完善和实施，特别是 IEC61131-3 标准编程语言的推广，使得 PLC 真正走入了一个开放性和标准化的时代。

目前，世界上有几百个厂家生产的几千种 PLC 产品，比较著名的厂家有美国的 AB（被罗克韦尔收购）公司、美国的 GE 公司、法国的施耐德公司、德国的西门子公司、日本的三菱公司、日本的欧姆龙公司等。随着新一代开放式 PLC 走向市场，国内的生产厂家，如北京的和利时公司、浙江的浙大中控公司等生产的 PLC 必将会在未来的市场中占有一席之地。

3.2.2 PLC 的发展趋势

PLC 总的发展趋势是向高集成度、小体积、大容量、高速度、易使用、高性能、信息化、软 PLC、标准化、与现场总线技术紧密结合等方向发展。

1. 向小型化、专用化、低成本方向发展

随着微电子技术的发展，新型器件结构更为紧凑，操作使用十分便捷，从体积上讲有些专用的微型 PLC 仅有一个香皂大小。PLC 的功能不断增加，将原来的大中型 PLC 才有的功能部分地移植到小型 PLC 上，如模拟量处理、复杂的功能指令和网络通信功能等。PLC 的价格也不断下降，真正成为现代电气控制系统中不可替代的控制装置。据统计，小型和微型 PLC 的市场份额一直保持在 70%～80% 之间，所以对 PLC 小型化的追求不会停止。

2. 向大容量、高速度、信息化方向发展

现在大中型 PLC 多采用微处理器系统，有的采用了 32 位微处理器，并集成了通信联网功能，可同时进行多任务操作，运算速度、数据交换速度及外设响应速度都得到大幅度提高，存储容量大大增加，特别是增强了过程控制和数据处理的功能。为了适应工厂控制系统和企业信息管理系统日益有机结合的要求，信息技术也渗透到了 PLC 中，如设置开放的网络环境、支持 OPC（OLE for Process Control）技术等。

3. 智能化模块的发展

为了实现某些特殊的控制功能，PLC 制造商开发出了许多智能化的 I/O 模块。这些模块本身带有 CPU，使得占用主 CPU 的时间很少，减小了对 PLC 扫描速度的影响，提高了整个 PLC 控制系统的性能。它们本身有很强的信息处理能力和控制功能，可以完成 PLC 的主 CPU 难以兼顾的功能。由于在硬件和软件方面都采取了可靠性和便利化的措施，所以简化了某些控制系统的系统设计和编程。典型的智能化模块主要有高速计数模块、定位控制模块、温度控制模块、闭环控制模块、以太网通信模块和各种现场总线协议通信模块等。

4. 人机界面（接口）的发展

人机界面（Human-Machine Interface，简称 HMI）在工业自动化系统中起着越来越重要的作用，PLC 控制系统在 HMI 方面的进展主要体现在以下几个方面：

1）编程工具的发展

过去绝大部分中小型 PLC 仅提供手持式编程器，编程人员通过编程器和 PLC 打交道。首先是把编制好的梯形图程序转换成语句表程序，然后使用编程器一个字符、一个字符地敲到 PLC 内部；另外，调试时也只能通过编程器观察很少的信息。现在编程器已被淘汰，基于 Windows 的编程软件不仅可以对 PLC 控制系统的硬件组态，即设置硬件的结构、类型、各通信接口的参数等，而且可以在屏幕上直接生成和编辑梯形图、语句表、功能块图和顺序功能图程序，并且可以实现不同编程语言之间的自动转换。程序被编译后可下载到 PLC，也可以将用户程序上传

到计算机。编程软件的调试和监控功能也远远超过手持式编程器，可以通过编程软件中的监控功能实时观察 PLC 内部各存储单元的状态和数据，为诊断分析 PLC 程序和工作过程中出现的问题带来了极大的方便。

2）功能强大、价格低廉的 HMI

过去在 PLC 控制系统中进行参数的设定和显示时非常麻烦，对输入设定参数要使用大量的拨码开关组，对输出显示参数要使用数码管，它们不仅占据了大量的 I/O 资源，而且功能少、接线烦琐。现在各种单色、彩色的显示设定单元、触摸屏、覆膜键盘等应有尽有，它们不仅能完成大量的数据的设定和显示，更能直观地显示动态图形画面，而且还能完成数据处理功能。

3）基于 PC 的组态软件

在中大型的 PLC 系统中，仅靠简单的显示设定单元已不能解决人机界面问题，所以基于 Windows 的 PC 成为了最经济的选择。配合适当的通信接口或适配器，PC 和 PLC 之间就可以进行信息的交换，再配合功能强大的组态软件，就能完成复杂的和大量的画面显示、数据处理、报警处理、设备管理等任务。这些组态软件国外的品牌有 WinCC、IFIX、Intouch 等，国产知名公司有亚控、力控等。现在组态软件的价格已降到非常低的水平，所以在环境较好的应用现场，现在都逐步使用 PLC 加组态软件来取代触摸屏的方案。

5．在过程控制领域的使用以及 PLC 的冗余特性

虽然 PLC 的强项是在制造业领域使用，但随着通信技术、软件技术和模拟量控制技术不断发展并融合到 PLC 中，它现在也被广泛地应用到了过程控制领域。但在过程控制系统中使用必然要求 PLC 控制系统具有更高的可靠性。现在世界上顶尖的自动化设备供应商提供的大型 PLC 中，一般都增加了安全性和冗余性的产品，并且符合 IEC61508 标准的要求。该标准主要为可编程电子系统内功能性安全设计而设定，为 PLC 在过程控制领域使用的可靠性和安全设计提供了依据。现在 PLC 的冗余产品包括 CPU 系统、I/O 模块以及热备份冗余软件等。大型 PLC 的冗余技术一般都是在大型的过程控制系统中使用。

6．开放性和标准化

世界上大大小小的电气设备制造商几乎都推出了自己的 PLC 产品，但由于没有一个统一的规范和标准，所有 PLC 产品在使用上都存在着一些差别，而这些差别的存在对 PLC 产品制造商和用户都是不利的。一方面它增加了制造商的开发费用；另一方面它也增加了用户学习和培训的负担。这些非标准化产品的使用，使得程序的重复使用和可移植性都成为了不可能的事情。

现在的 PLC 采用了各种工业标准，如 IEC61131、IEER80.2.3 以太网、TCP/IP、UDP/IP 等，以及各种事实上的工业标准，如 Windows NT、OPC 等。特别是 PLC 的国际标准 IEC61131，为 PLC 从硬件设计、编程语言、通信联网等各方面都制定了详细的规范。其中的第 3 部分 IEC61131-3 是 PLC 的编程语言标准。IEC61131-3 的软件模型是现代 PLC 的软件基础，是整个标准的基础性的理论工具。它为传统的 PLC 突破了原有的体系结构（即在一个 PLC 系统中装抽多个 CPU 模块），并为相应的软件设计奠定了基础。IEC61131-3 不仅在 PLC 系统中被广泛采用，在其他的工业计算机控制系统、工业编程软件中也得到了广泛的应用。越来越多的 PLC 制造商都在尽量往该标准上靠拢，尽管由于受到硬件和成本等因素的制约，不同的 PLC 和 IEC61131-3 兼容的程度有大有小，但这毕竟已成为一种趋势。

7．通信联网功能的增强和易用化

在中大型 PLC 控制系统中，需要多个 PLC 以及智能仪器仪表连接成一个网络，进行信息的交换。PLC 通信联网功能的增强使它更容易与 PC 和其他智能控制设备进行互联，使系统形成一个统一的整体，实现分散控制和集中管理。现在许多小型甚至微型 PLC 的通信功能也十分强大。PLC 控制系统通信的介质一般有双绞线或光纤，具备常用的串行通信功能。在提供网络接口方面，PLC 向两个方向发展，一是提供直接挂接到现场总线网络中的接口（如 PROFIBUS、AS-i 等）；二是提供 Ethernet 接口，使 PLC 直接接入以太网。

虽然通信网络功能强大，但硬件连接和软件程序设计的工作量却不大，许多制造商为用户设计了专用的通信模块，并且在编程软件中增加了向导；所以用户大部分的工作是简单组态和参数设置，实现了 PLC 中复杂通信网络功能的易用化。

8．软 PLC 的概念

所谓软 PLC 就是在 PC 的平台上，在 Windows 操作环境下，用软件来实现 PLC 的功能。这个概念大概在 20 世纪 90 年代中期提出。安装有组态软件的 PC 既然能完成人机界面的功能，为何不把 PLC 的功能用软件来实现呢？PC 价格便宜，有很强的数学运算、数据处理、通信和人机交互的功能。如果软件功能完善，则利用这些软件可以方便地进行工业控制流程的实时和动态监控，完成报警、历史趋势和各种复杂的控制功能，同时节约控制系统的设计时间。配上远程 I/O 和智能 I/O 后，软 PLC 也能完成复杂的分布式控制任务。在随后的几年，软 PLC 的开发也呈现了上升的势头。但后来软 PLC 并没有实现像人们希望的那样占据相当市场份额的局面，这是由软 PLC 本身存在的一些缺陷造成的：

（1）软 PLC 对维护和服务人员的要求较高；

（2）电源故障对系统影响较大；

（3）在绝大多数的低端应用场合，软 PLC 没有优势可言；

（4）在可靠性方面和对工业环境的适应性方面，和 PLC 无法比拟；

（5）PC 发展速度太快，技术支持不容易保证。

但各有各的看法，随着生产厂家的努力和技术的发展，软 PLC 肯定也能在其最合适的地方得到认可。

9．PLC 的概念

在工控界，对 PLC 的应用情况有一个"80-20"法则，即

（1）80%的 PLC 应用场合都是使用简单的低成本的小型 PLC；

（2）78%（接近 80%）的 PLC 都是使用的开关量（或数字量）；

（3）80%的 PLC 使用 20 个左右的梯形图指令就可解决问题。

其余 20%的应用要求或控制功能要求使用 PLC 无法轻松满足，而需要使用别的控制手段或 PLC 配合其他手段来实现。于是，一种能结合 PLC 的高可靠性和 PC 的高级软件功能的新产品应运而生。这就是 PAC（Programmable Automation Controller），或基于 PC 架构的控制器。它包括了 PLC 的主要功能，以及 PC-based 控制中基于对象的、开放数据结构式和网络能力。其主要特点是使用标准的 IEC61131-3 编程语言，具有多控制任务处理功能，兼具 PLC 和 PC 的优点。PAC 主要用来解决那些所谓的剩余的 20%的问题，但现在一些高端 PLC 也具备了解决这些问题的能力，加之 PAC 是一种较新的控制器，所以其市场还有待于开发和推动。

10. PLC 在现场总线控制系统中的位置

现场总线的出现，标志着自动化技术步入了一个新的时代。现场总线（Fieldbus）是"安装在制造和过程区域的现场装置与控制室内的自动控制装置之间的数字式、串行、多点通信的数据总线"，是当前工业自动化的热点之一。随着 3C（Computer，Control and Communication）技术的迅猛发展使得解决自动化信息孤岛的问题成为可能。采用开放化、标准化的解决方案，把不同厂家遵守统一协议规范的自动化设备连接成控制网络并组成系统已成为可能。现场总线采用总线通信的拓扑结构，整个系统处在全开放、全数字、全分散的控制平台上。从某种意义上说，现场总线技术给自动控制领域所带来的变化是革命性的。到今天，现场总线技术已基本走向成熟和实用化。现场总线控制系统的优点是：

（1）节约硬件数量与投资；

（2）节省安装费用；

（3）节省维护费用；

（4）提高了系统的控制精度和可靠性；

（5）提高了用户的自主选择权。

在现场总线控制系统 FCS（Fieldbus Control System）中，增加了相关通信协议接口的 PLC，既可以作为主站成为 FCS 的主控制器，也可以作为智能化的从站实现分散式的控制。一些 PLC 配合通信板卡也可以作为 FCS 的主站。

3.2.3 PLC 的应用领域

初期的 PLC 主要在以开关量居多的电气顺序控制系统中使用，但 20 世纪 90 年代后，PLC 也被广泛地应用于流程工业自动化系统中，一直到现在的现场总线控制系统，PLC 更是其中的主角，其应用面越来越广。PLC 之所以被广泛使用，其主要原因是：

1）价格越来越低

由于微处理器芯片及有关元件的价格大大下降，使得 PLC 的成本下降。

2）功能越来越强

随着计算机、芯片、软件、控制等技术的飞速发展，也使得 PLC 的功能大大增强。它不仅能更好地完成原来得心应手的顺序逻辑控制任务，也能处理大量的模拟量，解决复杂的计算机和通信联网问题。

3）与时俱进地发展

在当前最热的现场总线控制系统中，主站和从站几乎都有 PLC 的身影，PLC 的通信技术又往前发展了一大步。现在开放式、标准化的 PLC 也已走到前台，为适应现在和未来自动化技术的发展要求做好了准备。

目前，PLC 在国内外已广泛应用于钢铁、石油、化工、电力、建材、机械制造、汽车、纺织、交通运输、环保等各行各业。随着其性能价格比的不断提高，应用范围也不断扩大，其用途大致有以下几个方面。

1. 用于开关量的逻辑控制

PLC 控制开关量的能力是很强的，所控制的输入/输出点数少则几十点，多则上百、上千点，甚至上万点不等。由于 PLC 能联网控制，故其点数几乎可不受控制，即不管多少点都能控制。

多控制的逻辑问题可以是多种多样的，如组合的、时序的，即时的、延时的，不需计数的、需要计数的，固定顺序的、随机工作的等，都可以进行控制。

PLC 的硬件结构是可变的，软件程序是可编写的，用于控制时非常灵活。必要时，可编写多套或多组程序，依需要进行调用。它很适用于工业现场中多工况、多状态变换的需要。

用 PLC 进行开关量控制的实例是很多的，如冶金、机械、轻工、化工、汽车、造纸、轧钢、纺织等自动生产线的控制，几乎所有工业行业都需要用到它。目前，PLC 首要的目标，也是别的控制器无法与其比拟的，就是它能方便并可靠地用于开关量的控制。

2. 用于模拟量控制

模拟量，如电流、电压、温度、压力等，它的大小是连续变化的。工业生产中，特别是连续的生产过程中，常要对这些物理量进行控制。

作为一种工业控制电子装置，PLC 若不能对这些量进行控制，那是一大不足。为此，各 PLC 厂家都在这方面进行大量的开发。目前，不仅大型、中型机可以进行模拟量控制，就连小型机，也能进行这样的控制了。

PLC 进行模拟量控制，要配置有模拟量与数字量相互转化的 A/D、D/A 单元，它也是 I/O 单元，不过是特殊的 I/O 单元。作为一种特殊的 I/O 单元，它仍具有 I/O 电路的抗干扰、内外电路隔离、与输入继电器（或内部继电器）交换信息等特点。

A/D 单元把外电路的模拟量转换成数字量，然后再送入 PLC 中。而 D/A 单元则把 PLC 的数字量转换成模拟量，再送给外电路。这里 A/D 中的 A，多为电流或电压，也有为温度的；D/A 中的 A，多为电压或电流。电压、电流的变化范围多为 0~5V、0~10V、4~20mA，有的还可处理成正负值的。这里 A/D 中的 D，小型机多为 8 位二进制数，中型、大型机多为 16 位二进制数。A/D、D/A 有单路，也有多路的，多路占的输入/输出继电器多。

有了 A/D、D/A 单元，余下的处理都是数字量，这对有信息处理能力的 PLC 并不难。中、大型 PLC 处理能力更强，不仅可进行数字的加、减、乘、除运算，还可进行开方、插值与浮点运算等。有的还有 PID 指令，可对偏差控制量进行比例、微分、积分运算，进而产生相应的输出，计算机能算的它几乎都能算。

这样，用 PLC 实现模拟量控制是完全可能的，PLC 进行模拟量控制，还有 A/D、D/A 组合在一起的单元，并可用 PID 或模糊控制算法实现控制，可得到很高的控制质量。用 PLC 进行模拟量控制的好处，是在进行模拟量控制的同时，开关量也可控制。这个优点是别的控制器所不具备的，或控制的实现不如 PLC 方便。当然，若纯为模拟量的系统，用 PLC 可能在性能价格比上不如调节器。

3. 用于数字量控制

实际的物理量，除了开关量、模拟量之外，还有数字量，如机床部件的位移常以数字量表示。

数字量的控制，有效的办法是 NC（即"数字控制技术"），这是 20 世纪 50 年代诞生于美国的基于计算机的控制技术。当今已很普及，并已很完善了。目前，先进国家的金属切削机床，其数控化的比率为 40%~80%，有的甚至更高。

PLC 也是基于计算机的技术，并日益完善，故它也完全可以用于数字量控制。PLC 可接收计数脉冲，频率可高达几千至几十千赫兹。可用多种方式接收脉冲，还可多路接收。有的 PLC 还有脉冲输出功能，脉冲频率也可达几十千赫兹。有了这两种功能，加上 PLC 有数据处理及运算能力，若再配备相应的传感器（如旋转编码器）或脉冲伺服装置（如环形分配器、功放、步进电动机等），则完全可以依 NC 的原理实现各种控制。

高、中档的 PLC 还开发有 NC 单元或运动单元，可实现点位控制。运动单元还可实现曲线插补，可控制曲线运动。所以，若 PLC 配置了这种单元，则完全可以用 NC 的办法进行数字量的控制。新开发的运动单元，甚至还发行了 NC 技术的编程语言，为更好地用 PLC 进行数字控制提供了方便。

4．用于数据采集

随着 PLC 技术的发展，其数据存储区越来越大。如欧姆龙公司的 PLC，其前期产品的 DM 区（即"数据存储器区"）仅 64 个字，而后来的 C60H 达到 1000 个字；到了 CQMI 可多达 6000 个字。这样庞大的数据存储区，可以存储大量的数据。

数据采集可以用计数器，累计记录采集到的脉冲数，并定时转存到 DM 区中去。数据采集也可用 A/D 单元，当模拟量转换成数字量后，再定时地存到 DM 区中去。

PLC 还可配置小型打印机，定期把 DM 区的数据打印出来。PLC 也可与计算机通信，由计算机把 DM 区的数据读出，并由计算机再对这些数据进行处理。这时，PLC 即成为计算机的数据终端。电业部门曾这么使用过 PLC，用它来实时记录用户用电情况，以实现不同用电时间、不同计价的收费方法，来鼓励用户在用电低谷时多用电，从而达到合理用电与节约用电的目的。

5．用于监控

PLC 自检信号很多，内部器件也很多，多数使用者未充分发挥其作用。其实，完全可利用它进行 PLC 自身工作的监控，或对控制对象进行监控。

如用 PLC 控制某运动部件动作，看施加控制后动作进行了没有，可用看门狗办法实现监控。具体做法是在施加控制的同时，令看门狗定时器计时，如在规定的时间内动作完成，即定时器在未超过警戒值的情况下，已收到动作完成信号，则说明控制对象工作正常，无须报警；反之，若超时，则说明不正常，可做相应处理。

如果控制对象的各重要控制环节，都用这样的一些看门狗"看"着，那用户对系统的工作将了如指掌，出现了什么问题、卡在什么环节上也很好查找到。

还有其他一些监控工作可做，对一个复杂的控制系统，特别是自动控制系统，监控以至进一步自诊断是非常必要的。它可减少系统的故障，出了故障也好查找，可提高累计平均无故障运行时间，降低故障修复时间，提高系统的可靠性。

6．通信联网

通信联网是指 PLC 与 PLC 之间、PLC 与上位计算机或其他智能设备（如变频器、数控装置）之间的通信，利用 PLC 和计算机的 RS-232 或 RS-422 接口、PLC 的专用通信模块，用双绞线和同轴电缆或光缆将它们连成网络，实现信息交换，构成"集中管理、分散控制"的多级分布式控制系统，建立自动化网络。

通信联网正适应当今计算机集成制造系统（CIMS）及智能化工厂发展的需要。它可使工业控制从点（Point）到线（Line）再到面（Aero），使设备级的控制、生产线的控制、工厂管理层的控制连成一个整体，进而可创造更高的效益。这个无限美好的前景，已越来越清楚地展现在我们这一代人的面前。

3.3　PLC 的特点

现代工业生产过程是复杂多样的，它们对控制的要求也各不相同。PLC 专为工业控制应用而设计，一经出现就受到了广大工程技术人员的欢迎。其主要特点有：

1. 可靠性

可靠性包括产品的有效性和可维修性。PLC 的可靠性高，表现在下列几个方面：

（1）PLC 不需要大量的活动部件和电子元件，接线大大减少，与此同时，系统的维修简单、维修时间缩短，使可靠性得到提高。

（2）PLC 采用一系列可靠性设计方法进行设计，例如，冗余设计、掉电保护、故障诊断、报警、运行信息显示、信息保护及恢复等，使可靠性得到提高。

（3）PLC 有较强的易操作性，它具有编程简单、操作方便、编程的出错率大大降低及为工业级元件恶劣操作环境而设计的硬件，使可靠性大大提高。

（4）PLC 的硬件设计方面，采用了一系列提高可靠性的措施。例如，采用可靠性高的工业级元件和先进的电子加工工艺（SMT）制造，对干扰采用屏蔽、隔离和滤波等，采用看门狗和自诊断措施、便于维修的设计等，使可靠性得到提高。

2. 易操作性

PLC 的易操作性主要表现在下列三个方面：

（1）操作方便。对 PLC 的操作包括程序的输入和程序更改的操作，大多数 PLC 采用编程器进行程序输入和更改操作。现在 PLC 的编程大部分可以用计算机直接进行，更改程序也可根据所需地址编号、继电器编号等直接进行搜索或按顺序寻找，然后可以在线或离线更改。

（2）编程方便。PLC 有多种程序设计语言可以使用，对现场电气人员来说，由于梯形图与电气原理图相似，因此，梯形图很容易理解和掌握。采用语句表编程时，由于编程语句是功能的缩写，便于记忆，并且与梯形图有一一对应的关系，所以有利于编程人员的编程操作。功能图表语言以过程流程进展为主线，十分适合设计人员与工艺专业人员设计思想沟通。功能模块图和结构变化文本语言编程方法具有功能清晰、易于理解等优点，而且与组态语言统一，正受到广大技术人员的重视。

（3）维修方便。PLC 所具有的自诊断功能对维修人员的技术要求降低，当系统发生故障时，通过硬件和软件的自诊断，维修人员可以根据有关故障代码的显示和故障信号灯的提示等信息，或通过编程器和 HMI 屏幕的设定，直接找到故障所在的部位，为迅速排除故障和修复节省了时间。

为便于维修工作的开展，有些 PLC 制造商提供维修用的专用仪表或设备，提供故障维修等维修用资料；有些厂商还提供维修用的智能卡件或插件板，使维修工作变得十分方便。此外，PLC 的面板和结构设计也考虑了维修的方便性。例如，对需要维修的部件设置在便于维修的位置，信号灯设置在易于观察的位置，接线端子采用便于接线和更换的类型等，这些设计使维修工作能方便地进行，大大缩短了维修时间。采用标准化元件和标准化工艺生产流水作业，使维修用的备用品、备用件简化等，也使维修工作变得方便。

3. 灵活性

PLC 的灵活性主要表现在以下三个方面：

（1）编程的灵活性。PLC 采用的标准编程语言有梯形图、指令表、功能图表、功能模块图和结构化文本编程语言等。使用者只要掌握其中一种编程语言就可进行编程，编程方法的多样性使编程更方便。由于 PLC 内部采用软连接，因此，在生产工艺流程更改或者生产设备更换后，可不必改变 PLC 的硬件设备，通过程序的编制与更改就能适应生产的需要。这种编程的灵活性是继电器-接触器控制系统和数字电路控制系统所不能比拟的。正是由于编程的柔性特点，使 PLC 成为工业控制领域的重要控制设备，在柔性制造系统 FMS、计算机集成制造系统 CIM 和计算机流程工业系统 CIPS 中，得到了广泛的应用。

（2）扩展的灵活性。PLC 的扩展灵活性是指可以根据应用的规模不断扩展，即进行容量的扩展、功能的扩展、应用和控制范围的扩展。它不仅可以通过增加输入/输出卡件来增加点数，通过扩展单元扩大容量和功能扩展，也可以通过多台 PLC 的通信来扩大容量和功能扩展，甚至可以通过与其他的控制系统如 DCS 或上位机的通信来扩展其功能，并与外部的设备进行数据交换。这种扩展的灵活性大大方便了用户的使用。

（3）操作的灵活性。操作的灵活性是指设计工作量、编程工作量和安装施工的工作量的减少，操作变得十分方便和灵活，监视和控制变得很容易。在继电器-接触器控制系统中所需的一些操作得到简化，不同生产过程可采用相同的控制台和控制屏等。

4. 机电一体化

为了使工业生产过程的控制更平稳可靠，优质高产低耗，对过程控制设备和装置提出了机电一体化要求，即使仪表、电子及计算机综合，而 PLC 正是这一要求的产物。它是专门为工业过程而设计的控制设备，具有体积小、功能强、抗干扰性好等特点，它将机械与电气部件有机地结合在一个设备内，把仪表、电子和计算机的功能综合集成在一起，因此，它已经成为当今数控技术、工业机器人、生产制造和过程流程等领域的主要控制设备。

3.4　PLC 的分类

PLC 种类很多，其功能、内存容量、控制规模、外形等方面均存在较大差异，且还没有一个权威的统一分类标准，准确分类也是困难的。目前，一般按照结构形式、功能和 I/O 点数进行大致分类。

3.4.1　按结构形式分类

PLC 发展很快，目前，全世界有几百家厂商正在生产几千种不同型号的 PLC。为了便于在工业现场安装、便于扩展、方便连接，其结构与普通计算机有很大区别。通常根据组成结构形式的不同，将这些 PLC 分为三大类：整体式、模块式和叠装式。

1. 整体式（又称"单元式"或"箱体式"）

整体式 PLC 的 CPU 模块、I/O 模块和电源装在一个箱体机壳内，结构非常紧凑，体积小，价格低，安装方便，但灵活性较差。小型机常采用这种结构，适应工业生产中的单机控制。整体式 PLC 提供多种不同 I/O 点数的基本单元和扩展单元供用户选用，基本单元内包括 CPU 模块、I/O 模块和电源，扩展单元内只有 I/O 模块和电源，基本单元和扩展单元之间用扁平电缆连接。整体式 PLC 一般配有许多专用的特殊功能单元，如模拟量 I/O 单元、位置控制单元、数据输入/输出单元等，使 PLC 的功能得到扩展。如欧姆龙公司的 CPM1A、CPM2A 系列，松下电工公司的 FP 系列，三菱公司的 F1、F2 系列，东芝公司的 EX20/40 系列等。

2. 模块式（又称"积木式"或"组合式"）

大、中型 PLC 和部分小型 PLC 采用模块式结构。模块式 PLC 用搭积木的方式组成系统，由框架和模块组成。模块插在模块插座上，模块插座焊在框架中的总线连接板上。PLC 厂家备有不同槽数的框架供用户选用，如果一个框架容纳不下所选用的模块，可以增设一个或数个扩展框架，各框架之间用 I/O 扩展电缆相连。有的 PLC 没有框架，各种模块安装在基板上。用户可以选用不同档次的 CPU 模块、品种繁多的 I/O 模块和特殊功能模块，对硬件配置的选择余地较大，维修时更换模块也很方便，但缺点是体积比较大。如欧姆龙公司的 C200H、C1000H 和 C2000H，西门子公司的 S5-115U、S7-300、S7-400 系列，AB 公司的 PLC5 系列产品等。

3. 叠装式

叠装式结构是整体式和模块式相结合的产物。把某一系统 PLC 工作单元的外形都做成外观尺寸一致的，CPU、I/O 及电源也可以做成独立的，不使用模块式 PLC 中的母板，采用电缆连接各个单元，在控制设备中安装时可以一层层地叠装。

总之，整体式 PLC 一般用于规模较小、输入/输出点数固定、以后也少有扩展的场合；模块式 PLC 一般用于规模较大、输入/输出点数较多、输入/输出点数比例比较灵活的场合；叠装式 PLC 具有前两者的优点，从近年来的市场情况看，整体式及模块式有结合为叠装式的趋势。

3.4.2 按功能分类

按 PLC 功能的强弱来分，可大致分为低档机、中档机和高档机三种。

1. 低档机

低档机 PLC 具有逻辑运算、定时、计数等功能，有的还增设模拟量处理、算术处理、数据传送等功能，可实现逻辑、顺序、定时、技术控制等。

2. 中档机

中档机 PLC 除具有低档机的功能外，一般还有整数和浮点运算、数制转换、PID 调节、中断控制及联网功能，可用于复杂的逻辑运算及闭环控制场合。

3. 高档机

高档机 PLC 除具有中档机的功能外，还可以进行函数运算、矩形运算，完成数据管理工作，有更强的通信能力，并具有模拟调节、联网通信、监视、记录和打印等功能，使 PLC 的功能更多更强，能进行智能控制、远程控制、大规模控制，构成分布式生产过程综合控制管理系统，成为整个工厂的自动化网络。

3.4.3 按 I/O 点数分类

为了适应不同工业生产的应用要求，PLC 能够处理的输入/输出信号数是不一样的。一般将一路信号称为一个点，将输入点数和输出点数的总和称为机器的点数。PLC 按 I/O 点数分类主要是以开关量点数计数，模拟量的路数可折算成开关量的点数，一般一路相当于 8 点或 16 点。根据 I/O 点数的多少，可将 PLC 分为微（超小）型机、小型机、中型机、大型机和超大型机。

1. 微型机

I/O 点数小于 100 点，内存容量为 256B～1KB。如欧姆龙公司的 SP 系列、松下电工公司的 FPO 系列、三菱公司的 F 系列等。微型机的特点是体积小、功能简单，是实现小型机械自动化的理想控制器。

2. 小型机

I/O 点数小于 256 点，用户存储器容量在 4KB 以下。如西门子公司的 S7-200，松下电工公司的 FP 系列，三菱公司的 F1、F2 系列等。小型机主要用于中等容量的开关量控制，具有逻辑运算、定时、计数、顺序控制、通信等功能，是代替继电器-接触器控制系统的理想控制器，应用非常广泛。

3. 中型机

I/O 点数为 256～2048 点，用户存储器容量为 2～8KB。例如，欧姆龙公司的 C200H，其普遍配置可达 200 多点，最多可达 1084 点；西门子公司的 S7-300 最多可达 512 点。中型机除具有小型、超小型 PLC 的功能外，还增加了数据处理能力，适用于小规模的综合控制系统。

4. 大型机

I/O 点数大于 2048 点；多 CPU，16 位、32 位处理器，用户存储器容量为 8～16KB。例如，西门子公司的 S7-400，欧姆龙公司的 C2000H、CV2000、CSI 本地点可达 2048 点；松下电工公司的 FP2 本地点配置可达 1600 点，FP3、FP10、FP10SH 使用远程 I/O 可达 2048 点。大型 PLC 用于大规模过程控制或分布式控制系统。

5. 超大型机

I/O 点数可达几千点甚至几万点，内存容量为 16KB 以上。如三菱公司的 A2A、A3A 具有 8000 路的模拟量。大型 PLC 的应用已从逻辑控制发展到过程控制、数字控制、分布式控制等广阔领域。大型 PLC 使用 32 位微处理器、多 CPU 并行工作，并具有大容量存储器。

上述分类方式并不十分严格，也不是一成不变的。随着 PLC 的不断发展，划分标准已有过多次的修改。

PLC 按功能分类和按 I/O 点数分类是有一定联系的。一般来说，大型机、超大型机都是高档机。机型和机器的结构形式及内部存储量的容量一般也有一定的联系，大型机一般都是模块式机，都有很大的内存容量。

3.5　PLC 的硬件结构和各部分的作用

PLC 种类繁多，但其组成结构和工作原理基本相同。用 PLC 实施控制，其实质是按控制功能要求，通过程序按一定算法进行输入/输出变换，将这个变换给予物理实现，并应用于工业现场。PLC 专为工业现场应用而设计，采用了典型的计算机结构，它主要由 CPU 模块、电源模块、存储器模块和输入/输出接口模块及外部设备（如编程器）等组成。PLC 的硬件结构框图如图 3-1 所示。

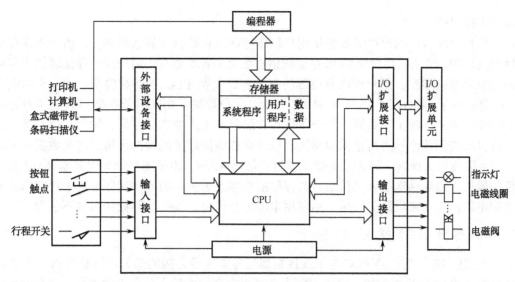

图 3-1　PLC 的硬件结构框图

主机内的各部分均通过电源总线、控制总线、地址总线和数据总线连接。根据实际控制对象的需要配备一定的外部设备，可构成不同的 PLC 控制系统。常用的外部设备有编程器、打印机、ERROM 写入器等。PLC 还可以配置通信模块与上位机及其他的 PLC 进行通信，构成 PLC 分布式控制系统。

1. 中央处理器模块（CPU）

中央处理器模块（CPU）一般由控制器、运算器和寄存器组成，这些电路都集成在一个芯片内。CPU 通过数据总线、地址总线和控制总线与存储单元、输入/输出接口电路相连接。

PLC 中所采用的 CPU 随机型不同而异，通常有三种：通用微处理器（如 8086、80286、80386 等）、单片机和位片式微处理器。小型 PLC 大多采用 8 位、16 位微处理器或单片机作为 CPU，具有价格低、通用性好等优点。对于中型的 PLC，大多采用 16 位、32 位微处理器或单片机作为 CPU，如 8086、96 系列单片机，具有集成度高、运算速度快、可靠性高等优点。对于大型 PLC，大多数采用高速位片式微处理器，具有灵活性强、速度快、效率高等优点。

与通用计算机一样，CPU 是 PLC 的核心部件，它完成 PLC 所进行的逻辑运算、数值计算及信号变换等任务，并发出管理、协调 PLC 各部件工作的控制信号。CPU 主要作用如下：

（1）接收从编程器输入的用户程序和数据，送入存储器储存。

（2）用扫描方式接收输入设备的状态信号，并存入相应的数据区（输入映像寄存器）。

（3）监测和诊断电源、PLC 内部电路的工作状态和用户编程过程中的语法错误等。

（4）执行用户程序。从存储器逐条读取用户指令，完成各种数据的运算、传送和存储等功能。

（5）根据数据处理的结果，刷新有关标志位的状态和输出映像寄存器表的内容，再经输出部件实现输出控制、制表打印或数据通信等功能。

2. 存储器模块

PLC 的存储器是存放程序及数据的地方，PLC 运行所需的程序分为系统程序及用户程序，存储器也分为系统存储器（EPROM）和用户存储器（RAM）两部分。

（1）系统存储器。系统存储器用来存放生产厂家编写的系统程序，并固化在只读存储器 ROM

内，用户不能更改。

（2）用户存储器。用户存储器包括用户程序存储区和数据存储区两部分。用户程序存储区存放针对具体控制任务，用规定的 PLC 编程语言编写的控制程序。用户程序存储区的内容可以由用户任意修改或增删。用户程序存储器的容量一般代表 PLC 的标称容量，通常小型机小于8KB，中型机小于 64 KB，大型机在 64 KB 以上。用户数据存储区用于存放 PLC 在运行过程中所用到的和生成的各种工作数据。用户数据存储区包括输入数据映像区、输出数据映像区、定时器、计算器的预置值和当前值的数据区，以及存放中间结果的缓冲区等。这些数据是不断变化的，但不需要长久保存，因此采用随机读写存储器 RAM。由于随机读写存储器 RAM 是一种挥发性的器件，即当供电电源关掉后，其存储的内容会丢失，因此在实际使用中通常为其配备掉电保护电路。当正常电源关掉后，由备用电池为它供电，保护其存储的内容不丢失。

3. 输入/输出（I/O）模块

输入/输出（I/O）模块是 PLC 与工业控制现场各类信号连接的部分，起着在 PLC 与被控对象间传递输入/输出信息的作用。由于实际生产过程中产生的输入信号多种多样，信号电平各不相同，而 PLC 所能处理的信号只能是标准电平，因此必须通过输入模块将这些信号转换成 CPU能够接收和处理的标准电平信号。同样，外部执行元件如电磁阀、接触器、继电器等所需的控制信号电平也有差别，也必须通过输出模块将 CPU 输出的标准电平信号转换成这些执行元件所能接收的控制信号。

PLC 中 I/O 模块的接口电路结构框图如图 3-2 所示。为了提高抗干扰能力，一般的 I/O 模块都有光电隔离装置。在数字量 I/O 模块中广泛采用由发光二极管和光电三极管组成的光电耦合器，在模拟量 I/O 模块中通常采用隔离放大器。

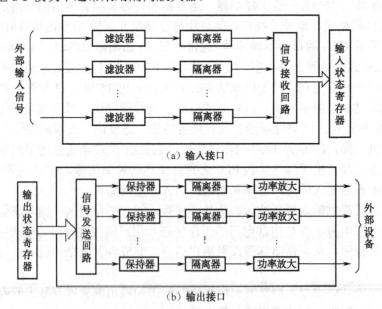

图 3-2　输入/输出接口电路结构框图

来自工业生产现场的输入信号经输入模块进入 PLC。这些信号可以是数字量、模拟量、直流信号、交流信号等，使用时要根据输入信号的类型选择合适的输入模块。

由 PLC 产生的输出控制信号经过输出模块驱动负载，如电动机的启停和正反转、阀门的开闭、设备的移动、升降等。和输入模块相同，与输出模块相接的负载所需的控制信号可以是数字量、模拟量、直流信号、交流信号等，因此，同样需要根据负载的性质选择合适的输出模块。

PLC 具有多种 I/O 模块，常见的有数字量 I/O 模块和模拟量 I/O 模块，以及快速响应模块、高速计数模块、通信接口模块、温度控制模块、中断控制模块、PID 控制模块和位置控制模块等种类繁多、功能各异的专用 I/O 模块和智能 I/O 模块。I/O 模块的类型、品种与规格越多，PLC 系统的灵活性越好；I/O 模块的 I/O 容量越大，PLC 系统的适应性越强。

4. 电源模块

PLC 的电源模块把交流电源转换成供 CPU、存储器等电子电路工作所需要的直流电源，使 PLC 正常工作。PLC 的电源部件有很好的稳压措施，因此对外部电源的稳定性要求不高，一般允许外部电源电压的额定值在+10%～-15%的范围内波动。有些 PLC 的电源模块还能向外提供 24V（DC）稳压电源，用于对外部传感器供电。为了防止在外部电源发生故障的情况下，PLC 内部程序和数据等重要信息的丢失，PLC 用锂电池做停电时的后备电源。

5. 外部设备

（1）编程器。PLC 的特点是它的程序是可以改变的，可方便地加载程序，也可方便地修改程序。编程器是 PLC 不可缺少的设备。编程器除了编程以外，一般都还具有一定的调试及监视功能，可以通过键盘调入及显示 PLC 的状态、内部器件及系统的参数，它经过 I/O 接口与 CPU 连接，完成人机对话操作。PLC 的编程器一般分为专用编程器和个人计算机（内装编程软件）两类。

专用编程器有手持式和台式两种。其中手持式编程器携带方便，适合工业控制现场应用。按照功能强弱，手持式编程器又可分为简易型和智能型两类，前者只能联机编程，后者既可联机又可脱机编程。脱机编程是指在编程时，把程序存储在编程器内存储器中的一种编程方式。脱机编程的优点是在编程及修改程序时，可以不影响原有程序的执行，也可以在远离主机的异地编程后再到主机所在地下载程序。

编程软件安装在个人计算机上，可编辑、修改用户程序，进行计算机和 PLC 之间程序的相互传送，监控 PLC 的运行，并在屏幕上显示其运行状况，还可将程序储存在存储器中或打印出来等。

专用编程器只能对某一 PLC 生产厂家的产品编程，使用范围有限。如今 PLC 以每隔几年一代的速度不断更新换代，因此专用编程器的使用寿命有限，价格一般也比较高。现在的趋势是以个人计算机作为基础的编程系统，由 PLC 厂家向用户提供编程软件。个人计算机是指 IBM PC/AT 及其兼容机，工业用的个人计算机可以在较高的温度和湿度条件下运行，能够在类似于 PLC 运行条件的环境中长期可靠地工作。轻便的笔记本电脑配上 PLC 的编程软件，很适合在工业现场调试程序。世界上各主要的 PLC 厂家都提供了使用个人计算机的可编程序控制器编程、监控软件，不少厂家还推出了中文版的编程软件，对于不同型号和厂家的 PLC，只需要更换编程软件就可以了。

目前 IEC61131-3 提供了五种 PLC 的标准编程语言，其中有三种图形语言，即梯形图（Ladder Diagram，LD）、功能块图（Function Block Diagram，FBD）和顺序功能图（Sequential Function Chart，SFC）；两种文本语言，即结构化文本（Structured Text，ST）和指令表（Instruction List，IL）。在我国大家对梯形图、指令表和顺序功能图比较熟悉，而很少有人使用功能块图。结构化文本是一种在传统的 PLC 编程系统中没有的或很少见的编程语言，不过相信以后会越来越多地得到大家的使用的。

（2）其他外部设备。PLC 还配有生产厂家提供的其他一些外部设备，如外部存储器、打印机和 EPROM 写入器等。

外部存储器是指移动硬盘或 U 盘等移动存储设备，工作时可将用户程序或数据存储在相应的移动存储设备中，作为程序备份。当 PLC 内存中的程序被破坏或丢失时，可将外部存储器中的程序重新装入。打印机用来打印带注释的梯形图程序或语句表程序，以及打印各种报表等。在系统的实时运行过程中，打印机用来提供运行过程中发生事件的硬记录，如记录 PLC 运行过程中故障报警的时间等，这对于事故分析和系统改进是非常有价值的。EPROM 写入器用于将用户程序写入 EPROM 中。同一 PLC 的各种不同应用场合的用户程序可分别写入不同的 EPROM（可电擦除可编程的只读存储器）中去，当系统的应用场合发生变化时，只需更换相应的 EPROM 芯片即可，现在已极少使用了。

3.6　PLC 的工作原理

3.6.1　PLC 控制系统的组成

1. PLC 控制系统的基本结构

前面所介绍的传统的继电器-接触器控制系统由继电器、接触器等电气元件用导线连接在一起，达到满足控制对象动作要求的目的，这样的控制系统称为硬件接线逻辑。一旦控制任务发生变化（如生产工艺流程的变化），则必须改变相应接线才能实现，因而这种硬件接线逻辑控制的灵活性、通用性较低，故障率高，维修也不方便。

而 PLC 就是一种存储程序控制器。存储程序控制是将控制逻辑以程序语言的形式存放在存储器中，通过执行存储器中的程序实现系统的控制要求。这样的控制系统称为存储程序控制系统。在存储程序控制系统中，控制程序的修改不需要改变控制器内部的接线（硬件），而只需通过编程器（或编程软件）改变程序存储器中的某些程序语言的内容。PLC 输入设备和输出设备与继电器-接触器控制系统相同，但它们直接连接到 PLC 的输入端子和输出端子（PLC 的输入接口和输出接口已经做好，接线简单、方便），PLC 控制系统的基本结构框图如图 3-3 所示。

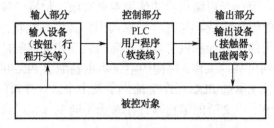

图 3-3　PLC 控制系统的基本结构框图

在 PLC 构成的控制系统中，实现一个控制任务，同样需要针对具体的控制对象，分析控制系统的要求，确定所需的用户输入/输出设备，然后运用相应的编程语言（如梯形图、语句表、控制系统流程图等）编制出相应的控制程序，利用编程器或其他设备（如 EPROM 写入器、与 PLC 相连的个人计算机等）写入 PLC 的程序存储器中。每条程序语句确定了系统工作的一个顺序，运行时 CPU 依次读取存储器中的程序语句，对它们的内容进行解释并加以执行；执行结果用以驱动输出设备，控制被控对象工作。可见，PLC 是通过软件实现控制的，能够适应不同控制任务的需要，通用性强、使用灵活、可靠性高。

输入部分的作用是将输入控制信号送入 PLC。常用的输入设备包括控制开关和传感器。控制开关可以是控制按钮、限位开关、行程开关、光电开关、继电器和接触器的触点等。传感器包括各种数字式和模拟式传感器，如光栅位移传感器、热电偶等。另外，输入设备还有触点状态编程器和通信接口以及其他计算机等。

输出部分的作用是将 PLC 的输出控制信号转换为能够驱动被控对象工作的信号。常用的输出设备包括电磁开关、直流电动机、功率步进电动机、交流电动机、电磁阀、电磁继电器、电磁离合器和加热器等。如需要也可接液晶显示器和打印机等。

内部控制电路是采用大规模集成电路制作的微处理器和存储器，执行按照被控对象的实际要求编制并存入程序存储器中的程序，完成控制任务，产生控制信号输出，驱动输出设备工作。

2．PLC 的等效电路

PLC 的输入部分采集输入信号，输出部分就是系统的执行部分，这两部分与继电器-接触器控制系统相同。PLC 内部控制电路是由编程实现的逻辑电路，用软件编程代替继电器的功能。对于使用者来说，在编制程序时，可把 PLC 看成是内部由许多“软继电器”组成的控制器，用近似继电器控制电路的编程语言进行编程。从功能上讲，可以把 PLC 的控制部分看作是由许多“软继电器”组成的等效电路。PLC 的等效电路如图 3-4 所示。

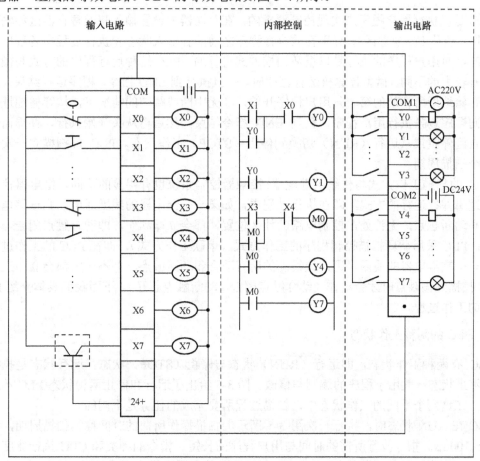

图 3-4　PLC 的等效电路

下面对 PLC 等效电路各组成部分进行分析。

1）输入回路

输入回路由外部输入电路、PLC 输入端子（COM 是输入公共端）和输入继电器组成。外部输入信号经 PLC 输入接线端子驱动输入继电器。一个输入端子对应一个等效电路中的输入继电器，它可提供任意一个动合和动断触点，供 PLC 内部控制电路编程使用。由于输入继电器反映输入信号的状态，如输入继电器接通表示传送给 PLC 一个接通的输入信号，因此习惯上经常将两者等价使用。输入回路的电源可用 PLC 电源模块提供的直流电压。

2）内部控制回路

内部控制回路是由用户程序形成的。它的作用是按照程序规定的逻辑关系，对输入信号和输出信号的状态进行运算、处理和判断，然后得到相应的输出。用户程序常采用梯形图编写。

3）输出回路

输出回路由与内部电路隔离的输出继电器的外部动合触点、输出端子（COM 是输出公共端）和外部电路组成，用来驱动外部负载。

PLC 内部控制电路中有许多输出继电器。每个输出继电器除了有为内部控制电路提供编程用的动合、动断触点外，还为输出电路提供一个动合触点与输出接线端连接。驱动外部负载的电源由用户提供。

3.6.2　PLC 循环扫描的工作过程

PLC 是以执行用户程序来实现控制要求的，在存储器中设置输入映像寄存器区和输出映像寄存器区（统称 I/O 映像区），分别存放执行程序之前的各输入状态和执行过程中各程序结果的状态。PLC 对用户程序的执行是以循环扫描方式进行的，PLC 这种运行程序的方式与微型计算机相比有较大的不同。微型计算机运行程序时，一旦执行到 END 指令，程序运行结束；而 PLC 从最初存储地址所存放的第一条用户程序开始，在无中断或跳转的情况下，按存储地址序号递增的方向顺序逐条执行用户程序，直到 END 指令结束，然后再从头开始执行，并周而复始地重复，直到停机或从运行（RUN）切换到停止（STOP）工作状态。PLC 每扫描完一次程序就构成一个扫描周期。

PLC 的扫描工作方式与传统的继电器-接触器控制系统也有明显的不同，继电器控制装置采用硬逻辑并行运行的方式，即在执行过程中，如果一个继电器的线圈通电，则该继电器的所有动合和动断触点，无论处在控制电路的什么位置，都会立即动作，即动合触点闭合，动断触点断开。PLC 采用循环扫描控制程序的工作方式（串联工作方式），即在 PLC 的工作过程中，如果某一个软继电器的线圈接通，该线圈的所有动合和动断触点，并不一定都会立即工作，只有 CPU 扫描到该触点时才会动作（动合触点闭合，动断触点断开）。下面我们具体介绍 PLC 循环扫描的工作过程。

1．PLC 的两种工作状态

PLC 有两种工作状态，即运行（RUN）状态与停止（STOP）状态。运行状态是执行应用程序，停止状态一般用于程序的编制与修改。图 3-5 给出了运行和停止两种状态 PLC 不同的扫描过程，在这两个不同的工作状态中，扫描过程所要完成的任务是不同的。

PLC 在 RUN 状态时，执行一次图 3-5 所示的扫描操作所需的时间称为扫描周期，其典型值为 1～100ms。指令执行所需的时间与用户程序的长短、指令的种类和 CPU 执行速度有很大关系，PLC 厂家一般给出每执行 1K（1K=1024）条基本逻辑指令所需的时间（以 ms 为单位）。

某些厂家在说明书中还给出了执行各种指令所需的时间。一般来说，一个扫描过程中执行指令的时间占了绝大部分。

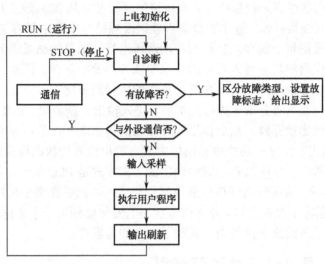

图 3-5　PLC 的工作过程

2. 用户程序的循环扫描过程

PLC 的工作过程与 CPU 的操作方式有关。CPU 有 STOP 方式和 RUN 方式两种操作方式。在扫描周期内，STOP 方式和 RUN 方式的主要差别在于，在 RUN 方式下执行用户程序，而在 STOP 方式下不执行用户程序。

PLC 对用户程序进行循环扫描的工作方式，每个扫描周期可分为三个阶段：输入采样刷新阶段、用户程序执行阶段和输出刷新阶段，如图 3-6 所示。

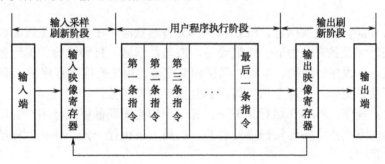

图 3-6　PLC 用户程序的工作过程

（1）输入采样刷新阶段。PLC 的 CPU 不能直接与外部接线端子连接。送到 PLC 输入端子上的输入信号，经电平转换、光电隔离、滤波处理等一系列电路进入缓冲器等待采样，没有 CPU 采样"允许"，外部信号不能进入输入映像寄存器。

在输入采样刷新阶段，PLC 以扫描方式，按顺序扫描输入端子，把所有外部输入电路的接通或者断开状态读入到输入映像寄存器，此时输入映像寄存器被刷新。在用户程序执行阶段和输出刷新阶段中，输入映像寄存器与外界隔离，其内容保持不变，直至下一个扫描周期的输入采样刷新阶段，才被重新读入的输入信号刷新。可见，PLC 在执行程序和处理数据时，不直接使用现场当时的输入信号，而使用本次采样时输入映像寄存器中的数据。

（2）用户程序执行阶段。用户程序由若干条指令组成，指令在存储器中按照序号顺序排列。PLC 在用户程序执行阶段，在无中断和无跳转指令的情况下，根据梯形图程序从首地址开始按自上而下、从左至右的顺序逐条扫描执行，即按语句表的顺序从 000#地址开始的程序逐条扫描执行，并分别从输入映像寄存器、输出映像寄存器以及辅助继电器中将有关编程软件"0"或者"1"状态读出来，并根据指令的要求执行相应的逻辑运算，运算的结果写入对应的元件映像寄存器中保存，输出继电器的状态写入对应的输出映像寄存器中保存。因此，每个编程软件的映像寄存器（输入映像寄存器除外）的内容随着程序的执行而变化。

（3）输出刷新阶段。当所有指令执行完毕后，进入输出刷新阶段，CPU 将输出映像寄存器中的内容集中转存到输出锁存器，然后传送到各相应的输出端子，最后再驱动实际输出负载，这才是 PLC 的实际输出，这是一种集中输出的方式。输出设备的状态要保持一个扫描周期。

用户程序执行过程中，集中采样与集中输出的工作方式是 PLC 的一个特点，在采样期间，将所有的输入信号（不管该信号当时是否要用）一起读入。此后在整个程序处理过程中，PLC 系统与外界隔开，直至输出控制信号。外界信号状态的变化要到下一个工作周期再与外界交涉。这样从根本上提高了系统的抗干扰能力，提高了工作的可靠性。

3.6.3　PLC 用户程序的工作过程

PLC 通电后，在系统程序的监控下，周而复始地按一定的顺序对系统内部的各种任务进行查询、判断和执行，这个过程实质上是按顺序循环扫描的过程。

（1）初始化。PLC 上电后，首先进行系统初始化，清除内部继电器，复位定时器等。

（2）CPU 自诊断。在每个扫描周期都要进入自诊断阶段，对电源、PLC 内部电路、用户程序的语法进行检查，定期复位监控定时器等，以确保系统可靠运行。

（3）通信信息处理。在每个通信信息处理扫描阶段，进行 PLC 之间、PLC 与计算机之间及 PLC 与其他带微处理器的智能装置之间的通信，在多处理器系统中，CPU 还要与数字处理器交换信息。

（4）PLC 与外部设备交换信息。PLC 与外部设备连接时，在每个扫描周期内要与外部设备交换信息。这些外部设备有编程器、终端设备、液晶显示器、打印机等。编程器是人机交互的设备，用户可以进行程序的编制、编辑、调试和监视等。用户把应用程序输入到 PLC 中，PLC 与编程器要进行信息交换。在每个扫描周期都要执行此项任务。

（5）执行用户程序。PLC 在运行状态下，每一个扫描周期都要执行用户程序。执行用户程序时，是以扫描的方式按顺序逐句扫描处理的，扫描一条执行一条，并把运算结果存入输出映像寄存器对应位置中。

（6）输入、输出信息处理。PLC 在运行状态下，每一个扫描周期都要进行输入、输出信息处理。以扫描的方式把外部输入信号的状态存入输入映像寄存器，将运算处理后的结果存入输出映像寄存器，直到传送到外部被控设备为止。

PLC 周而复始地循环扫描，执行上述整个过程，直至停机。

3.6.4　PLC 工作过程举例说明

简单地说，PLC 工作过程是：输入刷新→运行用户程序→输出刷新，再输入刷新→运行用户程序→输出刷新……永不停止循环反复地进行着。

图 3-7 所示的流程图反映的就是上述过程，它也反映了信息间的时间关系。

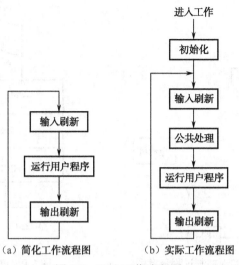

图 3-7　PLC 工作流程图

有了上述过程，用 PLC 实现控制显然是可能的。因为有了输入刷新，可把输入电路得到的输入信息存入 PLC 的输入继电器；经运行用户程序，输出继电器将得到变换后的信息；经输出刷新，输出锁存器将反映输出映像寄存器的状态，再通过输出电路产生输出。又由于这个过程是循环反复进行着的，所以输出总会影响输入的变化，只是响应的时间上略有滞后而已。但事实上它的速度是很快的，执行一条指令，长的几微秒、几十微秒，短的才零点几或零点零几微秒。而这个速度还在不断改进提高中。

图 3-7（a）所示的是简化的过程，实际的 PLC 工作过程还要复杂些。除了 I/O 刷新及运行用户程序外，还要做些其他的公共处理，如循环时间监视、外设服务及通信处理等。

（1）循环时间监视。应用"看门狗"（Watching Dog），这也是一般微机系统常用的做法。具体是设一个定时器，检测用户程序的运行时间，只要循环超时，即报警或做相应处理。

（2）外设服务。让 PLC 接受编程器对它的操作，或通过接口向输出设备（如打印机）输出数据。

（3）通信处理。实现与计算机，或与其他 PLC，或与智能操作器、传感器之间的信息交换，这也是增强 PLC 控制能力的需要。

总之，PLC 工作过程总是：公共处理→I/O 刷新→运行用户程序→再公共处理→……反复不停地重复着。此外，如同普通计算机一样，PLC 上电后，也要进行系统自检及内存的初始化工作，以保证 PLC 正常工作。把上述过程综合起来，较完整的 PLC 工作过程大体如图 3-7（b）所示。

我们不妨以图 3-8 所示的用按钮 SB1、SB2 通过 PLC 控制接触器 KM 的工作为例，来讲解一下 PLC 的完整工作过程。本例用的 PLC 为三菱公司的 FX$_{3U}$ 小型 PLC。

1. 接线

图 3-9 所示为 PLC 硬件接线图。该图上方为输入通道（输入端子 X 通道）及其输入点，下方为输出通道（输出端子 Y 通道）及其输出点。本例只是用以说明 PLC 的工作过程，故仅使用 X0、X1 两个输入点及 Y0 一个输出点。

X0 为输入通道（输入端子 X 通道）的第一个点，X1 为输入通道（输入端子 X 通道）的第二个点。如图 3-8 所示，启动按钮 SB1 的一端与 X0 连接，停止按钮 SB2 的一端与 X1 连接。两个按钮另一端都与直流电源+24V 端连接。直流电源的负端则与 COM（公用）端相连。

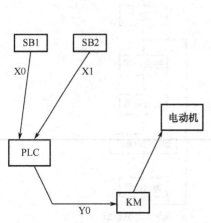

图 3-8 用 PLC 实现控制过程示意图

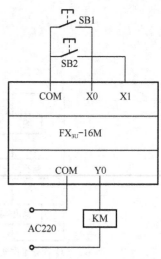

图 3-9 PLC 硬件接线图

Y0 为输出通道（输出端子 Y 通道）的第一个点。如图 3-9 所示，接触器 KM 线圈的一端与它连接，线圈的另一端与 220V 电源电压连接。而电源的另一端则与 COM（公用）端相连。

输入点到 COM 端的电路为输入电路，输出点到 COM 端的电路为输出电路，该图中都没有画出。有了这样的输入接线，只要按钮闭合，其相应的输入电路将产生 8～10mA 的电流，经输入刷新，可使对应的输入继电器置 1。当然，如果按钮未按下，回路不通，没有输入电流，对应的输入继电器将置 0。

有了这样的输出接线，输出继电器置为 1，经输出刷新，这个电路接通，接触器 KM 将得电工作。输出继电器置为 0，经输出刷新，这个电路将分断，接触器 KM 将失电、停止工作。

2. 程序

图 3-10 所示为实现上述控制的梯形图程序。它很像继电器-接触器控制电路，有触点，也有线圈。其关系与上述启、保、停逻辑很相似。而表 3-1 为与其对应的助记符命令。本例只是用以说明 PLC 的工作过程，故该程序仅含两条 5 个指令，见表 3-1。

表 3-1　助记符命令

条	地　址	指　令　码	操　作　数
0	0	LD	X0
	1	OR	Y0
	2	ANI	X1
	3	OUT	Y0
1	4	END	

地址 0 指令，是装载指令。含义是把输入继电器 X0 的内容（1 或 0）存入结果寄存器 R 中。

地址 1 指令，是或指令。含义是把结果寄存器 R 的内容与输出继电器 Y0 的内容作“或”运算，然后再把结果存入结果寄存器 R 中。

地址 2 指令，是非与指令。含义是对输入继电器 X1 的内容取非（反）后，再与 R 的内容做“与”运算，然后把结果寄存在 R 中。

地址 3 指令，是输出指令。含义是把结果寄存器 R 的内容赋值给输出继电器 Y0。

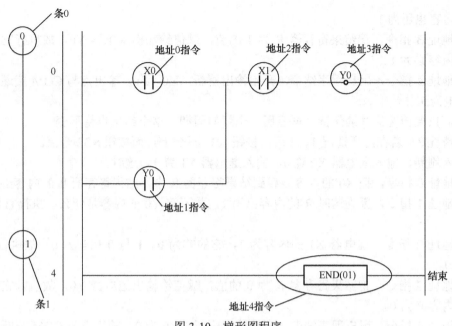

图 3-10　梯形图程序

地址 4 指令，是结束指令。含义是程序执行到此为止，一个扫描周期的用户程序运行结束。

3.运行

把上述程序送入 PLC，令其运行，用按钮 SB1、SB2 即可控制接触器了。以下分四种情况进行分析：

（1）情况 1。若 SB1 按钮合上，SB2 按钮没合上。

经输入刷新， X0 输入继电器置 1，输入继电器 X1 置 0。这时：

执行地址 0 指令，把 X0 的内容装载到结果寄存器 R 中，结果寄存器 R 的内容为 1。

执行地址 1 指令，这时 R 的内容已为 1，故不管 Y0 的内容是什么，执行它后，R 的内容还为 1。

执行地址 2 指令，对操作数取"非"后再作与的运算。X1 的内容为 0，取"非"后为 1。1 与 1 相与仍为 1，故执行它后，R 的内容还为 1。

执行地址 3 指令，把结果寄存器 R 为 1 的值赋值给输出继电器 Y0，故执行它后，输出继电器的内容为 1。

执行地址 4 指令，用户程序结束，开始输出刷新。Y0 为 1，输出点与 COM 接通，使接触器 KM 得电而工作。

显然，只要情况 1 继续保持，再经历一个新的周期时，只是 Y0 变为 1。它改变的只是地址 1 指令的操作数，而这个操作数的改变，并不改变原来的结果。

（2）情况 2。若在经历情况 1 后，按钮 SB1 松开，按钮 SB2 也不合上。

经输入刷新，输入继电器 X0 置 0，X1 输入继电器置 0。这时：

执行地址 0 指令，把 X0 的内容装载到结果寄存器 R 中，结果寄存器 R 的内容为 0。

执行地址 1 指令，这时 Y0 的内容已为 1，故不管 R 的内容是什么，执行它后 R 的内容必为 1。

执行地址 2 指令，这时继电器 X1 的内容为 0，它的非为 1。1 与 1 相与仍为 1，故执行它后，R 的内容也还为 1。

执行地址 3 指令，把结果寄存器 R 为 1 的值，赋值给输出继电器 Y0，故执行它后，输出继电器的内容必为 1。

执行地址 4 指令，用户程序结束，开始输出刷新。Y0 为 1，输出点与 COM 接通，接触器 KM 仍得电而工作。

显然，只要情况 2 继续保持，再经历一个新的周期，这个结果也将不变。

（3）情况 3。若在经历情况 1、2 后，按钮 SB1 不合上，而按钮 SB2 合上。

经输入刷新，输入继电器 X0 置 0，输入继电器 X1 置 1。这时：

执行地址 0 指令，把 X0 的内容装载到结果寄存器 R 中，结果寄存器 R 的内容必为 0。

执行地址 1 指令，因为这时 R 的内容已为 1，故不管 Y0 的内容是什么，执行它后 R 的内容必为 1。

执行地址 2 指令，继电器 X1 的内容为 1，它的非为 0。1 与 0 相与为 0，故执行它后，R 的内容为 0。

执行地址 3 指令，把结果寄存器 R 为 0 的值，赋值给输出继电器 Y0，故执行它后，输出继电器的内容必为 0。

执行地址 4 指令，用户程序结束，开始输出刷新。Y0 为 0，输出点与 COM 分断，接触器 KM 失电、停止工作。

显然，只要情况 3 继续保持，再经历一个新的周期时，只是 Y0 变为 0。它改变的只是地址 1 指令的操作数，而这个操作数的改变，并不改变原来的结果。

（4）情况 4。 若在经历情况 1、2、3 后，按钮 SB1 不合上，按钮 SB2 也松开。

经输入刷新，输入继电器 X0 置 1，输入继电器 X1 置 0。这时：

执行地址 0 指令，把 X0 的内容装载到结果寄存器 R 中，结果寄存器 R 的内容为 0。

执行地址 1 指令，因为这时 R 的内容已为 0，0 与 0 或，结果还是 0，故执行它后，R 的内容还为 0。

执行地址 2 指令，继电器 X1 的内容为 0，它的非为 1。0 与 1 相与为 0，故执行它后 R 的内容也为 0。

执行地址 3 指令，把结果寄存器 R 为 0 的值，赋值给输出继电器 Y0，故执行它后，输出继电器的内容必为 0。

执行地址 4 指令，用户程序结束，开始输出刷新。Y0 为 0，输出点与 COM 分断，接触器 KM 失电、停止工作。

显然，只要情况 4 继续保持，再经历一个新的周期，这个结果也将不变。不难想象，这里的情况 4，即为工作的初始状况。

总之，不停地交替运行系统程序（操作系统）及用户程序，并及时地将 I/O 状态予以物理实现，这就是 PLC 实现控制的过程。

3.6.5　输入、输出延迟响应

1. 扫描周期

PLC 在 RUN 工作模式时，执行一次扫描操作所需的时间称为扫描周期，其典型值为 1～100ms。扫描周期与用户程序的长短、指令的种类和 CPU 执行速度有很大关系。当用户程序较长时，指令执行时间在扫描周期中占相当大的比例。

2. 输入、输出滞后时间

输入、输出滞后时间又称系统响应时间，是指 PLC 的外部输入信号发生变化的时刻至它控制的有关外部输出信号发生变化的时刻之间的时间间隔，它由输入电路滤波时间、输出电路的滞后时间和因扫描工作方式产生的滞后时间这三部分组成。

输入模块的 RC 滤波电路用来滤除由输入端引入的干扰噪声，消除因外接输入触点动作时产生的抖动引起的不良影响，滤波电路的时间常数决定了输入滤波时间的长短，其典型值为100ms 左右。

输出模块的滞后时间与模块的类型有关，继电器型输出电路的滞后时间一般在 10ms 左右；双向晶闸管型输出电路在负载通电时的滞后时间约为 1ms，负载由通电到断电时的最大滞后时间为 10ms；晶体管型输出电路的滞后时间一般在 1ms 以下。

由扫描工作方式引起的滞后时间最长可达两个多扫描周期。PLC 总的响应延迟时间一般只有数十毫秒，对于一般的控制系统是无关紧要的。但也有少数系统对响应时间有特别的要求，这时就需选择扫描时间短的 PLC，或采取使输出与扫描周期脱离的控制方式来解决。

如图 3-11 所示，X0 是输入继电器，用来接收外部输入信号。波形图中最上一行是 X0 对应的经滤波后的外部输入信号的波形。Y0、Y1、Y2 是输出继电器，用来将输出信号传送给外部负载，X0 和 Y0、Y1、Y2 的波形表示对应的输入、输出映像寄存器的状态，高电平表示"1"状态，低电平表示"0"状态。

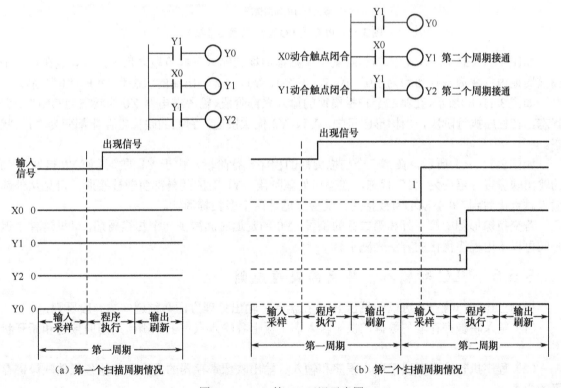

图 3-11　PLC 的 I/O 延迟示意图

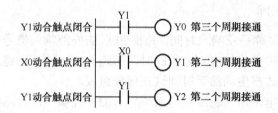

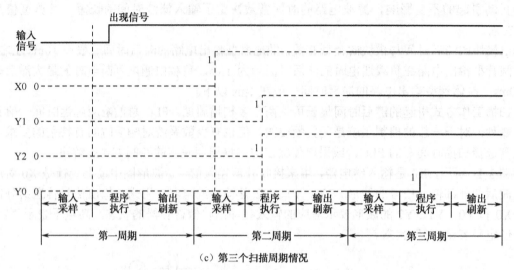

（c）第三个扫描周期情况

图 3-11 PLC 的 I/O 延迟示意图（续）

如图 3-11（a）所示，输入信号在第一个扫描周期的输入采样阶段之后才出现，故在第一个扫描周期内各映像寄存器均为"0"状态，使 Y0、Y1、Y2 输出端的状态为 OFF（"0"）状态。

如图 3-11（b）所示，在第二个扫描周期的输入采样阶段，输入继电器 X0 的状态为 ON（"1"）状态，在程序执行阶段，由梯形图可知，Y1、Y2 依次接通，它们的映像寄存器都变为"1"状态。

如图 3-11（c）所示，在第三个扫描周期的程序执行阶段，由于 Y1 的接通使 Y0 接通，Y0 的输出映像寄存器变为"1"状态。在输出处理阶段，Y0 对应的外部负载被接通。可见从外部输入触点接通到 Y0 驱动的负载接通，响应延迟达两个多扫描周期。

若交换梯形图中第一行和第二行的位置，Y0 的延迟时间减少一个扫描周期，可见这种延迟时间可以使用程序优化的方法来减小。

3.6.6 PLC 对输入、输出的处理规则

根据上述工作特点，可以归纳出 PLC 在输入、输出处理方面必须遵守的一般原则：

（1）输入映像寄存器的数据取决于输入端子板上各输入点在上一刷新期间的接通和断开状态。

（2）程序执行结果取决于用户程序和输入、输出映像寄存器的内容及其他各元件映像寄存器的内容。

（3）输出映像寄存器的数据取决于输出指令的计算结果。

（4）输出锁存器中的数据，由上一次输出刷新期间输出映像寄存器中的数据决定。

（5）输出端子的接通和断开状态，由输出锁存器决定。

思考与练习

一、填空题

1. 可编程序控制器系统的硬件包括_____、_____、_____和_____。

2. 可编程序控制器按硬件的结构类型分类有：_____、_____和_____。

3. 在编制程序时，可把 PLC 看成是内部由许多_____组成的控制器，用近似_____控制电路的编程语言进行编程。

二、简答题

1. PLC 可以应用在什么领域？什么领域最适合其应用？

2. PLC 有什么特点？其与继电器-接触器控制系统、单片机控制系统相比较，有哪些异同之处？

3. 构成 PLC 的主要部件有哪些？各部分的主要作用是什么？

4. PLC 是按什么样的工作方式进行工作的？它的中心工作过程分哪几个阶段？在每个阶段主要完成哪些控制任务？

5. PLC 有哪几种输出形式？各有什么特点？

6. 在 IEC61131-3 国际标准编程语言中，提供了哪些 PLC 的编程语言？各有什么特点？

7. 扫描周期主要由哪几部分时间组成？起决定作用的是什么时间？主要受哪些因素影响？

8. 梯形图与继电器-接触器控制系统的原理图的主要区别是什么？

第4章

三菱 FX₃ᵤ 系列可编程序控制器资源及配置

本章知识点：
- PLC 的型号含义；
- PLC 的功能与扩展；
- 基本单元、扩展单元、扩展模块；
- PLC 编程元件及地址；
- PLC 的编程环境。

基本要求：
- 掌握 FX₃ᵤ 系列 PLC 的规格及性能等基本知识；
- 掌握 FX₃ᵤ 系列 PLC 的选型、配置及接线等知识；
- 熟练掌握 FX₃ᵤ 系列 PLC 的编程元件及其地址等知识；
- 了解 FX₃ᵤ 系列 PLC 的编程软件及其编程环境。

能力培养：

PLC 的种类繁多，发展迅速，本章以日本三菱公司的 FX₃ᵤ 系列 PLC 为对象，通过对其硬件结构、软元件及寻址方式、编程元件及地址和编程软件的应用环境等知识点的学习，使学生掌握 FX₃ᵤ 系列 PLC 硬件选型、编程元件及编程软件使用等基本能力，为今后实际工程项目制定设计方案、硬件选型、软件编译等打下基础，具备一定的工程实践能力。

4.1 FX₃ᵤ 系列 PLC 规格及性能

三菱公司是日本生产 PLC 的主要厂家之一，FX₃ᵤ 系列 PLC 是三菱公司最新开发的第三代小型 PLC 系列产品，它是目前该公司小型 PLC 中 CPU 性能最高、可以适用于网络控制的小型 PLC 系列产品。FX₃ᵤ 系列 PLC 采用了基本单元加扩展的形式，基本功能兼容了 FX₂ₙ 系列 PLC 的全部功能。

4.1.1 FX₃ᵤ 系列 PLC 型号名称的含义

FX 系列 PLC 型号名称的含义如下：

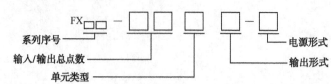

（1）系列序号。系列序号有 1S、1N、2N、3U 等。

（2）输入/输出总点数。FX$_{3U}$ 系列 PLC 的基本单元最大输入/输出点数为 128 点，可编程序控制器上直接接线的输入/输出（最大 256 点）和网络（CC-Link）上的远程 I/O（最大 256 点）的合计点数可以扩展到 384 点。

（3）单元类型。M 为基本单元，E 为输入/输出混合扩展单元与扩展模块，EX 为输入专用扩展模块，EY 为输出专用扩展模块。

（4）输出形式。R 为继电器输出（有硬接点，交流、直流负载两用）；T 为晶体管输出（无硬接点，直流负载用）；S 为晶闸管输出（无硬接点，交流负载用）。

（5）电源形式。如 ES 即为 DC 输入。

例如，型号为 FX$_{3U}$-64MR-ES 的 PLC，属于 FX$_{3U}$ 系列，是有 64 个 I/O 点的基本单元，它为 32 点 DC 输入、32 点继电器输出的 PLC 基本单元。

4.1.2　FX$_{3U}$ 系列 PLC 的外观及其主要特点

FX 系列 PLC 基本单元的外部特征基本相似，如图 4-1 所示，一般都有外部端子部分、指示部分及接口部分，其各部分的组成及功能如下。

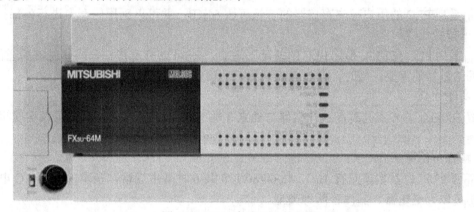

图 4-1　FX$_{3U}$ 系列 PLC 外形图

1．外部端子部分

外部端子包括 PLC 电源端子（L、N、接地）、24V（DC）电源端子（24+、COM）、输入端子（Y）等，主要完成电源、输入信号和输出信号的连接。其中，24+、COM 是机器为输入回路提供的 24V（DC）电源，为了减少接线，其正极在机器内已经与输入回路连接，当输入点需要加入输入信号时，只需将 COM 通过输入设备接至对应的输入点，一旦 COM 与对应点接通，该点就为"ON"，此时对应输入指示就点亮。

2．指示部分

指示部分包括各 I/O 点的状态指示、PLC 电源（POEWER）指示、PLC 运行（RUN）指示、用户程序存储器后备电池（BATT）状态指示及程序出错（PROG-E）等，用于反映 I/O 点及 PLC 机器的状态。

3．接口部分

接口部分主要包括编程器、扩展单元、特殊模块及存储卡盒等外部设备的接口，其作用是完成基本单元同上述外部设备的连接。在编程器接口旁边，还设置了一个 PLC 运行模式转换开关 SWI，它有 RUN 和 STOP 两个运行模式，RUN 模式能使 PLC 处于运行状态（RUN 指示灯亮），STOP 模式能使 PLC 处于停止状态（RUN 指示灯灭），此时，PLC 可进行用户程序的录入、编辑和修改。

FX$_{3U}$ 系列 PLC 采用了最新的高性能 CPU，与 FX$_{2N}$ 系列 PLC 相比，CPU 的运算速度大幅度提高，通信功能进一步增强。其主要特点如下：

1）运算速度提高

FX$_{3U}$ 系列 PLC 基本逻辑控制指令的执行时间由 FX$_{2N}$ 系列 PLC 的 0.08μs/条提高到了 0.065μs/条，应用指令的执行时间由 FX$_{2N}$ 系列 PLC 的 1.25μs/条提高到了 0.642μs/条，速度提高了 1 倍。

2）I/O 点增加

FX$_{3U}$ 系列 PLC 与 FX$_{2N}$ 系列 PLC 一样，采用了基本单元加扩展的结构形式，基本单元本身具有固定的 I/O 点，完全兼容了 FX$_{2N}$ 系列 PLC 的全部 I/O 模块，主机控制的 I/O 点数为 256 点，通过远程 I/O 连接，PLC 的最大 I/O 点数可以达到 384 点。

3）存储器容量扩大

FX$_{3U}$ 系列 PLC 的用户程序存储器的容量可达 64KB，并可以采用闪存卡进行外部扩展。

4）通信功能增加

FX$_{3U}$ 系列 PLC 在 FX$_{2N}$ 系列 PLC 的基础上增加了 RS-422 标准接口与网络链接的通信模块，以适合网络链接的需要；同时，通过转换装置，还可以使用 USB 接口。

5）高速计数

内置 100kHz 的 6 点同时高速计数器与独立 3 轴 100kHz 定位控制功能，可以实现简易位置控制功能。

6）编程功能增强

FX$_{3U}$ 系列 PLC 基本单元有 16/32/48/64/80/128 共 6 种基本规格，基本单元为 AC 电源输入型；输出可以为继电器、晶体管两种类型。

4.1.3　FX$_{3U}$ 系列 PLC 的功能与扩展

FX$_{3U}$ 系列 PLC 的基本功能兼容了 FX$_{2N}$ 系列 PLC 的全部功能，主要区别在编程功能、输入/输出扩展、特殊通信功能模块方面。

1. 编程功能

FX$_{3U}$ 系列 PLC 可以使用 29 条基本的逻辑处理指令、2 条步进梯形图指令与 209 条应用指令。FX$_{3U}$ 系列 PLC 的具体性能参数如表 4-1 所示。

表 4-1　FX$_{3U}$ 系列 PLC 性能规格一览表

项　　目	性　　能
编程语言	指令表、梯形图、步进功能图（SFC 图）
用户存储器容量	64K 步
基本逻辑控制指令	顺控指令：29 条；步进梯形图指令：2 条
应用指令	209 条
指令处理速度	基本逻辑控制指令：0.065μs/条；应用指令：0.642～几百微秒/条

续表

项　　目		性　　能
输入/输出点数		最大输入/输出点数：384 点
辅助继电器	一般用	M0～M499，共 500 点
	保持型	M500～M7679，共 7180 点
	特殊用	M8000～M8511，共 512 点
状态元件	初始状态	S0～S9，共 10 点
	一般状态	S10～S499，共 490 点
	保持区域	S500～S4095，共 3596 点
定时器	100ms	T0～T199，T250～T255，共 206 点
	10ms	T200～T245，共 46 点
	1ms	T246～T249，T256～T512，共 260 点
计数器	16 位通用	C0～C99，共 100 点（加计数）
	16 位保持	C100～C199，共 100 点（加计数）
	32 位通用	C200～C219，共 20 点（加减计数）
	32 位保持	C220～C234，共 15 点（加减计数）
	32 位高速	C235～C255，可使用 8 点（加减计数）
数据寄存器	16 位通用	D0～D199，共 200 点
	16 位保持	D200～D7999，共 7800 点
	文件寄存器	D1000～D7999 区域参数设定，最大 7000 点
	16 位特殊	D8000～D8511，共 512 点
	16 位变址	V0～V7，Z0～Z7，共 16 点
指针	跳转用	P0～P4095，共 4096 点
嵌套	主控用	N0～N7，共 8 点
常数	十进制	16 位：−32 768～+32 767；32 位：−214 783 648～+214 783 647
	十六进制	16 位：0～FFFF；32 位：0～FFFFFFFF

2．通信功能拓展

FX$_{3U}$ 系列 PLC 在 FX$_{1N}$/FX$_{2N}$ 系列 PLC 的 CC-Link、CC-Link/LT、MELSEC-I/O Link、AS-i 网络的基础上，进一步增加了 USB 通信功能（需要通过增加特殊的通信扩展功能板实现，而且可以同时进行 3 个通信端口的通信）。FX$_{3U}$ 系列 PLC 可以选用的通信扩展功能模块如表 4-2 所示。

表 4-2　FX$_{3U}$ 系列通信扩展功能模块一览表

型　　号	名　　称	功　　能	备　　注
FX$_{3U}$-232-BD	内置式 RS-232 通信扩展板	用于 PLC 与外部设备间的 RS-232 接口通信	安装于基本单元的扩展功能板，作用与安装位置同 FX$_{2N}$
FX$_{3U}$-485-BD	内置式 RS-485 通信扩展板	用于 PLC 与外部设备间的 RS-485 接口通信	
FX$_{3U}$-422-BD	内置式 RS-422 通信扩展板	用于 PLC 与外部设备间的 RS-422 接口通信	

续表

型　号	名　　称	功　能	备　注
FX$_{3U}$-CNV-BD	特殊适配器	连接 FX$_{0N}$ 系列 PLC 的通信适配器	安装于基本单元的扩展功能板,作用与安装位置同 FX$_{2N}$
FX$_{3U}$-USB-BD	USB 通信扩展板	USB 通信用	
FX$_{2N}$-16CCL-M	CC-Link 主站模块	PLC 网络通信用	单独安装的扩展单元,作用与安装位置同 FX$_{2N}$
FX$_{2N}$-32CCL	CC-Link 接口模块	PLC 网络通信用	
FX$_{2N}$-64CL-M	CC-Link/LT 主站模块	连接远程 I/O 模块	
FX$_{2N}$-16LNK-M	MELSEC-I/O Link 主站模块	连接远程 I/O 模块	
FX$_{2N}$-32ASI-M	AS-i 主站模块	连接现场执行传感器	

3. 输入/输出扩展

FX$_{3U}$ 系列 PLC 的输入/输出扩展一般使用 FX$_{0N/2N}$ 系列 PLC 的扩展模块,功能与 FX$_{2N}$ 系列 PLC 相似。可以选用的 I/O 扩展板、扩展模块、扩展单元如表 4-3 所示。

表 4-3　FX$_{3U}$ 系列 PLC 的 I/O 扩展组件一览表

	型　号	名　　称	功　能	备　注
扩展模块	FX$_{0N}$-8ER	4 输入/4 输出扩展模块	4 点 DC24V 输入/4 点继电器输出	FX$_{0N}$ 系列扩展模块
	FX$_{0N}$-8EX	8 点 DC24V 输入扩展模块	8 点 DC24V 输入	
	FX$_{0N}$-8EYR	8 点继电器输出扩展模块	8 点继电器输出	
	FX$_{0N}$-8EYT	8 点晶体管输出扩展模块	8 点晶体管输出	
	FX$_{0N}$-8EYT-H	8 点晶体管输出扩展模块	8 点晶体管输出	
	FX$_{2N}$-16EX	16 点 DC24V 输入扩展模块	16 点 DC24V 输入	FX$_{2N}$ 系列扩展模块
	FX$_{2N}$-16EYR	16 点继电器输出扩展模块	16 点继电器输出	
	FX$_{2N}$-16EYT	16 点晶体管输出扩展模块	16 点晶体管输出	
	FX$_{2N}$-16EYS	16 点晶闸管输出扩展模块	16 点双向晶闸管输出	
	FX$_{2N}$-16EX-C	16 点 DC24V 输入扩展模块	16 点 DC24V 输入	
	FX$_{2N}$-16EXL-C	16 点 DC5V 输入扩展模块	16 点 DC5V 输入	
	FX$_{2N}$-16EYT-C	16 点晶体管输出扩展模块	16 点 DC5V 晶体管输出	
扩展单元	FX$_{2N}$-32ER	16 输入/16 输出扩展单元	16 点 DC24V 输入/16 点继电器输出	单元电源: AC100～240V
	FX$_{2N}$-32ET	16 输入/16 输出扩展单元	16 点 DC24V 输入/16 点晶体管输出	
	FX$_{2N}$-48ER	24 输入/24 输出扩展单元	24 点 DC24V 输入/24 点继电器输出	
	FX$_{2N}$-48ET	24 输入/24 输出扩展单元	24 点 DC24V 输入/24 点晶体管输出	

使用 FX$_{3U}$ 的 I/O 扩展设备时,PLC 系统的 I/O 总数受到如下限制:

主机 I/O 点数与使用 CC-Link 连接的远程 I/O 点数均不能超过 256 点;两者合计的输入/输出点的总数不能超过 384 点;此外,还需要考虑由于增加 PLC 特殊功能模块而占用的 I/O 点。

4. 扩展功能

FX$_{3U}$ 系列 PLC 的特殊功能扩展模块与 FX$_{2N}$ 系列 PLC 功能模块基本相同。特殊功能扩展模块主要包括温度测量与调节模块、高速计数、脉冲输出、定位模块等，FX_{3U} 系列 PLC 功能扩展模块如表 4-4 所示。

5. 特殊适配器

为了实现高速输入/输出等方面功能的需要，FX_{3U} 系列 PLC 在 FX_{0N/1N/2N} 系列 PLC 只能配置 RS-232/485 通信适配器的基础上，增加了较多的特殊适配器。可以选用的特殊适配器如表 4-4 所示。

表 4-4　FX3U 系列 PLC 部分扩展模块、特殊适配器一览表

型　号	名　称	功　能
FX_{3U}-4AD	模拟量输入扩展模块	扩展 4 通道模拟量电压/电流输入
FX_{3U}-4DA	模拟量输出扩展模块	扩展 4 通道模拟量电压/电流输出
FX_{3U}-4LC	温度测量与调节扩展模块	扩展 4 回路的温度调节（热电阻/热电偶/低电压）
FX_{3U}-2 LC	温度测量与调节扩展模块	扩展 2 回路的温度调节（热电阻/热电偶）
FX_{3U}-2HC	高速计数器扩展模块	扩展 2 通道的高速计数器
FX_{2N}-1HC	高速计数器扩展模块	扩展 1 通道的高速计数器
FX_{2N}-1PG	脉冲输出·定位扩展模块	单独控制 1 轴用的脉冲输出（100kHz 晶体管输出，产品中附带日文手册）
FX_{2N}-1PG-E	脉冲输出·定位扩展模块	单独控制 1 轴用的脉冲输出（100kHz 晶体管输出，产品中附带英文手册）
FX_{2N}-10PG	脉冲输出·定位扩展模块	单独控制 1 轴用的脉冲输出（1MHz 差动输出）
FX_{3U}-20SSC-H	脉冲输出·定位扩展模块	用于同时控制 2 轴（独立 2 轴）（对应 SSCNETIII）
FX_{2N}-10GM	脉冲输出·定位扩展模块	单独控制 1 轴用的脉冲输出（200kHz 晶体管输出）
FX_{2N}-20GM	脉冲输出·定位扩展模块	同时控制 2 轴（独立 2 轴）用的脉冲输出（200kHz 晶体管输出）
FX_{2N}-1RM-SET	脉冲输出·定位扩展模块	1 轴可编程凸轮开关（产品中附带日文手册）
FX_{2N}-1RM-E-SET	脉冲输出·定位扩展模块	1 轴可编程凸轮开关（产品中附带英文手册）
FX_{3U}-2ADP	RS-232 通信适配器	RS-232 接口通信
FX_{3U}-485ADP	RS-485 通信适配器	RS-485 接口通信
FX_{3U}-4AD-ADP	4 通道 A/D 转换适配器	4 通道 A/D 转换
FX_{3U}-4DA-ADP	4 通道 D/A 转换适配器	4 通道 D/A 转换
FX_{3U}-4AD-PT-ADP	温度传感器适配器	4 点输入，PT100 型
FX_{3U}-4AD-TC-ADP	温度传感器适配器	4 点输入，热电偶型

4.2　FX_{3U} 系列 PLC 选型、配置及接线

4.2.1　FX_{3U} 系列 PLC 的选型

FX_{3U} 系列 PLC 采用一体化箱体结构，其基本单元将 CPU、存储器、输入/输出接口及电源

等都装在一个模块内，是一个完整的控制装置，结构紧凑，体积小巧，成本低，安装方便。FX_{3U} 系列 PLC 基本单元的输出比为 1：1。

为了实现输入/点数的灵活配置及功能的灵活扩展，FX_{3U} 系列 PLC 可以使用 FX_{2N} 系列 PLC 的相应扩展单元、扩展模块和特殊功能单元。

扩展单元是用于增加 I/O 点数的装置，内部设有电源。

扩展模块用于增加 I/O 点数及改变 I/O 比例，内部无电源，用电由基本单元或扩展单元供给。因扩展单元及扩展模块无 CPU，必须与基本单元一起使用。

特殊功能单元是一些专门用途的装置，如模拟量 I/O 单元、高速计数单元、位置控制单元、通信单元等。这些单元大多数通过基本单元的扩展口连接基本单元，也可以通过编程器接口接入或通过主机上并接的适配器接入，不影响原系统的扩展。

FX_{3U} 系列 PLC 可以根据需要，仅以基本单元或多种单元组合使用。

FX_{3U} 系列 PLC 技术性能指标包括一般技术指标、电源技术指标、输入技术指标、输出技术指标和性能技术指标。

1．一般技术指标

一般技术指标主要是指 PLC 保证正常工作情况下对外部条件的要求指标和自身的一些物理指标，如温度、湿度和绝缘电阻等。

由于 PLC 是工业用的计算机，它最大的特点就是可靠性高，也就是说 PLC 能够在比较恶劣的环境长期稳定地工作。但恶劣的程度不可能是无限度的，每种产品的设计和考核都应该符合有关的硬件指标。各种 PLC 的硬件指标相差不是很大，故在选型时考虑较少，而在安装使用时应给予足够的注意。FX_{3U} 系列 PLC 的一般技术指标如表 4-5 所示。

表 4-5　FX_{3U} 系列 PLC 的一般技术指标

环境温度	使用温度 0～55℃，储存温度-25～75℃
相对湿度	使用湿度 5%～95%RH（无凝霜）
防震性能	DIN 导轨安装时：10～57Hz，单向振幅为 0.035mm；57～150Hz，加速度为 4.9m/s²。 直接安装时：10～57Hz，单向振幅为 0.075mm；57～150Hz，加速度为 9.8m/s²
抗冲击性能	147m/s²，作用时间 11ms，正弦半波脉冲 X、Y、Z 方向各 3 次
抗噪声性能	采用噪声电压为 1000V（峰-峰值）、噪声脉宽 1μs、上升沿 1ns、周期 30～100Hz 的噪声模拟器
绝缘耐压	AC1500V，1min；AC500V，1min（接地端与其他端子之间）
绝缘电阻	5MΩ 以上（DC500V 兆欧表测量接地端与其他端子之间）
接地	D 类接地（接地电阻：100Ω 以下）<不允许与强电系统共同接地>
使用环境	无腐蚀性、可燃性气体，导电性尘埃（灰尘）不严重的场合
使用高度	2000m 以下

2．电源技术指标

FX_{3U} 系列 PLC 基本单元根据 I/O 点的不同，对电源的容量要求有所不同，具体如表 4-6～表 4-8 所示。

表 4-6　AC 电源/DC 输入型指标表

项　目	规　格					
	FX₃ᵤ-16M/E	FX₃ᵤ-32M/E	FX₃ᵤ-48M/E	FX₃ᵤ-64M/E	FX₃ᵤ-80M/E	FX₃ᵤ-128M/E
额定电压	AC100～240V					
允许电压范围	AC85～264V					
额定频率	50/60Hz					
允许瞬时停电时间	对 10ms 以下的瞬时停电会继续运行。电源电压为 AC200V 的系统，可以通过用户程序，在 10～100ms 之间更改					
电源熔断器	250V/3.15A		250V/5A			
冲击电流	最大 30A　5ms 以下/AC100V，最大 65A　5ms 以下/AC200V					
消耗功率	30W	35W	40W	45W	50W	65W
DC24V 供给电源	400mA 以下		600mA 以下			
DC5V 内置电源	500mA 以下					

表 4-7　DC 电源/DC 输入型指标表

项　目	规　格				
	FX₃ᵤ-16M/D	FX₃ᵤ-32 M/D	FX₃ᵤ-48 M/D	FX₃ᵤ-64 M/D	FX₃ᵤ-80 M/D
额定电压	DC24V				
允许电压范围	DC16.8～28.8V				
允许瞬时停电时间	对 5ms 以下的瞬时停电会继续运行				
电源熔断器	250V/3.15A		250V/5A		
冲击电流	最大 30A　0.5ms 以下/DC24V				
消耗功率	25W	30W	35W	40W	45W
DC24V 供给电源	无				
DC5V 内置电源	500mA 以下				

表 4-8　AC 电源/AC 输入型指标表

项　目	规　格	
	FX₃ᵤ-32 MR/UA1	FX₃ᵤ-64MR/UA1
额定电压	AC100～240V	
允许电压范围	AC85～264V	
额度频率	50/60Hz	
允许瞬时停电时间	对 10ms 以下的瞬时停电会继续运行。电源电压为 AC200V 的系统，可以通过用户程序，在 10～100ms 之间更改	
电源熔断器	250V/5A	
冲击电流	最大 30A　5ms 以下/AC100V，最大 65A　5ms 以下/AC200V	
消耗功率	35W	45W
DC24V 供给电源	无	
DC5V 内置电源	500mA 以下	

3. 输入技术指标

FX$_{3U}$ 系列 PLC 可以有直流输入与交流输入两种方式，FX$_{3U}$ 系列 PLC 的基本单元输入端的指标如表 4-9、表 4-10 所示。

表 4-9　DC24V 输入型的指标表

项　　目	规　　格
输入点数	FX$_{3U}$-16M/S、FX$_{3U}$-32M/S、FX$_{3U}$-48M/S、FX$_{3U}$-64M/S、FX$_{3U}$-80M/S、FX$_{3U}$-128M/S
输入形式	漏型/源型
输入信号电压	AC 电源型：DC24V，±10%；DC 电源型：DC16.8～28.8V
输入阻抗	输入 X0～X5：3.9kΩ；X6/X7：3.3kΩ；输入 X10 以后：4.3kΩ
输入信号电流	输入 X0～X5：6mA/DC24V；X6/X7：7mA/DC24V；输入 X10 以后：5mA/DC24V
ON 输入感应电流	输入 X0～X5：3.5mA 以上；X6/X7：4.5mA 以上；输入 X10 以后：3.5mA 以上
输入响应时间	约为 10ms
输入信号形式	无电压触点输入；漏型输入时：NPN 开集电极型晶体管；源型输入时：PNP 开集电极型晶体管
输入回路隔离	光耦隔离
输入动作的显示	光耦驱动时面板上的 LED 灯亮

表 4-10　AC100V 输入型的指标表

项　　目	规　　格	
	FX$_{3U}$-32MR/UA1	FX$_{3U}$-64MR/UA1
输入点数	16 点	32 点
输入的连接形式	AC 输入	
输入信号电压	AC100～120V　10%、−15%　50/60Hz	
输入阻抗	约 21kΩ/50Hz；约 18kΩ/60Hz	
输入信号电流	4.7mA/AC100V 50Hz（同时 ON 率 70% 以下）；6.2mA/AC110V 60Hz（同时 ON 率 70% 以下）	
ON 输入感应电流	3.8mA 以上	
OFF 输入感应电流	1.7mA 以下	
输入响应时间	25～30ms（不能高速读取）	
输入信号形式	触点输入	
输入回路隔离	光耦隔离	
输入动作的显示	输入接通时面板上的 LED 灯亮	

4. 输出技术指标

FX$_{3U}$ 系列 PLC 基本单元的输出规格、参数与 FX$_{2N}$ 系列 PLC 完全相同。即有继电器接点输出、直流晶体管输出、双向晶闸管输出 3 种输出方式，输出有 4 点共用公共端与 8 点共用公共端两种方式，FX$_{3U}$ 系列 PLC 的基本单元输出端的指标如表 4-11 所示。

表 4-11　FX$_{3U}$ 系列 PLC 的基本单元输出端的指标表

项　目	继电器输出	晶闸管输出
输出点数	FX$_{3U}$-16MR/S、32 MR/S、48 MR/S、64 MR/S、80 MR/S、128 MR/S	FX$_{3U}$-32MS/ES、64MS/ES
输出电压	AC 电源：≤240V； DC 电源：≤30V	AC85～242V
最大输出电流	电阻负载：≤2A/1 点； ≤8A/4 点 ≤8A/8 点	电阻负载：≤0.3A/点； ≤0.8A/4 点 ≤0.8A/8 点
驱动感性负载容量	≤80VA/点	15VA/AC100V、30VA/AC200V
驱动电阻负载功率	≤100W/点	—
输出开路漏电流	—	1mA/AC100V、2mA/AC200V
输出最小负载	2mA/DC5V	0.4VA/AC100V、1.6VA/AC200V
输出响应时间	≈10ms	OFF→ON≤1ms；ON→OFF≤10ms
输出隔离电路	触点机械式隔离	光电晶闸管隔离
输出动作的显示	输出线圈 ON 时，指示灯（LED）亮	光电晶闸管 ON 时，指示灯（LED）亮
项　目	晶体管输出型（漏型）	晶体管输出型（源型）
输出点数	FX$_{3U}$-16MT/S、32MT/S、48MT/S、64MT/S、80MT/S、128MT/S	FX$_{3U}$-16MT/SS、32MT/SS、48MT/SS、64MT/SS、80MT/SS、128MT/SS
输出电压	DC5～30V	DC5～30V
最大输出电流	电阻负载：≤0.5A/1 点； ≤0.8A/4 点 ≤1.6A/8 点	电阻负载：≤0.5A/1 点； ≤0.8A/4 点 ≤1.6A/8 点
驱动感性负载容量	输出 1 点/公共端：12W 以下/DC24V； 输出 4 点/公共端：19.2W 以下/DC24V； 输出 8 点/公共端：38.4W 以下/DC24V	输出 1 点/公共端：12W 以下/DC24V； 输出 4 点/公共端：19.2W 以下/DC24V； 输出 8 点/公共端：38.4W 以下/DC24V
输出开路漏电流	0.1mA 以下/DC30V	0.1mA 以下/DC30V
ON 电压	1.5V 以下	1.5V 以下
输出最小负载	—	—
输出响应时间	OFF→ON：Y0～Y2 为 5μs 以下/10mA 以上（DC5～24V），Y3 以后为 0.2ms 以下/200mA 以上（DC24V）；ON→OFF：Y0～Y2 为 5μs 以下/10mA 以上（DC5～24V），Y3 以后为 0.2ms 以下/200mA 以上（DC24V）	OFF→ON：Y0～Y2 为 5μs 以下/10mA 以上（DC5～24V），Y3 以后为 0.2ms 以下/200mA 以上（DC24V）；ON→OFF：Y0～Y2 为 5μs 以下/10mA 以上（DC5～24V），Y3 以后为 0.2ms 以下/200mA 以上（DC24V）
输出隔离电路	光电隔离	光耦隔离
输出动作的显示	光耦驱动时，指示灯（LED）亮	光耦驱动时，指示灯（LED）亮

4.2.2　FX$_{3U}$ 系列 PLC 的配置

通过上面知识内容的学习，使我们了解了一些 FX$_{3U}$ 系列 PLC 型号名称含义的相关知识，下面我们再来了解具体到某种单元类型后的规格与型号配置知识。

1．基本单元规格与型号

FX$_{3U}$ 系列 PLC 基本单元有 16/32/48/64/80/128 共 6 种基本规格，基本单元根据 PLC 电源的不同，可以分为 AC 电源输入与 DC 电源输入两种基本类型；根据输出类型，可以分为继电器输出、晶体管输出、晶闸管输出 3 种类型。具体的电源/输入/输出方式有：

- R/ES：AC 电源/DC24V（漏型/源型）输入/继电器输出
- T/ES：AC 电源/DC24V（漏型/源型）输入/晶体管（漏型）输出
- T/ESS：AC 电源/DC24V（漏型/源型）输入/晶体管（源型）输出
- S/ES：AC 电源/DC24V（漏型/源型）输入/晶闸管（SSR）输出
- R/ES：AC 电源/DC24V（漏型/源型）输入/继电器输出
- T/DS：DC 电源/DC24V（漏型/源型）输入/晶体管（漏型）输出
- T/DSS：DC 电源/DC24V（漏型/源型）输入/晶体管（源型）输出
- R/UA1：AC 电源/AC100V 输入/继电器输出

FX$_{3U}$ 系列 PLC 的基本单元型号中各参数的含义如下：

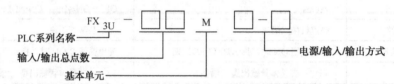

例如，FX$_{3U}$-64MR/ES 为 32 点 DC 输入/32 点继电器输出型 PLC 基本单元等。

基本单元可为扩展模块提供 DC24V 电源，因此，扩展模块的连接点数须在基本单元能供给的范围之内。例如，FX$_{3U}$-16M、32M 可供给 DC24V 的电流容量为 400mA，FX$_{3U}$-48M～128M 可供给 DC24V 的电流容量为 600mA。扩展模块因输入或输出功能不同，消耗电流也不同。但各个组件的消耗电流须在供给电源的总容量之内，方能插接扩展模块。此外，剩余电源也可用于传感器或负载等方面。

此外，基本单元还可以为特殊扩展单元/模块/功能扩展板等提供 500mA 的 DC5V 电源，故各个特殊扩展组件的消耗电流也须在供给电源的总容量之内。

2．I/O 扩展单元规格与型号

所谓 I/O 扩展单元，是指单元本身带有内部电源的 I/O 扩展组件，但其内部无 CPU，故必须与基本单元一起使用。FX$_{3U}$ 系列 PLC 可以使用 FX$_{2N}$ 系列 PLC 的相关输入/输出扩展单元。相关的 FX$_{2N}$ 系列 PLC 扩展单元有 32/48 共两种 I/O 点数规格，扩展单元根据 PLC 电源的不同，可以分为 AC 电源输入与 DC 电源输入两种基本类型；根据输出类型，可以分为继电器输出、晶体管输出、晶闸管输出 3 种类型。具体的电源/输入/输出方式有：

- R：AC 电源/DC24V（漏型）输入/继电器输出
- R-ES：AC 电源/DC24V（漏型/源型）输入/继电器输出
- T：AC 电源/DC24V（漏型）输入/晶体管（漏型）输出
- T-ESS：AC 电源/DC24V（漏型/源型）输入/晶体管（源型）输出
- S：AC 电源/DC24V（漏型）输入/晶闸管（SSR）输出
- R-DS：DC 电源/DC24V（漏型/源型）输入/继电器输出
- R-D：DC 电源/DC24V（漏型）输入/继电器输出
- T-DSS：DC 电源/DC24V（漏型/源型）输入/晶体管（漏型）输出

● R-UA1：AC 电源/AC100V 输入/继电器输出

FX₂N 系列 PLC 输入/输出扩展单元型号中各参数的含义如下：

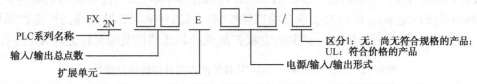

例如，FX₂N-32ER 为 16 点输入/16 点继电器输出、交流电源型 PLC 扩展单元等。

扩展单元也可为扩展模块提供 DC24V 电源，因此，扩展模块的连接点数须在扩展单元能供给的范围之内。例如，FX₂N-32E 可供给 DC24V 的电流容量为 250mA，FX₂N-48E 可供给 DC24V 的电流容量为 460mA。扩展模块因输入或输出功能不同，消耗电流也不同。但各个组件的消耗电流须在供给电源的总容量之内，方能插接扩展模块。此外，剩余电源也可用于传感器或负载等方面。

此外，扩展单元还可以为特殊扩展单元/模块/功能扩展板等提供 690mA 的 DC5V 电源，故各个特殊扩展组件的消耗电流也须在供给电源的总容量之内。

3．I/O 扩展模块规格及型号

所谓 I/O 扩展模块，是指自身无电源，需要由基本单元或扩展单元提供模块内部控制电源的 I/O 扩展组件。同样，FX₃U 系列 PLC 也可以使用 FX₂N 系列 PLC 相应的 I/O 扩展模块。相关的 FX₂N 系列 PLC 扩展模块有 8/16 共两种 I/O 点数规格，扩展模块根据 PLC 输入/输出方式的不同分为输入/输出扩展型、输入扩展型、输出扩展型 3 种类型。具体的输入/输出方式有：

● ER：DC24V（漏型）输入/继电器输出/端子排
● ER-ES：DC24V（漏型/源型）输入/继电器输出/端子排
● X：DC24V（漏型）输入/端子排
● X-C：DC24V（漏型）输入/连接器
● X-ES：DC24V（漏型/源型）输入/端子排
● XL-C：DC5V 输入/连接器
● X-UA1：AC100V 输入/端子排
● YR：继电器输出/端子排
● YR-ES：继电器输出/端子排
● YT：晶体管（漏型）输出/端子排
● YT-H：晶体管（漏型）输出/端子排
● YT-C：晶体管（漏型）输出/连接器
● YT-ESS：晶体管（源型）输出/端子排
● YS：晶闸管（SSR）输出/端子排

FX₂N 系列 PLC 输入/输出扩展模块型号中各参数的含义如下：

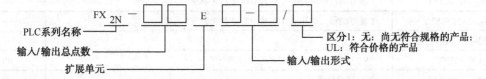

例如，FX₂N-16EX 为 16 点输入扩展模块；FX₂N-16EYR 为 16 点继电器输出扩展模块。

4. 特殊功能单元/模块/功能扩展板规格及型号

通过特殊功能单元/模块/功能扩展板的使用，可以使得 FX$_{3U}$ 的功能与应用领域得到拓展。FX$_{3U}$ 系列的特殊功能单元/模块主要包括模拟量控制、高速计数器、脉冲输出·定位模块、数据链接·通信功能等。特殊功能单元/模块/功能扩展板的具体规格及型号详见表 4-12 所示。

表 4-12　特殊功能单元/模块/功能扩展板的具体规格及型号

型　　号	功　能　说　明	消耗电流（DC5V/mA）
模拟量输入		
FX$_{3U}$-4AD	4 通道电压/电流输入	110
FX$_{2N}$-2AD	2 通道电压/电流输入	20
FX$_{2N}$-4AD	4 通道电压/电流输入	120
FX$_{2N}$-8AD	8 通道电压/电流/温度（热电偶）输入	50
FX$_{2N}$-4AD-PT	4 通道温度（热电阻）输入	30
FX$_{2N}$-4AD-TC	4 通道温度（热电偶）输入	30
模拟量输出		
FX$_{3U}$-4DA	4 通道电压/电流输出	120
FX$_{2N}$-2DA	2 通道电压/电流输出	30
FX$_{2N}$-4DA	4 通道电压/电流输出	30
模拟量输入/输出混合		
FX$_{0N}$-3A	2 通道输入/1 通道输出电压/电流输入输出	30
FX$_{2N}$-5A	4 通道输入/1 通道输出电压/电流输入输出	70
温度调节		
FX$_{3U}$-4LC	4 个回路输入温度调节（热电阻/热电偶/低电压）	160
FX$_{2N}$-2LC	2 个回路输入温度调节（热电阻/热电偶）	70
高速计数器		
FX$_{3U}$-2HC	2 通道高速计数器	245
FX$_{2N}$-1HC	1 通道高速计数器	90
脉冲输出·定位模块		
FX$_{2N}$-1PG	单独控制 1 轴用的脉冲输出（产品中附带日文手册）[100kHz 晶体管输出]	55
FX$_{2N}$-1PG-E	单独控制 1 轴用的脉冲输出（产品中附带英文手册）[100kHz 晶体管输出]	55
FX$_{2N}$-10PG	单独控制 1 轴用的脉冲输出[1MHz 差动输出]	120
FX$_{3U}$-20SSC-H	用于同时控制 2 轴（独立 2 轴）[对应 SSCNETⅢ]	100
FX$_{2N}$-10GM	单独控制 1 轴用的脉冲输出[200kHz 晶体管输出]	—
FX$_{2N}$-20GM	同时控制 2 轴（独立 2 轴）用的脉冲输出[200kHz 晶体管输出]	—
FX$_{2N}$-1RM-SET	1 轴可编程凸轮开关（产品中附带日文手册）	—
FX$_{2N}$-1RM-E-SET	1 轴可编程凸轮开关（产品中附带英文手册）	—
数据链接·通信功能		
FX$_{2N}$-232IF	RS-232C 接口模块，它是无协议通信的	40
FX$_{3U}$-ENET-L	以太网通信用	—
FX$_{2N}$-16CCL-M	CC-Link 用主站；允许连接的站；远程 I/O 站：7 个站，远程设备站：8 个站	0
FX$_{3U}$-64CCL	CC-Link 接口（智能设备站）[占用 1～4 个站]	0

型　　号	功 能 说 明	消耗电流（DC5V/mA）
FX$_{2N}$-32CCL	CC-Link 接口（远程设备站）[占用 1～4 个站]	130
FX$_{2N}$-64CL-M	CC-Link/LT 用主站	190
FX$_{2N}$-16LNK-M	MELSEC I/O LINK 用主站	200
FX$_{2N}$-32ASI-M	AS-i 系统用主站	150
显示模块		
FX$_{3U}$-7DM	可内置于 FX$_{3U}$ 系列基本单元的显示模块	20
FX$_{3U}$-7DM-HLD	用于将 FX$_{3U}$-7DM 显示模块安装到控制柜表面的支架及其延长电缆	20
FX-10DM（-SET0）	可以通过电缆连接到连接外围设备用的连接器上的显示模块（产品中附带日文手册的产品）	220
FX-10DM-E	可以通过电缆连接到连接外围设备用的连接器上的显示模块（产品中附带英文手册的产品）	220
功能扩展板		
FX$_{3U}$-CNV-BD	安装特殊适配器用的连接器转换	—
FX$_{3U}$-232-BD	RS-232C 通信用	20
FX$_{3U}$-422-BD	RS-422 通信用（与基本单元中内置的连接外围设备用的连接口功能相同）	20
FX$_{3U}$-485-BD	RS-485 通信用	40
FX$_{3U}$-USB-BD	USB 通信用（编程用）	15
FX$_{3U}$-8AV-BD	8 个模拟量旋钮用	20

4.2.3　FX$_{3U}$ 系列 PLC 的接线

　　PLC 是专为工业生产环境设计的控制装置，具有较强的抗干扰能力，但是，也必须严格按照技术指标规定的条件安装使用。PLC 一般要求安装在环境温度为 0～55℃，相对湿度小于85%，无粉尘、无油烟、无腐蚀性及可燃气体的场合中。为了达到这些条件，PLC 不要安装在发热器附近，不要安装在结露、雨淋的场所，在粉尘多、油烟大、有腐蚀性气体的场所安装时要采取封闭措施，在封闭的电器柜中安装时，要注意解决通风问题。另外，PLC 要安装在远离强烈震动源和强烈电磁干扰源的场所，否则需要采取减震及屏蔽措施。

　　PLC 的安装固定常有两种方式：一是直接利用机箱上的安装孔，用螺钉将机箱固定在控制柜的背板或面板上；二是利用 DIN 导板安装，这需先将 DIN 导板固定好，再将 PLC 及各种扩展单元卡上 DIN 导板。安装时还要注意在 PLC 周围留足散热及接线的空间。

　　PLC 在工作前必须正确地接入控制系统，和 PLC 连接的主要有 PLC 的电源接线、输入/输出器件的接线、通信线、接地线等。

1. 电源接线及端子排列

　　PLC 基本单元的供电通常有两种情况，一是直接使用工频交流电，通过交流输入端子连接，对电压的要求比较宽松，100～250V 均可使用；二是采用外部直流开关电源供电，一般配有 24V（DC）输入端子。采用交流供电的 PLC 机内自带 24V（DC）内部电源，为输入器件及扩展单元供电。FX 系列 PLC 大多为 AC 电源、DC 输入形式。图 4-2 所示为 FX$_{3U}$-32MR的接线端子排列图，上部端子排中标有 L 及 N 的接线为交流电源相线及中线的接电。图中所示为基本单元接有扩展模块时交流电源的配线情况。从图 4-2 可知，不带内部电源的扩展模块所需的 24V（DC）电源由基本单元或由带有内部电源的扩展单元提供。

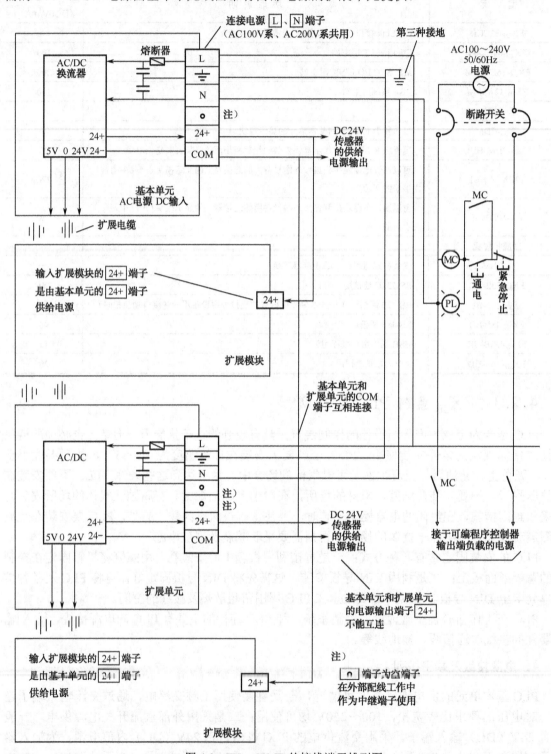

图 4-2　FX$_{3U}$-32MR 的接线端子排列图

2．输入器件的接入

PLC 的输入口连接输入信号，器件主要有开关、按钮及各种传感器，这些都是触点类型的器件。在接入 PLC 时，每个触点的两个接头分别连接一个输入点及输入公共端。由图 4-1 可知 PLC 的开关量输入接线点都是螺钉接入方式，每一位信号占用一个螺钉。图 4-1 中上部为输入端子，COM 端为公共端，输入公共端在某些 PLC 中是分组隔离的，在 FX$_{3U}$ 系列 PLC 中是连通的。开关、按钮等器件都是无源器件，PLC 内部电源能为每一个输入点提供大约 7mA 的工作电流，这也就限制了电路的长度。有源传感器在接入时须注意与机内电源的积极性配合。模拟量信号的输入须采用专用的模拟量工作单元。输入器件的接线图如图 4-3 所示。

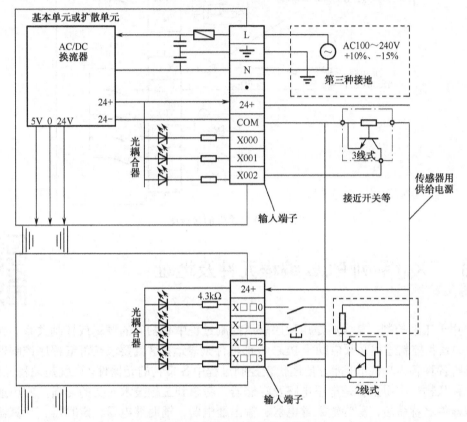

图 4-3　输入器件的接线图

3．输出器件的接入

PLC 的输出口上连接的器件主要是继电器、接触器、电磁阀的线圈。这些器件均采用 PLC 机外的专用电源供电，PLC 内部不过是提供一组开关接点。接入时线圈的一端接输出点螺钉，一端经电源接输出公共端。图 4-1 中下部为输出端子，由于输出口连接线圈种类多，所需的电源种类及电压不同，输出口公共端常分为许多组，而且组间是隔离的。PLC 输出口的额定电流一般为 2A，大电流的执行器件须配装中间继电器。输出器件为继电器时输出器件的接线图如图 4-4 所示。

4．通信线的连接

PLC 一般设有专用的通信口，通常为 RS-485 或 RS-422，FX$_{2N}$ 型 PLC 为 RS-422，与通信

口的接线常采用专用的接插件连接。

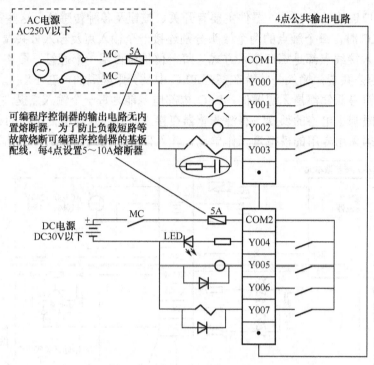

图 4-4   输出器件的接线图

4.3   FX₃ᵤ系列 PLC 编程元件及地址

　　PLC 用于工业控制，其实质是用程序表达控制过程中事物间的逻辑或控制关系。就程序而言，这种关系和控制过程必须借助于 PLC 内部器件来表达，这就要求在可编程序控制器内部必须设置具有各种各样功能的，能方便地代表控制过程中各事物的元器件，这就是编程元件。PLC 的编程元件从物理实质上讲是电子电路及存储器，考虑到工程技术人员的习惯，常用继电器电路中类似器件名称命名，称为输入继电器、输出继电器、辅助继电器、定时器、计算器、状态继电器等。为了和通常的硬器件相区别，把上面的器件称为"软继电器"，是等效概念的模拟器件，并非实际的物理器件。从编程的角度出发，可以不管这些"软继电器"的物理实现，只注重它们的物理功能，在编程中可以想象在继电器电路中一样使用它们。

　　在 PLC 中这种编程元件的数量往往是巨大的。为了区分它们的功能，通常给编程元件编上号码，这些号码就是计算机存储单元的地址。

4.3.1   PLC 编程元件的分类、编号和基本特征

　　FX₃ᵤ系列 PLC 编程元件的编号分为两部分：第一部分是代表功能的字母，如输入继电器用"X"表示，输出继电器用"Y"表示；第二部分是数字，即该类器件的序号，FX₃ᵤ系列 PLC 输入继电器和输出继电器的序号为八进制，其余器件的序号为十进制，如 X0～X7、X10～X17、X20～X27、Y0～Y7、Y10～Y17 等。从元件的最大序号可计算出可能具有的某类器件的最大数量，如输入继电器的编号范围为 X0～X367（八进制编号），则可计算出 PLC 可能接入的最

大输入信号数为 248 点。

　　编程元件的使用主要体现在程序中，一般可认为编程元件和继电接触器元件类似，具有线圈和动合、动断触点。而且触点的状态随着线圈的状态而变化，即当线圈被选中（通电）时，动合触点闭合，动断触点断开；当线圈失去选中条件时，动断触点接通，动合触点断开。

　　编程元件与继电器元件的不同点如下：

　　（1）编程元件作为计算机的存储单元，从本质上来说，某个编程元件被选中，只是这个编程元件的存储单元置"1"，失去选中条件的存储单元置"0"，由于元件只不过是存储单元，可以无限次地访问，PLC 的编程元件可以有无数多个动合、动断触点。

　　（2）编程元件作为计算机的存储单元，在存储器中只占用一位，其状态只有置"1"与置"0"两种情况，称为"位单元"。PLC 的位元件还可以组合使用。

4.3.2　PLC 主要编程元件及其使用

1．输入继电器 X

　　FX_{3U} 系列 PLC 输入继电器编号范围为 X0～X367（248 点）。

　　输入继电器是 PLC 接收并存储（对应某一位输入映像寄存器）外部输入的开关量信号，它和对应的输入端子相连，同时提供无数的常开和常闭软触点用于编程。如图 4-5 所示，PLC 输入接口的一个接线点对应一个输入继电器，输入继电器是接收机外信号的窗口。从使用者来说，输入继电器的线圈只能由机外信号驱动，在反映机内器件逻辑关系的梯形图中并不出现，它可以提供一个动合和动断触点，供 PLC 内部控制电路编程使用。从图 4-5 中所示的等效电路可见，当按下启动按钮 SB1 时，X0 输入端子外接的输入电路接通，输入继电器 X0 线圈接通，程序中 X0 的动合触点闭合。

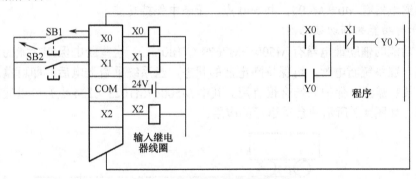

图 4-5　输入继电器的等效电路

2．输出继电器 Y

　　FX_{3U} 系列 PLC 输出继电器编号范围为 Y0～Y367（248 点）。

　　输出继电器是 PLC 内部输出信号控制被控对象电路的一种等效表示。如图 4-6 所示，输出继电器的线圈只能由程序驱动，每个输出继电器除了有为内部控制电路提供编程用的动合、动断触点外，还为输出电路提供一个动合触点与输出接线端连接。输出继电器是 PLC 中唯一具有外部触点的继电器，输出继电器可通过外部接点连通该输出口连接到输出负载或执行器件，驱动外部负载的电源由用户提供。从图 4-6 中所示的等效电路可见，当程序中 X0 的动合触点闭合时，输出继电器 Y0 的线圈得电，程序中 Y0 动合触点闭合自锁，同时与输出端子相连的输出继电器 Y0 动合触点（硬触点）闭合，使外部电路中接触器 KM 的线圈通电。

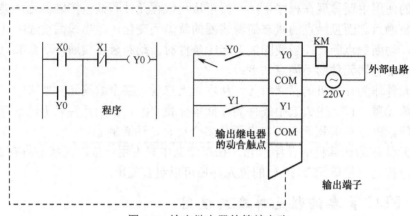

图 4-6　输出继电器的等效电路

3. 辅助继电器 M

PLC 中配有大量的通用辅助继电器，其主要的用途和继电器电路中的中间继电器类似，常用于逻辑运算的中间状态存储及信号类型的变换。辅助继电器的线圈只能由程序驱动。辅助继电器的触点（包括动合触点和动断触点）在 PLC 内部自由使用，而且使用次数不限，但这些触点不能直接驱动外部负载。辅助继电器由 PLC 内部各元件的触点驱动，故在输出端子上找不到它们，但可以通过它们的触点驱动输出继电器，再通过输出继电器驱动外部负载。

辅助继电器分为以下三种类型：

1）通用辅助继电器

通用辅助继电器有 M0～M499，共 500 点，无断电保持功能。

2）断电保持功能的辅助继电器

断电保持功能的辅助继电器有 M500～M7679（7180 点）。这些断电保持功能的辅助继电器具有记忆功能，在系统断电时，可保持断电前的状态，当系统重新上电后，即可重现断电前的状态，它们在某些需停电保护的场合很有用。其中 M500～M1023（524 点）可以通过参数修改为通用型使用，如图 4-7 所示的台车运行的应用。

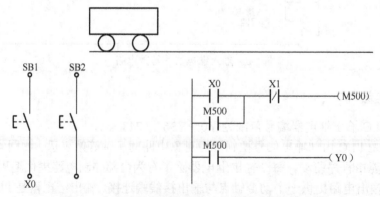

图 4-7　台车运行的断电保持功能的辅助继电器应用

如图所示，按下启动按钮 SB1，X0 动合触点闭合，断电保持功能的辅助继电器 M500 接通并保持，Y0 线圈通电，驱动台车前进。当 PLC 外部电源停电后，断电保持功能的辅助继电器

M500 可以记忆它在断电前的状态，断电后再通电，Y0 仍然有输出，驱动台车继续前进。

　　3）特殊功能的辅助继电器

　　特殊功能的辅助继电器有 M8000～M8511，共 512 点，它们用来表示可编程序控制器的某些状态，设定定时器为加计数或减计数及提供功能指令中的标志等。它具体分为触点利用型和线圈驱动型两种。

　　（1）触点利用型特殊功能辅助继电器的线圈由 PLC 自行驱动，用户只能利用其触点，在用户程序中不能出现它们的线圈。最常用的有以下几个：

　　M8000（运行监视继电器）：当 PLC 执行用户程序时，M8000 为 ON；停止执行时，M8000 为 OFF（详见图 4-8），M8000 可以用作"PLC 正常运行"的标志上传给计算机。

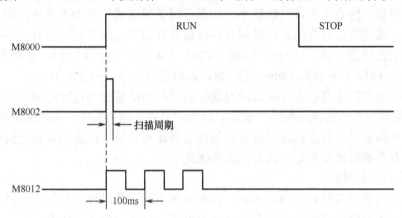

图 4-8　触点利用型特殊功能辅助继电器应用的波形示意图

　　M8001（运行监视继电器）：当 PLC 执行用户程序时，M8001 为 OFF；停止执行时，M8001 为 ON。

　　M8002（初始化脉冲继电器）：M8002 仅在 M8000 由 OFF 变成 ON 状态时的一个扫描周期内为 ON（见图 4-8），可以用 M8002 的动合触点来使有断电保护功能的元件初始化复位，或给某些元件置初始值。

　　M8003（初始化脉冲继电器）：M8003 仅在 M8000 由 OFF 变成 ON 状态时的一个扫描周期内为 OFF。

　　M8005（锂电池电压降低继电器）：锂电池电压下降至规定值时动作变为 ON，可以用它的触点驱动输出继电器和外部指示灯，提醒工作人员需更换锂电池。

　　M8011～M8014（延时专用继电器）：它们分别提供 10ms、100ms、1s 和 1min 时钟脉冲，可以用于延时的扩展等。

　　（2）线圈驱动型特殊功能辅助继电器由用户程序驱动其线圈，使 PLC 执行特定的操作，用户并不使用它们的触点。例如：

　　M8030：其线圈"通电"后，使锂电池欠压指示灯熄灭。

　　M8033：其线圈"通电"后，如果可编程序控制器由 RUN 状态转入 STOP 状态，则映像寄存器和数据寄存器中的内容保持不变，即可编程序控制器输出保持。

　　M8034：其线圈"通电"后，禁止所有的输出，但是程序仍然正常执行。

4．定时器 T

　　定时器作为时间元件相当于时间继电器，由设定值寄存器、当前值寄存器和定时器触点组成。在其当前值寄存器的值等于设定值寄存器的值时，定时器触点动作。设定值、当前值和定时器触点是定时器的三要素。

1）定时器的类型

PLC 内的定时器是根据时钟脉冲累计计时的，时钟脉冲有 1ms、10ms 和 100ms，定时器分为以下两种形式：

（1）通用型定时器 T0～T245。T0～T199 共 200 点是 100ms 的定时器，定时范围为 0.1～3 276.7s，其中 T192～T199 为子程序和中断服务程序专用定时器；T200～T245 共 46 点是 10ms 定时器，定时范围为 0.01～327.67s；T256～T551 共 256 点是 1ms 定时器，定时范围为 0.001～32.767s。

通用型定时器的特点是在计时过程中，如果计时条件由满足变为不满足，则当前值恢复为零。也就是说，通用型定时器所计的时间元件映像寄存器不会为"1"，定时器不会动作。

（2）积算型定时器 T246～T255。T246～T249 共 4 点是 1ms 定时器，定时范围为 0.001～32.767s；T250～T255 共 6 点是 100ms 定时器，定时范围为 0.1～3 276.7s。

积算型定时器的特点是设定时间以计时条件满足时间的累加为定时时间。也就是说，在计时过程中，如果计时条件由满足变为不满足，则当前值并不恢复为零，而是保持原当前值不变，下一次计时条件满足时，当前值在原有值的基础上继续累计增加，直到与设定值相等，当前值只有在复位指令有效时才变为零，且复位信号优先。

2）定时器的工作原理

PLC 中的定时器是对机内 1ms、10ms、100ms 等不同规格时钟脉冲累加计时的。定时器除了占有自己编号的存储器位外，还占有一个设定值寄存器和一个当前值寄存器。设定值寄存器存放程序赋予的定时设定值，当前值寄存器记录计时当前值。这些寄存器为 16 位二进制存储器，其最大值乘以定时器的计时单位值即是定时器的最大计时范围值。定时器满足计时条件时开始计时，当前值寄存器则开始计数，当它的当前值与设定值寄存器存放的设定值相等时定时器动作，其动合触点接通，动断触点断开，并通过程序作用于控制对象，达到时间控制的目的。

设定值的指定方法有两种：指定常数（K）法和间接指定法。

指定常数法是指定某一常数值作为设定值，如图 4-9 所示，图中 T10 是以 100ms（即 0.1s）为单位的定时器，将常数指定为 100，则定时器将以 0.1s×100=10s 的时间进行延时工作。

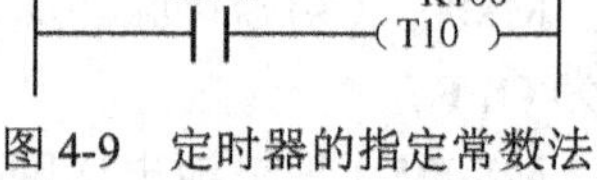

图 4-9　定时器的指定常数法

间接指定法中间接指定的数据寄存器的内容，或是预先在程序中写入，或是通过数字式开关等输入。如图 4-10 所示，当 X001 接通时，把数据寄存器 D5 的内容设置为 100，此时当 X003 接通时，定时器 T10 的指定值即为 100，此时 T10 则为 0.1s×100=10s 的定时器。

3）通用型定时器的使用

图 4-11 所示为通用型定时器的工作梯形图。

其中 X0 为计时条件，当 X0 接通时定时器 T1 计时开始，K10 为设定值。十进制数"10"为该定时器计时单位值的倍数，T1 为 100ms 定时器，当设定值为"K10"时，其计时时间为 10×100ms=1s。通过按下按钮 SB1 使其动合触点闭合，定时器 T1 计时开始，当计时时间到，定时器 T1 的当前值与设定值寄存器存放的设定值相等时，定时器 T1 的动合触点接通，Y1 置"1"。在计时中，计时条件 X0 动合触点断开或 PLC 电源停电，计时过程中止且当前值寄存器复位（置"0"）。若 X0 动合触点断开或 PLC 电源停电发生在计时过程完成且定时器的触点已动作时，触点的动作也不能保持。

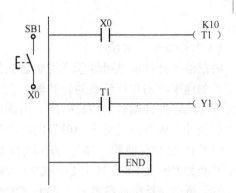

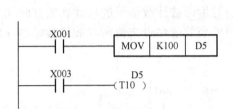

图 4-10 定时器的间接指定法 图 4-11 通用型定时器的工作梯形图

4）积算型定时器的使用

图 4-12 所示为积算型定时器 T250 的工作梯形图。

与通用型定时器的情况不同，积算型定时器在计时条件失去或 PLC 失电时停止计时，但其当前寄存器的内容及触点状态均可保持；当输入 X0 再接通或复电时，积算型定时器在原有值基础上可"累计"计时时间，故称为"积算"。积算型定时器的当前值寄存器及触点都有记忆功能，其复位时必须在程序中加入专门的复位指令。X1 为复位条件。当 X1 接通执行"RST T250"指令时，T250 的当前值寄存器置"0"，T250 的动合触点复位断开。积算型定时器的应用波形图如图 4-13 所示。

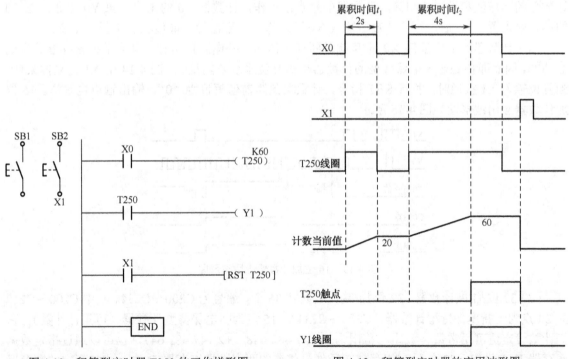

图 4-12 积算型定时器 T250 的工作梯形图 图 4-13 积算型定时器的应用波形图

5. 计数器 C

计数器是可编程序控制器内部不可缺少的重要软元件，它由一系列电子电路组成，主要用来记录脉冲的个数。FX₃U 系列 PLC 计数器按所计脉冲的来源可分为内部信号计数器和外部高速计数器。

1）内部信号计数器

内部信号计数器是可编程序控制器在执行扫描操作时，对内部编程元件（X、Y、M、S、T和 C）的通断状态进行计数的计数器。为避免漏计数的发生，被计数信号的接通和断开时间应该大于可编程序控制器的扫描时间。内部信号计数器根据当前值和设定值所存放的数据寄存器位数以及计数的方向又可分为以下两种类型：

（1）16 位加计数器。16 位加计数器有 200 个，地址编号为 C0～C199。其中 C0～C99 为通用型计数器（即无断电保持型计数器），C100～C199 为断电保持型计数器。它们的计数设定值可用参数 K 设定，范围为 1～32 767，也可以通过数据寄存器 D 设定，这时设定值等于指定的数据寄存器中的数据。计数器的设定值的指定方法同定时器的设定值的指定方法一样，也分为指定常数法和间接指定法两种。16 位加计数器的工作梯形图如图 4-14 所示。

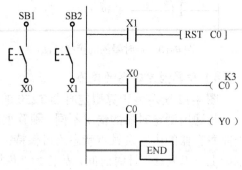

图 4-14　16 位加计数器的工作梯形图

图中计数输入 X0 是计数器的工作条件，X0 每次由断开变为接通（即计数脉冲的上升沿）驱动计数器 C0 的线圈时，计数器的当前值加 1。"K3"为计数器的设定值，当第 3 次执行线圈指令时，计数器的当前值和设定值相等，计数器的触点就动作，计数器 C0 的工作对象 Y0 接通；在 C0 的动合触点置"1"后，即使计数器输入 X0 再动作，计数器的当前值状态也保持不变。

由于计数器的工作条件 X0 本身就是断续工作的，外电源正常时，其当前值寄存器具有记忆功能，因而即使是非掉电保持型的计数器也需复位系统才能复位。图 4-14 中 X1 为复位条件，当复位输入 X1 接通时，执行 RST 指令，计数器的当前值复位为"0"，输出触点也复位。16 位加计数器应用波形图如图 4-15 所示。

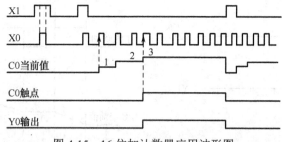

图 4-15　16 位加计数器应用波形图

（2）32 位加/减计数器。32 位加/减计数器共 35 个，编号为 C200～C234。其中 C200～C219 共 20 点为无断电保持型计数器，C220～C234 共 15 点为断电保持型计数器（可累计计数）。它们计数设定值可用常数 K 设定，范围为 -2 147 483 648～+2 147 483 647，也可以通过指定数据寄存器 D 来设定。32 位设定值存放在元件号相连的两个数据寄存器 D 中。比如指定的寄存器为 D0，则设定值存放在 D0 和 D1 中。计数方向是由特殊辅助继电器 M8200～M8234 设定，即特殊辅助继电器为 ON 时，对应的计数器为减计数；反之为加计数。32 位加/减计数器的工作过程如图 4-16 所示。

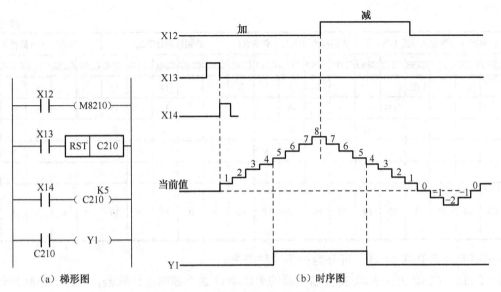

图 4-16　32 位加/减计数器的工作过程

图中 C210 的设定值为 5，当 X12 输入断开，M8210 线圈断开时，对应的计数器 C210 进行加计数。当前值大于或等于 5 时，计数器的输出触点为 ON。当 X12 输入接通时，M8210 线圈得电，对应的计数器 C210 进行减计数。当前值小于 5 时，计数器的输出触点为 OFF。复位输入 X13 的动合触点接通时，C210 被复位，其动合触点断开，动断触点接通。

如果使用断电保持型计数器，在电源中断时，计数器停止计数，并保持计数当前值不变。电源再次接通后，计数器在当前值的基础上继续计数。因此断电保持型计数器可累计计数。在复位信号到来时，断电保持型计数器当前值被置"0"。值得注意的是，如果双向计数器从 +2 147 483 647 起再进行加计数，当前值就变成 -2 147 483 648；同理，从 -2 147 483 648 再减，当前值就变成 +2 147 483 647，这称为循环计数。

2）外部高速计数器

内部计数器是低速计数器，也称普通计数器。对高于机器扫描频率的信号进行计数，则需要外部高速计数器。外部高速计数器又称中断计数器，它的计数不受扫描周期的影响，但最高计数频率受输入响应速度和全部高速计数器处理速度这两个因素限制，后者影响更大，因此外部高速计数器用得越少，计数频率就越高。计数信号来自于可编程序控制器的外部。

各种高速计数器均为 32 位双向计数器，表 4-13 给出了各外部高速计数器对应的输入端子的元件号，表中 U 为加输入，D 为减输入，R 为复位输入，S 为启动输入，A、B 分别为 A、B 相输入。

表 4-13　外部高速计数器

中断输入	单相单计数输入（无 S/R）						单相单计数输入（有 S/R）					单相双向计数输入					双相双向计数输入				
	C235	C236	C237	C238	C239	C240	C241	C242	C243	C244	C245	C246	C247	C248	C249	C250	C251	C252	C253	C254	C255
X000	U/D						U/D			U/D		U	U		U		A	A		A	
X001		U/D						R			R		D	D		D		B	B		B
X002			U/D						U/D			U/D			R		R			R	R

续表

中断输入	单相单计数输入（无 S/R）						单相单计数输入（有 S/R）					单相双向计数输入					双相双向计数输入				
	C235	C236	C237	C238	C239	C240	C241	C242	C243	C244	C245	C246	C247	C248	C249	C250	C251	C252	C253	C254	C255
X003			U/D					R		R				U		U			A		A
X004				U/D					U/D		R			D		D			B		B
X005					U/D				R					R		R			R		R
X006										S					S				S		
X007											S					S					S
最高频率（kHz）	60	60	10	10	10	10	10	10	10	10	10	60	10	10	10	10	30	5	5	5	5

外部高速计数器共 21 点，可分为如下四种类型。

（1）C235～C240 为无启动/复位输入端的单相单计数外部高速计数器，它对一相脉冲计数，故只有一个脉冲输入端，计数方向由程序决定。如图 4-17 所示，M8235 为 ON 时，减计数；M8235 为 OFF 时，加计数；X11 接通时，C235 当前值立即复位至 0；当 X12 接通后，C235 开始对 X000 端子输入的信号上升沿计数。

（2）C241～C245 为带启动/复位输入端的单相单计数外部高速计数器。如图 4-18 所示，利用 M8245，可以设置 C245 为加计数或减计数；X11 接通时，C245 立即复位至 0，因为 C245 带有复位输入端，故也可以通过外部输入端 X003 复位；又因为 C245 带有启动输入端 X007，所以需要不仅 X12 为 ON，并且 X007 也为 ON 的情况下才开始计数，计数输入端为 X002，设定值由数据寄存器 D0 和 D1 的内容来指定。

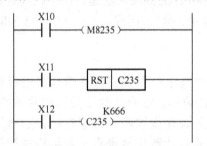

图 4-17　无启动/复位输入端的单相单
计数外部高速计数器

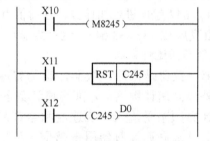

图 4-18　带启动/复位输入端的
单相单计数外部高速计数器

（3）C246～C250 为单相双向计数器的外部高速计数器。这种计数器固定可编程序控制器的一个输入端用于加计数，固定可编程序控制器的另一个输入端用于减计数，其中几个计数器还有启动端和复位端。在图 4-19（a）中，X10 接通后 C246 像一般 32 位计数器那样复位；在 X10 断开、X11 接通的情况下，如果输入脉冲信号从 X000 输入端输入，当 X000 从 OFF→ON 时，C246 当前值加 1；反之，如果输入脉冲信号从 X001 输入端输入，当 X001 从 OFF→ON 时，C246 当前值则减 1。在图 4-19（b）中，X005 接通计数器复位；X005 输入端输入的上升沿进行减计数。C246～C250 的计数方向可以由监视相

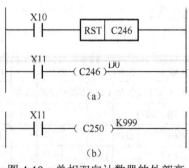

图 4-19　单相双向计数器的外部高
速计数器

应的特殊辅助继电器 M8□□□ 状态得到（可以由 M8□□□ 的常开触点控制 Y△△△ 实现）。

（4）C251～C255 为双相（A-B 相型）双计数器输入的外部高速计数器。这种计数器的计数方向由 A 相脉冲信号与 B 相脉冲信号的相位关系决定。如图 4-20 所示，在 A 相输入接通期间，如果 B 相输入由断开变为接通，则计数器为加计数；反之，A 相输入接通期间，如果 B 相输入由接通变为断开，则计数器为减计数。

图 4-21 中 X11 为 ON 时中断输入 X007 也为 ON，C255 通过中断对 X003 输入的 A 相信号和 X004 输入的 B 相信号的上升沿计数。X10 为 ON 时中断输入 X005 起复位作用，此时 C255 被复位。当前值大于等于设定值时，Y0 接通。Y1 为 ON 时，减计数；Y1 为 OFF 时，加计数。可以在电动机的旋转轴上安装 A-B 相型的旋转编码器，程序中使用 C251～C255 双相双计数输入计数器，从而实现旋转轴正向转动时自动加计数，反向转动时自动减计数。

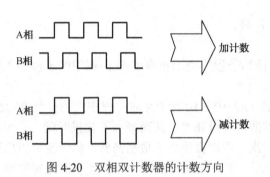

图 4-20　双相双计数器的计数方向 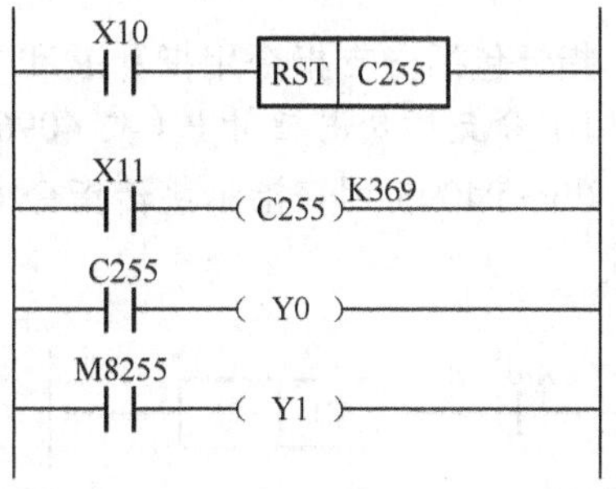　　　　　图 4-21　双相（A-B 相型）双计数器
输入的外部高速计数器

6. 数据寄存器 D

可编程序控制器在模拟量检测与控制以及位置控制等许多场合都需要数据寄存器来存储数据和参数。每个数据寄存器都为 16 位，最高位为符号位，两个数据寄存器串联起来可存放 32 位数据，最高位仍为符号位。FX₃ᵤ 系列可编程序控制器的数据寄存器有以下几种：

（1）通用数据寄存器 D0～D199（共 200 点）。可编程序控制器状态由运行转到停止时，这类数据寄存器全部清零。但当特殊辅助继电器 M8033 为 ON 的情况下，状态由 RUN→STOP 时，这类数据寄存器的内容可以保持。

（2）断电保持数据寄存器 D200～D7999（共 7800 点）。数据寄存器 D200～D511（共 312 点）中的数据在可编程序控制器停止状态或断电情况下都可以保持。通过改变外部设备的参数设定，可以改变通用数据寄存器与此类数据寄存器的分配。其中 D490～D509 用于两台可编程序控制器之间的点对点通信。D512～D7999 的断电保持功能不能用软件改变，可以用 RST、ZRST 或 FMOV 将断电保持数据寄存器复位。

以 500 点为单位，可将 D1000～D7999 设为文件寄存器，用于存储大量的数据，如多组控制参数、统计计算数据等。文件寄存器占用用户程序存储器的某一存储区间，参数设置时，可以用编程软件来设定或修改，然后传送到可编程序控制器中。

（3）特殊数据寄存器 D8000～D8511（共 512 点）。它用来监控可编程序控制器的运行状态，如电池电压、扫描时间、正在动作的状态的编号等，其在电源接通时被清零，随后被系统程序写入初始值。例如，D8000 用来存放监视时钟的时间，此时间由系统设定，也可以使用传送指令 MOV 将目的时间送给 D8000 对其内容加以改变。可编程序控制器转入停止状态，此值不会改变。用户不能使用未经定义的特殊数据寄存器。

（4）变址寄存器 V0～V7 和 Z0～Z7。在传送指令、比较指令中，变址寄存器 V、Z 中的内容用来修改操作对象的元件号，在循环程序中经常使用变址寄存器。

V 和 Z 都是 16 位的数据寄存器，在 32 位操作时，可以将 V、Z 串联使用并且规定 Z 为低位，V 为高位。32 位指令中使用变址指令仅需指定 Z，Z 就代表了 V 和 Z，因为 32 位指令中 V、Z 自动配对使用。

图 4-22 中常开触点接通时，13→V0，16→Z1，从而 D3V0=D16，D5Z1=D21，D50Z1=D66，因此 ADD 指令完成的运算为（D16）+（D21）→（D66）。

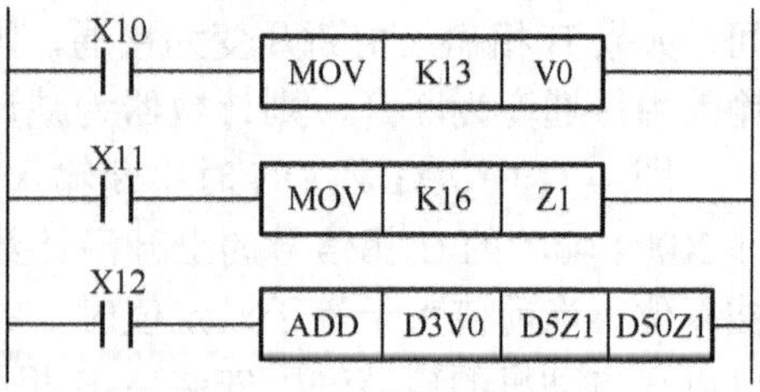

图 4-22 变址寄存器的使用

7. 指针 P/I

指针包括分支指令用指针 P 和中断用指针 I 两种。

1）分支指令用指针 P（共 4096 点）

P0～P4095 用来指示跳转指令 CJ 的跳转目标和子程序调用指令 CALL 调用的子程序入口地址。

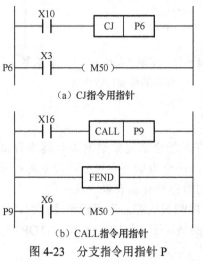

（a）CJ指令用指针

（b）CALL指令用指针

图 4-23 分支指令用指针 P

当图 4-23（a）中 X10 为 ON 时，程序跳到标号 P6 处，不执行被跳过的那部分指令，从而减少了扫描时间。一个标号只能出现一次，否则会出错。根据需要，标号也可以出现在跳转指令之前，但反复跳转的时间不能超过监控定时器设定的时间，否则也会出错。

当图 4-23（b）中 X16 为 ON 时，程序跳到标号 P9 处，执行从 P9 开始的子程序，执行到子程序返回指令 SRET 时返回到主程序中 CALL P9 的下一条指令。

2）中断用指针 I（共 15 点）

可编程序控制器在执行程序过程中，任何时刻只要符合中断条件，就停止正在进行的程序转而去执行中断程序，执行到中断返回指令 IRET 时返回到原来的中断点。这个过程和计算机中用到的中断是一致的。中断用指令用来指明某一中断源的中断程序入口标号。FX$_{3U}$ 系列有三种中断方式：

（1）输入中断。FX$_{3U}$ 系列具有 6 个与 X0～X5 对应的中断输入点，用来接收特定的输入地址号的输入信号，马上执行对应的中断服务程序，因为不受扫描工作方式的影响，因此可编程序控制器能够迅速响应特定的外部输入信号。输入中断指针为 I□0□，最低位为 0，表示下降沿中断；最低位为 1，表示上升沿中断。最高位与 X0～X5 的元件号相对应。例如，I301 为输入 X3 从 OFF→ON 变化时，执行该指令作为标号后面的中断程序，执行到 IRET 时返回主程序。

（2）定时器中断。FX$_{3U}$ 系列具有 3 点定时器中断，能够使可编程序控制器以指定的周期定时执行中断程序，定时处理某些任务，时间不受扫描周期的限制。

3 点定时器中断指针为 I6□□、I7□□、I8□□，低两位是定时时间，范围为 10～99ms。例如，I866 即为每隔 66ms 就执行该指针作为标号后面的中断程序，执行到 IRET 时返回到主程序。

（3）计数器中断。FX$_{3U}$ 系列具有 6 点计数器中断，用于可编程序控制器的高速计数器，根据当前值与设定值的关系确定是否执行相应的中断服务子程序。6 点计数器中断指针为 I010～

I060，与高速计数器比较置位指令 HSCS 成对使用。

4.4　FX$_{3U}$ 系列 PLC 的编程环境

4.4.1　软件概述

GX Developer V8.52 是三菱公司设计、在 Windows 环境下使用的 PLC 编程软件，适用于 Q、QnU、QS、QnA、AnA、FX 等全系列 PLC，可支持梯形图、指令表、顺序功能图、结构文本及功能块图、Label 语言程序设计、网络参数的设定，可进行程序的线上更改、监控及调试，具有异地读/写 PLC 程序的功能。

该软件简单易学，具有丰富的工具箱和直观形象的视窗界面。编程时，既可用键盘操作，也可用鼠标操作；操作时可联机编程，也可脱机离线编程；该软件还可以对以太网、MELSECNET/10（H）、CC-Link 等网络进行参数设定，具有完善的诊断功能，能方便地实现网络监控，程序的上传、下载不仅可通过 CPU 模块直接连接完成，也可通过网络系统（如以太网、MELSECNET/10（H）、CC-Link、电话线等）完成。

GX Developer 软件的特点如下：

1. 软件的共通化

GX Developer 能够制作 Q 系列、QnA 系列、A 系列（包括运动控制（SCPU））、FX 系列的数据，能够转换成 GPPQ、GPPA 格式的文档。此外，在选择 FX 系列的情况下，还能变换成 FXGP（DOS）、FXGP（WIN）格式的文档。

2. 操作性上升

利用 Windows 的优越性，使操作性飞跃上升。能够将 Excel、Word 等做成的说明数据进行复制、粘贴，并有效利用。

3. 程序的标准化

1）标号编程

用标号编程制作可编程序控制器程序的话，就不需要认识软元件的号码而能够根据标示制作成标准程序。用标号编程做成的程序能够依据汇编从而作为实际的程序来使用。

2）功能块

功能块是以提高顺序程序的开发效率为目的而开发的一种功能。把开发顺序程序时反复使用的顺序程序回路块零件化，使得顺序程序的开发变得容易。此外，零件化后，能够防止将其运用到别的顺序程序时的顺序输入错误。

3）宏

只要在任意的回路模式上加上名字（宏定义名）登录（宏登录）到文档，然后输入简单的命令就能够读出登录过的回路模式，变更软元件就能够灵活利用了。

4. 能够简单设定和其他站点的链接

由于链接对象的指定被图形化，从而使在构筑成复杂的系统的情况下也能够简单地进行设定。

5. 能够用各种方法和可编程序控制器的 CPU 连接

（1）经由串行通信口；

（2）经由 USB；

（3）经由 MELSECNET/10（H）计算机插板；

（4）经由 MELSECNET（II）计算机插板；

（5）经由 CC-Link 计算机插板；

（6）经由 Ethernet 计算机插板；

（7）经由 CPU 计算机插板；

（8）经由 AF 计算机插板。

6. 丰富的调试功能

（1）由于运用了梯形图逻辑测试功能，能够更加简单地进行调试作业。

① 没有必要再和可编程序控制器连接。

② 没有必要制作使用的顺序程序。

（2）在帮助中有 CPU 错误、特殊继电器/特殊寄存器的说明，所以对于在线中发生错误，或者是程序制作中想知道特殊继电器/特殊寄存器的内容的情况提供非常大的便利。

（3）数据制作中发生错误时，会显示是什么原因或显示消息，所以数据制作的时间能够大幅度缩短。

4.4.2 软件安装

GX Developer V8.52 编程软件安装包括三个部分：运行环境安装、编程环境安装和模拟调试软件环境安装。如果软件安装不正确，会导致不能运行编程或不能仿真等。

1. 运行环境安装

打开 GX Developer V8.52 中文软件包，找到 EnvMEL 文件夹，打开此文件夹，找到 SETUP.exe 安装程序图标，双击图标进行安装，按照安装提示进行安装即可。详细安装步骤如图 4-24～图 4-26 所示。

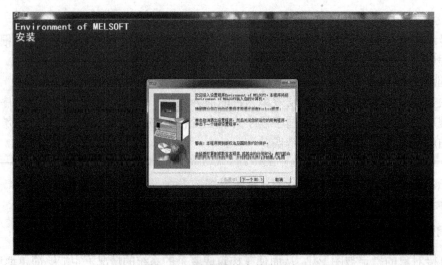

图 4-24　编程软件安装步骤 1

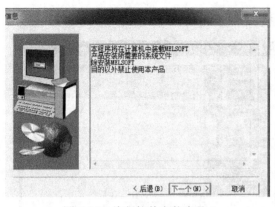

图 4-25　编程软件安装步骤 2

图 4-26　编程软件安装步骤 3

2. 编程环境安装

返回到开始打开的 GX Developer V8.52 中文安装包，找到 SETUP.exe 文件图标，双击图标进行安装，参考图 4-27～图 4-34 的安装提示进行安装。

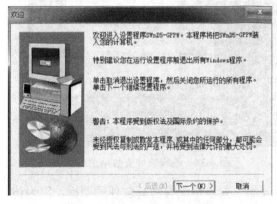

图 4-27　编程软件安装步骤 4

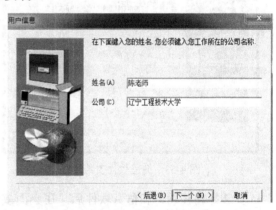

图 4-28　编程软件安装步骤 5

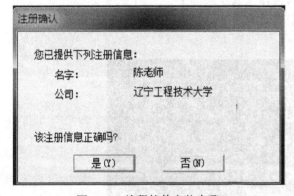

图 4-29　编程软件安装步骤 6

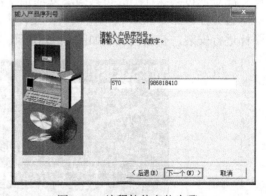

图 4-30　编程软件安装步骤 7

3. 模拟调试软件环境安装

GX Simulator 是三菱全系列 PLC 的仿真调试软件，其功能是将编写好的程序在计算机中虚拟运行，如果没有编好的程序是无法进行仿真的。所以，在安装仿真软件 GX Simulator Version

6 之前，必须先安装编程软件 GX Developer，并且版本要互相兼容。

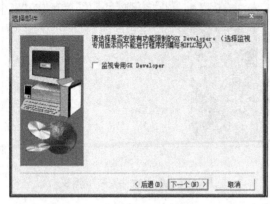

图 4-31　编程软件安装步骤 8

图 4-32　编程软件安装步骤 9

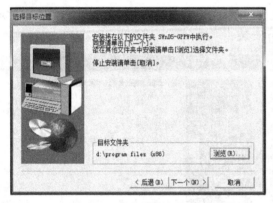

图 4-33　编程软件安装步骤 10

图 4-34　编程软件安装结束

安装好编程软件和仿真软件后，在桌面或者"开始"菜单中没有仿真软件的图标，因为仿真软件被集成到编程软件 GX Developer 中了，其实这个仿真软件仅相当于编程软件的一个插件。注意该仿真软件不能仿真高速处理指令，其具体安装步骤如下。

（1）打开三菱 PLC 模拟调试软件文件夹，打开此文件夹，找到 SETUP.exe 安装图标，双击图标进行安装，初始安装图如图 4-35 所示。

图 4-35　调试软件安装步骤 1

（2）在安装的过程中，输入用户信息、产品系列号、保存路径等。按图 4-36～图 4-39 的提示一步一步进行安装，直至确认安装完毕。

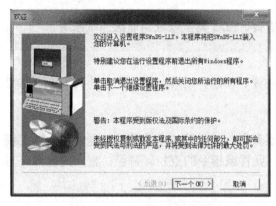

图 4-36　调试软件安装步骤 2

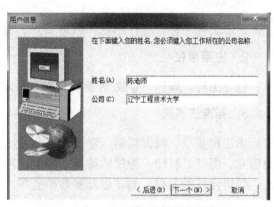

图 4-37　调试软件安装步骤 3

图 4-38　调试软件安装步骤 4

图 4-39　调试软件安装步骤 5

4.4.3　软件菜单使用介绍

下面以三菱 FX₃ᵤ 系列 PLC 为例，介绍该软件的部分功能及使用方法。打开 GX Developer V8.52 软件，打开后操作界面如图 4-40 所示。

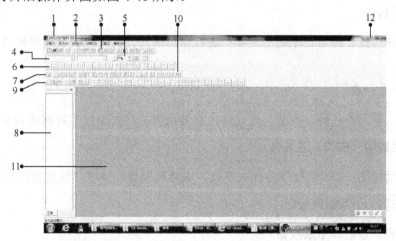

图 4-40　GX Developer V8.52 编程软件的操作界面

图中各标号名称及功能简介如下：

1. 状态栏

显示工程名称、文件路径、编辑模式、程序步数、PLC 类型以及当前操作状态等。

2. 主菜单栏

包含工程、编辑、查找/替换、交换、显示、在线、诊断、工具、窗口、帮助共 10 个菜单。

3. 标准工具条

由工程菜单、编辑菜单、查找/替换菜单、在线菜单、工具菜单中常用的功能组成。如工程的建立、保存、打印；程序的剪切、复制、粘贴；元件或指令的查找、替换；程序的读入、写出；编辑元件的监视、测试以及参数检查等。

4. 数据切换工具条

可在程序、参数、注释、编程元件内存这四个项目中切换。

5. 工程参数列表切换按钮

6. 梯形图输入快捷工具条

包含梯形图编辑需要使用的常开触点、常闭触点、应用指令等内容及使用这些快捷键的键名，如图 4-41 所示。

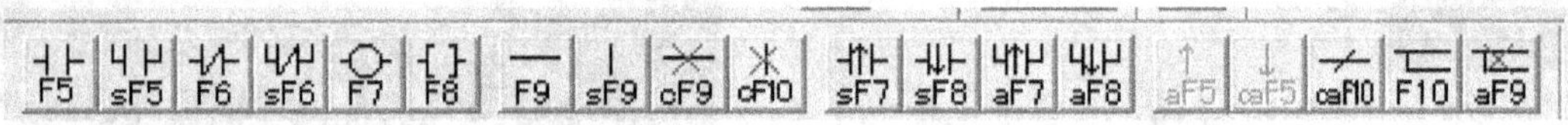

图 4-41　快捷键工具条

对各快捷键的功能说明如下：

（1）F5～F10 均为 PC 键盘上的组合键，如在梯形图输入时，按"F5"键就会自动出现一个常开触点，或直接按 也可以。

（2）诸如 、 、 等均为组合键，分别对应"Alt+F8"、"Shift+F5"、"Ctrl+F9"键。

7. 程序工具条

进行梯形图模式、指令表模式的转换；进行读出模式、写入模式、监视模式、监视模式写入模式的转换。

8. 工程参数列表

显示程序、软元件注释、参数、软元件内存等内容，可实现这些数据的设定。

9. 顺序功能图（SFC）工具条

可对顺序功能图（SFC）程序进行块变换、块信息设置、排序、块监视操作。

10. 仿真运行启动/结束按钮

仿真运行启动按钮和结束按钮。

11．操作编辑区

完成程序的编辑、修改、监控等的区域。

12．窗口最大、最小和关闭按钮

4.4.4　工程项目

1．创建一个新工程

其操作步骤如下：

（1）双击桌面上的  GX Developer 图标，或从"开始"菜单中选择"程序"→"MELSOFT 应用程序"→"GX Developer"打开 GX Developer 软件。

（2）选择"工程"→"创建新工程"，或者按"Ctrl+N"键，或者单击软件中新建工具栏图标，创建新工程。

（3）此时会弹出如图 4-42 所示的"创建新工程"对话框，在其中的"PLC 系列"选项下选择"FX-CPU"，在"PLC 类型"选项下选择"FX3U（C）"，在"程序类型"选项中选择"梯形图逻辑"，单击"确定"按钮。如单击"取消"按钮，则不创建新工程。

（4）显示图 4-43 所示的编辑窗口，可以开始编程。

图 4-42　"创建新工程"对话框　　　　图 4-43　创建一个新工程编辑窗口

图 4-42 中各选项功能说明如下：

① PLC 系列：有 QCPU（Q 模式）系列、QCPU（A 模式）系列、QnA 系列、ACPU 系列、运动控制 CPU（SCPU）系列和 FXCPU 系列。

② PLC 类型：根据用户所使用硬件情况，选取所使用的 PLC 类型。

③ 程序类型：可选"梯形图逻辑"或"SFC"，当在 QCPU（Q 模式）中选择 SFC 时，MELSAP-L 也可选择。

④ 标号设置：当无须制作标号程序时，选择"无标号"；制作标号程序时，选择"标号程序"；制作标号+FB 程序时，选择"标号+FB 程序"。

⑤ 生成和程序名同名的软元件内存数据：新建工程时，生成和程序名同名的软元件内存数据。

⑥ 工程名设置：工程名用于保存新建的数据，在生成工程前设定工程名，单击复选框选中；另外，工程名可于生成工程前或生成后设定，但是生成工程后设定工程名时，需要在"另

存工程为…" 中设定。

⑦ 驱动器/路径：在生成工程前设定工程名时可设定。

⑧ 工程名：在生成工程前设定工程名时可设定。

⑨ 标题：在生成工程前设定工程名时可设定。

⑩ 确定：所有设定完毕后单击本按钮。

新建工程时应注意以下几点：

（1）新建工程后，各个数据及数据名如下所示。程序：MAIN；注释：COMMENT（通用注释）；参数：PLC 参数、网络参数（限于 A 系列、QnA/Q 系列）。

（2）当生成复数的程序或同时启动复数的 GX Developer 软件时，计算机的资源可能不够用而导致画面的表示不正常；此时应重新启动 GX Developer 软件或者关闭其他的应用程序。

（3）当未指定驱动器名/路径名（空白）就保存工程时，GX Developer 软件可自动在默认值设定的驱动器/路径中保存工程。

2．打开工程

读取已保存的工程文件，其操作步骤如下。

（1）选择菜单栏下"工程"→"打开工程"，或者按"Ctrl+O"键，或者单击 📂 文件，弹出如图 4-44 所示"打开工程"对话框，选择所存工程驱动器/路径和工程名，单击"打开"按钮，进入编辑窗口；单击"取消"按钮，重新选择。

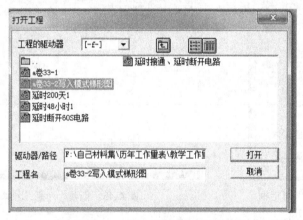

图 4-44 "打开工程"对话框

（2）在图 4-44 中，选择"a 卷 33-2 写入模式梯形图"工程，单击"打开"按钮后，得到梯形图编辑窗口，这样即可编辑程序或与 PLC 进行通信等。

3．关闭工程

关闭现存编辑的工程文件，其操作步骤如下。

（1）选择"工程"→"关闭工程"，出现"关闭工程"对话框，开始关闭工程。

（2）在"退出确认"对话框中，单击"是"按钮，退出工程；单击"否"按钮，返回编辑窗口。

注意：当未设定工程名或者正在编辑时选择"关闭工程"，将会弹出一个询问保存对话框，希望保存当前工程时，应单击"是"按钮，否则应单击"否"按钮，如果需继续编辑工程，则应单击"取消"按钮。

4. 保存工程

将现在编辑中的工程文件保存下来，其操作步骤如下。

（1）选择"工程"→"保存工程"，或者按"Ctrl+S"键，或者单击 工具，弹出"另存工程为"对话框，如图 4-45 所示。

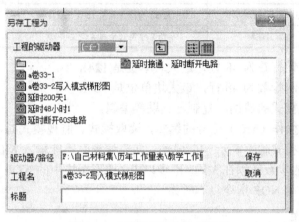

图 4-45 "另存工程为"对话框

（2）选择所存工程驱动器/路径和输入工程名，单击"保存"按钮，弹出"新建工程"确认对话框；单击"取消"按钮，重新选择操作。

（3）在"新建工程"确认对话框中单击"是"按钮，确认新建工程，进行存盘；单击"否"按钮，返回上一个对话框。

5. 删除工程

将已保存在计算机中的工程文件删除，其具体操作步骤如下。

（1）选择"工程"→"删除工程…"，弹出"删除工程"对话框。

（2）单击将删除的文件名，按 Enter 键，或者单击"删除"按钮；或者双击将删除的文件名，弹出删除确认对话框。单击"取消"按钮，不继续删除操作。

（3）在删除确认对话框中单击"是"按钮，确认删除工程；单击"否"按钮，返回上一个对话框。

4.4.5 程序的制作

1. 梯形图制作时的注意事项

1）梯形图表示画面时的限制事项

（1）在 1 个画面上表示梯形图 12 行（800×600 像素画面缩小率 50%）。

（2）1 个梯形图块在 24 行以内制作，超出 24 行就会出现错误。

（3）1 个梯形图块的触点数是 11 个触点+1 个线圈。

（4）注释文字规定详见表 4-14。

2）梯形图编辑画面时的限制事项

（1）1 个梯形图块的最大编辑行数为 24 行。

（2）1 个梯形图块的编辑行数为 24 行，总梯形图块的最大行数为 48 行。

表 4-14　注释文字规定

注 释 项 目	表 述 内 容	输入文字数	梯形图画面表示文字数
注释编辑	描述软元件的功用	半角 32 字符（全角 16 个文字）	8 个文字×4 行
声明编辑	描述功能图块的功用	半角 64 字符（全角 32 个文字）	设定的文字部分全部表示
注解项编辑	描述应用指令的功用	半角 32 字符（全角 16 个文字）	设定的文字部分全部表示
机器名	机器名注释	半角 8 字符（全角 4 个文字）	

（3）数据的最大剪切行数为 48 行，最大块单位是 124K 步。

（4）数据的最大复制行数为 48 行，最大块单位是 124K 步。

（5）不能进行读取模式的剪切、复制、粘贴等编辑。

（6）不能进行主控操作（MC）记号的编辑，读取模式、监视模式时，MC 记号会在编程界面表示出来。但在写入模式时不表示 MC 记号。即在编程时不能输入 MC 记号。

（7）1 个梯形图块的步数必须在大约 4K 步以内，梯形图块中的 NOP 指令也包括在步骤内，梯形图块和梯形图块间的 NOP 指令没有关系。

2．梯形图程序制作

创建图 4-46 所示的梯形图程序（图中所示程序不代表任何控制作用，仅作为输入程序示例讲解之用），操作步骤如下。

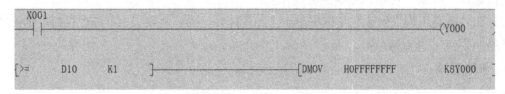

图 4-46　示例梯形图

（1）双击桌面上的 GX Developer 图标，或从"开始"菜单中选择"程序"→"MELSOFT 应用程序"→"GX Developer"打开 GX Developer 软件。

（2）选择"工程"→"创建新工程"，出现图 4-47 所示的画面，在"PLC 系列"选项下选择"FXCPU"，在"PLC 类型"选项下选择"FX2N（C）"，在"程序类型"选项中选择"梯形图逻辑"，并设置工程名称、保存路径等。单击"确定"按钮，即可完成工程的设置，并出现图 4-48 所示的界面。

图 4-47　创建新工程

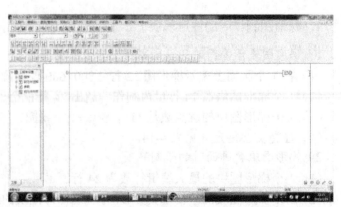

图 4-48　创建梯形图界面

（3）在图 4-48 所示的界面中，输入程序有两种方法：直接输入指令和使用快捷键的方法。

① 直接输入指令：在如图 4-49 所示的"梯形图输入"对话框中，输入"ld　x1"，并单击"确定"按钮或按 Enter 键。

② 单击梯形图输入快捷键工具条上标有 $\overset{||}{F5}$（常开触点）的工具图标，在图 4-50 所示的"梯形图输入"对话框中自动生成标记 ⊣⊢，并在文件框中输入"x1"，单击"确定"按钮或按 Enter 键。

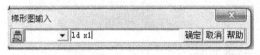
图 4-49　"梯形图输入"对话框中直接输入程序

图 4-50　用快捷键输入程序

（4）第（3）步确定后，出现图 4-51 所示的界面。用前述类似方法直接输入"OUT Y0"指令（或按快捷键 F7，输入"Y0"），即完成第一项指令的输入。

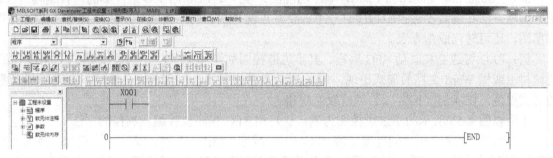
图 4-51　输入程序过程步骤 1

（5）直接输入"ld >=d10　k1"或者按 F8 键后，再在梯形图对话框中输入">= d10　k1"（详见图 4-52）。

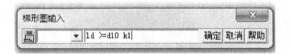
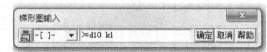

图 4-52　输入程序过程步骤 2

（6）直接输入"dm ov hffffffff k8y0"，按 Enter 键确定即可，如图 4-53 所示。

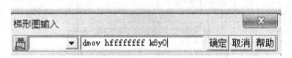

图 4-53　输入程序过程步骤 3

（7）至此完成了示例程序的创建，如图 4-54 所示。

（8）图 4-54 中的梯形图是不能为 PLC 所识别的，必须经过变换。可选择菜单"变换"→"变换"，或者快捷键 F4，也可单击程序工具条中的"⬚"按键，对以上程序进行转换，转换完成后，则能出现图 4-46 所示的例程。转换中如有错误出现，线路出错区保持灰色，应检查所输入的程序。

（9）上述是以梯形图形式进行程序输入的，单击程序工具条中的"⬚"按钮，示例将显示编程程序的指令表，也可以指令表的形式一步一步地输入程序。

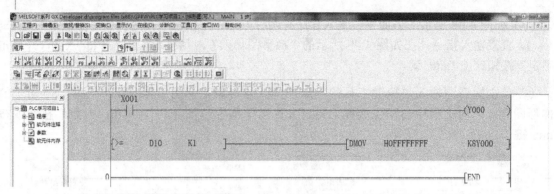

图 4-54 输入示例梯形图

3. SFC 程序创建

SFC（Sequential Function Chart，顺序功能图）程序是 PLC 用于步进控制的一种编程方法。这种编程方法在编写步进控制程序时一个重要特点就是状态的结构明显，同时又可转化成步进梯形图，还可转化成指令表。

例：PLC 可逆能耗制动 SFC 编程。其步进顺控图如图 4-55（a）所示，这种形式只能在纸质教材上或以 Word 文档的形式出现，但是 PLC 软件上是不能实现的，只能以指令表或梯形图的形式展现。图 4-55（b），（c）可用软件创建。

下面以图 4-55 所示的步进顺控图为例，讲述用 SFC 程序软件编程制作的方法。

（1）选择"工程"→"创建新工程（N）…"，或按"Ctrl+N"键，或单击 ▯ 图标，弹出"创建新工程"对话框，如图 4-56 所示。选择"PLC 系列"、"PLC 类型"和"程序类型"，本例以 FX$_{3U}$ 系列 PLC 为例，选择"SFC"程序。其余选项可在以后再设置。单击"确定"按钮，进入图 4-57 所示的编程窗口。

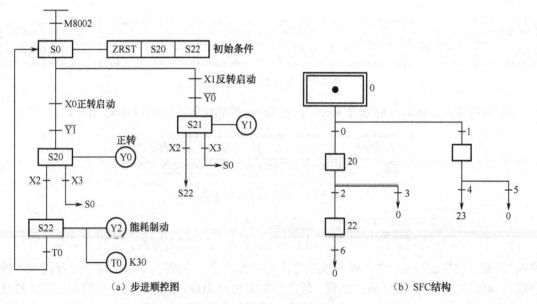

（a）步进顺控图   （b）SFC结构

图 4-55 能耗制动步进顺控图

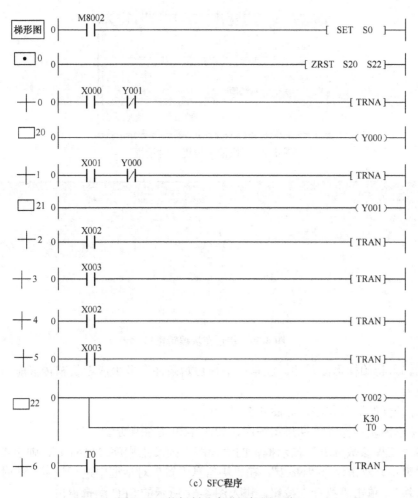

（c）SFC程序

图 4-55 能耗制动步进顺控图（续）

图 4-56 "创建新工程"对话框

图 4-57 编程窗口

（2）双击 No.0 号块处，弹出图 4-58 所示的"块信息设置"对话框。

（3）在"块标题"信息栏中输入信息，如"接通初始状态"。块类型选择"梯形图块"，此操作作用于设置接通初始步的条件等。单击"执行"按钮，进入图 4-59 所示的梯形图块编辑窗口。

图 4-58 "块信息设置"对话框

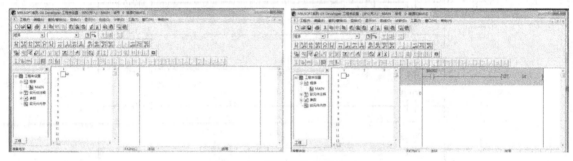

图 4-59 梯形图块编辑窗口

（4）开始输入初始梯形图程序。注意：不管初始条件有多少或者状态转移前的梯形图，均在此一次性输入。

① 在光标处开始输入程序，如图 4-59 左图所示。

② 显示梯形图块中输入的梯形图程序，如图 4-59 右图所示。

（5）双击"工程参数列表"显示框中的"程序"列及主程序"MAIN"，弹出图 4-60 所示的块信息设置窗口，双击块号"No.1"，在"块信息设置"对话框中进行设置。此时，应选择块类型为"SFC 块"。单击"执行"按钮，进入图 4-61 所示的 SFC 编辑窗口。

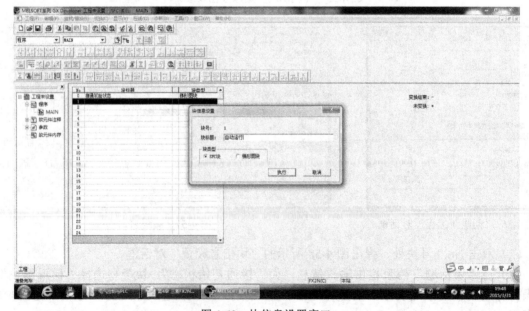

图 4-60 块信息设置窗口

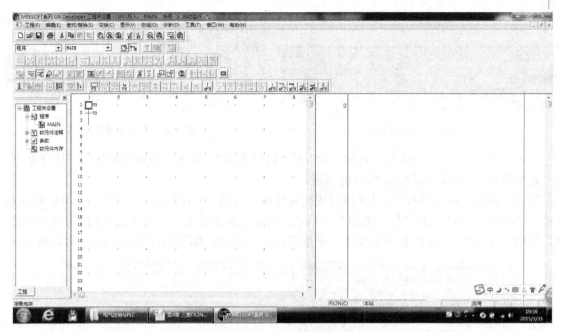

图 4-61   SFC 编辑窗口

（6）从 SFC 初始化步开始，输入"运行输出"和"转移条件"。选择初始步"0"，单击光标处，输入具体"运行输出"；选中转移条件 0，类似操作输入具体条件。当然，也可以先制作 SFC，再逐个输入"运行输出"和"转移条件"。未输入具体"运行输出"和"转移条件"时，SFC 中显示"？"和序号，如图 4-61 所示。而输入初始步的"运行输出"如图 4-62 所示。

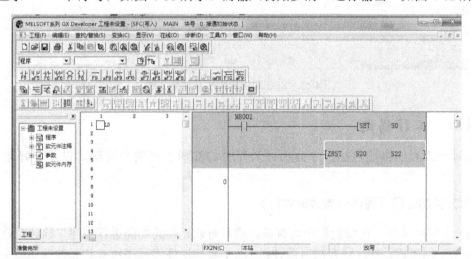

图 4-62   输入初始步的"运行输出"

（7）选中 SFC 的转移条件"0"，在右侧输入具体程序，其中，"TRAN"为虚拟输出指令，用于每次的转移输出。

（8）SFC 步制作，如图 4-63 所示。SFC 中制作"步"图标号有：步（STEP）、跳转（JUMP）、画竖线（|）。

（9）SFC 转移流程制作，如图 4-64 所示。SFC 中转移流程图标号有：转移（TR）、选择分支（--D）、并行分支（==D）、选择汇合（--C）、并行汇合（==C）、直线（|）。

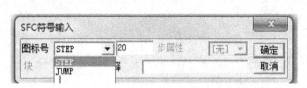

图 4-63　SFC 步制作

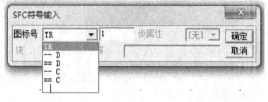

图 4-64　转移流程制作

（10）参照以上方法，输入所有的"步"和"转移条件"。输入完成所有具体的"运行输出"和"转移条件"，完成能耗制动 SFC 的编程。

另外，编辑完成的 SFC 可以和梯形图相互转换，如图 4-65 所示。具体方法：用鼠标右键单击"MAIN"，出现"改变程序类型"子菜单，用鼠标左键单击，出现"改变程序类型"对话框，选取"梯形图"，SFC 程序就变成了梯形图程序。反之，梯形图程序也可编程 SFC 程序。

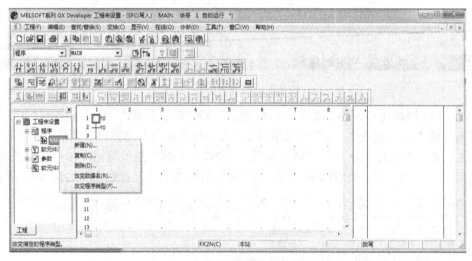

图 4-65　SFC 和梯形图相互转换方法

4.4.6　工程描述

通常对一工程的描述包括三个方面：软元件的注释、声明和注解，以便更好地分析一个工程。

1. 软元件的注释（程序内有效的注释）

它是一个注释文件，在特定程序内有效。通常对软元件的功能进行描述，描述时最多能输入 32 个字符。创建软元件注释方法有两种：方法 1 是一次性将程序所有软元件的功能全部进行描述；方法 2 是每次只能对一个软元件进行描述。

方法 1 步骤：如图 4-66 所示。单击"工程参数列表"中"软元件注释"前的"+"标记，再双击"树"的"COMMENT"（通用注释）。

在弹出注释的编辑窗口中的"软元件名"文本框中输入需创建注释的软元件名，如"X000"，按 Enter 键或单击"显示"按钮，显示出所有"X"软元件名，在注释栏中输入"停止"。同样输入所有软元件注释，如图 4-67 所示。

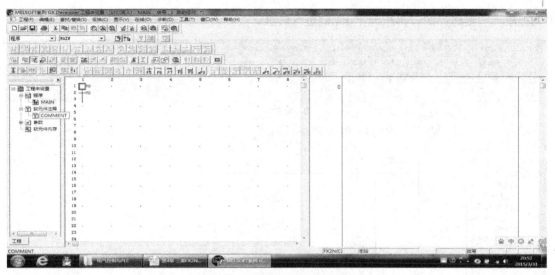

图 4-66　创建软元件注释步骤 1

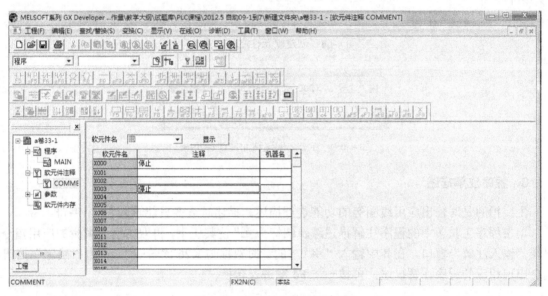

图 4-67　创建软元件注释步骤 2

双击"工程参数列表"中的"MAIN"，显示出梯形图窗口。在菜单栏选择"显示"→"注释显示"或按"Ctrl+F5"键。这时，在梯形图窗口中可以看到"X000"软元件下面有"停止"注释显示，如图 4-68 所示。

方法 2 步骤：单击"程序工具条"中的注释编辑图标"⚞⚟"使其压下，再双击所要编辑的软元件（如上图中的 X000），出现如图 4-69 所示的"输入注释"窗口，在其中输入"停止"，单击"确定"按钮即可。

2. 程序声明描述

主要是对功能图块（FBD）进行描述，使得程序更容易理解。描述时最多只能输入 64 个字符。

单击程序工具条中的声明编辑图标"⚞⚟"使其压下，再双击所要编辑的功能图块的行首，出现"行间声明输入"窗口，在其中输入"启动系统开始设定定时单位"，单击"确定"按钮，出现程序声明描述界面，再按一下 F4 键进行转换。

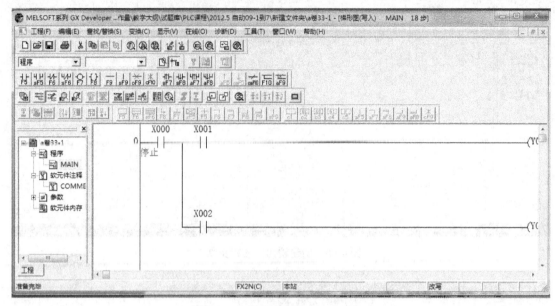

图 4-68　创建软元件注释步骤 3

图 4-69　方法 2 创建软元件注释步骤

3. 程序注解描述

主要指的是对输出应用线圈等的功能进行描述。描述时最多只能输入 32 个字符。

单击程序工具条中的程序注解描述编辑图标""使其压下，再双击所要编辑的应用指令，出现"输入注解"窗口，在其中输入"将 C1 的计时数据与 K26 比较…"，单击"确定"按钮，则会出现相应的程序注解描述，再按一下 F4 键进行转换。

4.4.7　运行监控

1. PLC 与计算机连接

用 SC-09 电缆（或 FX-20P 手持编程器等）将计算机与 FX 系列 PLC 连接起来，再将 PLC 通电，并使其运行开关置于 STOP 位置，将所编写的程序写入 PLC 中。

2. 程序写入

单击菜单栏中的"在线"→"传输设置"，出现"传输设置"窗口。

（1）首先进行串口设置，双击"串行"出现于计算机连接的串口选项，选取计算机所用的串口，并单击"通信测试"，如通信连接正常，出现"与 FXCPU 连接成功"，单击"确认"按钮即可。

（2）当连接有其他接口板或模块时，同样要单击所连接的接口板或模块，进行相关参数（如站号、通信波特率等）设置。

（3）选择主菜单栏中的"在线"菜单，单击"PLC 写入（W）…"，或单击程序工具条上的"⬛"图标，将现有程序写入相应类型的 PLC 中。

3．监视

该功能用于连接计算机和 PLC 的 CPU，监视 PLC 的演算处理状态。

（1）用 GX Developer 软件新建或打开一个工程。

（2）选择菜单栏中的"在线"菜单，单击"PLC 写入（W）…"，或单击程序工具条上的"⬛"图标，将现有程序写入相应类型的 PLC 中。

（3）运行 PLC 时，选择主菜单栏中的"在线"菜单，停留在"监视"子菜单上，再选中"监视模式"，或直接按 F3 键，或单击"程序工具条"上的"⬛"按钮，启动程序监视功能。当 PLC 在运行时，各个编程元件的运行状态和当前性质就在监控画面上表现出来。

4.4.8　GX Simulator Ver.6 仿真软件的使用

GX Simulator 是在 Windows 上运行的软元件包，在安装有 GX Developer 的计算机内追加安装 GX Simulator 就能实现不在线时的调试。不在线调试功能包括软元件的监视测试、外部机器的 I/O 的模拟操作等。如果使用 GX Simulator 软件，就能够在一台计算机上进行顺控程序的开发和调试，所以能够更有效地进行顺控程序修正后的确认。此外，为了能够执行本功能，必须事先安装 GX Developer 软件。通过把 GX Developer 软件制作的顺控程序写入 GX Simulator 软件内，能够实现通过 GX Simulator 软件的调试，顺控程序对 GX Simulator 软件的写入，根据 GX Simulator 软件的启动能够自动进行。

1．启动 GX Simulator Ver.6

（1）打开 GX Developer 软件，新建或打开一个工程。

（2）打开菜单栏中的"工具"菜单，单击"工具栏"下的"梯形图逻辑测试启动（L）"子菜单，或单击工具栏上的梯形图逻辑测试启动按钮"⬛"，启动梯形图逻辑测试操作。

（3）打开菜单栏中的"工具"菜单，单击"梯形图逻辑测试结束"子菜单，或单击工具栏上的梯形图逻辑测试启动/结束按钮"⬛"，结束梯形图逻辑测试，退出 GX Simulator Ver.6 软件的运行。

2．初期画面的表示内容

启动 GX Simulator 软件，会显示 GX Simulator 软件初期画面的值，以下就 GX Simulator 软件初期画面的表示内容进行说明，图中各项内容说明如表 4-15 所示，至于 GX Simulator 软件其他方面的使用，请读者自己去实际探索。

表 4-15　初始画面内容说明表

序号	名　称	内　容
a	表示 CPU 类型	表示现在选择 CPU 的类型
b	LED 表示器	能够表示 16 个字符，对应各 CPU 的运行错误时表示的内容
c	运行状态表示 LED	RUN/ERROR：QnA、A、FX、Q 系列 CPU，动作控制 CPU 功能都有效

序号	名　称	内　容
d	菜单启动	通过菜单启动，软元件存储器监视、I/O 系统设定、串行通信功能成为可能
e	工具	通过工具菜单，实行工具功能
f	帮助	表示 GX Simulator 软件的登录者姓名、软件的版本
g	运行状态表示和设定	表示 GX Simulator 软件的实行状态。运行状态的变更通过单击"选择"按钮来进行
h	LED 复位按钮	单击一下，进行 LED 表示的清除
i	错误详细表示按钮	通过单击"详细"按钮，表示发生的错误内容、错误步、错误文件名（错误文件名仅在 QnA 系列和 Q 系列（Q 模式）CPU 功能时表示）
j	I/O 系统设定 LED	I/O 系统设定实行中 LED 点亮。通过双击，表示现在的 I/O 系统设定的内容
k	未支付信息表示灯	仅表示 GX Simulator 软件未支持的指令，双击支持信息灯，就显示变换成"NOP"指令的未支持指令和其程序名、步号

思考与练习

一、填空题

1. PLC 中的继电器等编程元件不是实际物理元件，而只是计算机存储器中一定的位，它的所谓接通是相应存储单元置_____。

2. 编程元件中只有_____和_____的元件号采用八进制数。

3. _____是初始化脉冲，在_____时，它 ON 一个扫描周期。当 PLC 处于 RUN 状态时，M8000 一直为_____。

4. 计数器当前值等于设定值时，其动合触点_____、动断触点_____，再来计数脉冲时当前值_____。

5. 对梯形图进行语句编程时，应遵循从_____到_____，自_____而_____的原则进行。

二、简答题

1. FX_{3U} 系列 PLC 的输出电路有哪几种形式？各自的特点是什么？

2. 简述 FX_{3U} 系列 PLC 的基本单元、扩展单元和拓展模块的用途。

3. 简述 FX_{3U} 系列 PLC 的输入继电器、输出继电器、定时器和计数器的用途。

4. FX_{3U} 系列 PLC 的定时器和计数器的工作原理有什么区别？如果梯形图线圈前的触点是工作条件，那么定时器和计数器的工作条件有什么不同？

第5章

三菱 FX_{3U} 系列 PLC 的基本指令系统

本章知识点:

● FX_{3U} 系列 PLC 的基本逻辑指令;

● PLC 编程的注意事项;

● 典型基本控制环节;

● 基本指令的典型示例应用。

基本要求:

● 了解 FX_{3U} 系列 PLC 基本逻辑指令的功能含义;

● 掌握 29 条基本指令的使用方法;

● 熟悉基本控制环节;

● 掌握采用基本指令进行系统设计的方法。

能力培养:

通过本章的学习,使学生具有利用基本指令进行逻辑控制系统设计的基本能力。在熟悉典型基本控制环节以及完成相关实验后,进一步激发学生学习 PLC 的热情,开拓学生的创新思维,提高学生的动手能力。经过具体应用示例的训练,培养学生利用基本指令进行编程解决工程实际问题的能力。

5.1 FX_{3U} 系列 PLC 的基本指令

PLC 通过程序对系统实现控制,各种类型 PLC 指令系统的差异主要表现在指令表达式、指令功能及功能的完整性等方面。一般来说,满足基本控制要求的逻辑运算、计时、计数等基本指令,在各种 PLC 上都有,而其他一些增强功能的控制指令,有的 PLC 较多,有的可能少些。充分理解指令的含义,掌握其使用方法并恰当地使用,可以发挥 PLC 强大的控制功能。实践证明,掌握一种机型的指令与编程方法,对学习其他机型有触类旁通的作用。

日本三菱公司的 FX_{3U} 系列 PLC 指令系统的基本指令共 29 条,可用于编制基本逻辑控制中等规模的用户程序,也是复杂综合系统的基础指令。基本指令一般由指令助记符和操作数两部分组成。助记符为指令英文的缩写,操作数表示执行指令的对象,通常为各种软元件的编号或寄存器的地址。

下面主要介绍 FX_{3U} 系列 PLC 的基本指令,如表 5-1 所示。

表 5-1　FX₃ᵤ 系列 PLC 的基本指令一览表

助记符、名称	功　能	回路表示和可用软元件
[LD]取	运算开始 a 触点	XYMSTCD□.b
[LDI]取反	运算开始 b 触点	XYMSTCD□.b
[LDP]取脉冲上升沿	检测上升沿的运算开始	XYMSTCD□.b
[LDF]取脉冲下降沿	检测下降沿的运算开始	XYMSTCD□.b
[AND]与	串联 a 触点	XYMSTCD□.b
[ANI]与反转	串联 b 触点	XYMSTCD□.b
[ANDP]与脉冲上升沿	检测上升沿的串联连接	XYMSTCD□.b
[ANDF]与脉冲下降沿	检测下降沿的串联连接	XYMSTCD□.b
[OR]或	并联 a 触点	XYMSTCD□.b
[ORI]或反转	并联 b 触点	XYMSTCD□.b
[ORP]或脉冲上升沿	检测上升沿的并联连接	XYMSTCD□.b
[ORF]或脉冲下降沿	检测下降沿的并联连接	XYMSTCD□.b

续表

助记符、名称	功　能	回路表示和可用软元件
[ANB]回路块与	并联回路块的串联连接	
[ORB]回路块或	串联回路块的并联连接	
[OUT]输出	线圈驱动指令	YMSTCD□.b
[SET]置位	线圈接通保持命令	YMSD□.b　SET　对象软元件
[RST]复位	线圈接通清除命令	YMSTCDRZVD□.b　RST　对象软元件
[PLS]上升沿脉冲	上升沿微分输出	YM　PLS　对象软元件
[PLF]下降沿脉冲	下降沿微分输出	YM　PLF　对象软元件
[MC]主控	公共串联点的连接指令	MC　N　YM
[MCR]主控复位	公共串联点的清除指令	MCR　N
[MPS]进栈	压入堆栈	MPS
[MRD]读栈	读出堆栈	MRD
[MPP]出栈	弹出堆栈	MPP
[INV]反转	运算结果的反转	INV
[MEP]	上升沿时导通	

续表

助记符、名称	功　能	回路表示和可用软元件
[MEF]	下降沿时导通	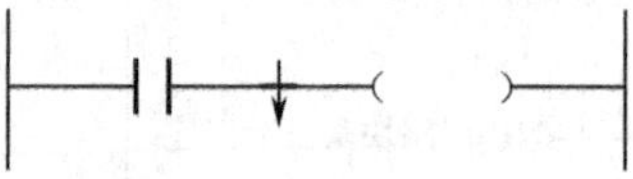
[NOP]空操作	无动作	
[END]结束	程序结束	程序结束，回到"0"

利用这些基本指令，就可以编制出任何开关量控制系统的用户程序，下面逐一介绍。

5.1.1　触点指令及线圈输出指令

1. 逻辑取及线圈输出指令——LD、LDI、OUT

1）LD（load，取指令）

该指令用于梯形图中与左母线相连的第一个常开触点，表示常开触点逻辑运算的起始。操作元件为 X、Y、M、S、T、C、D□.b，　程序步为1。

2）LDI（load inverse，取反指令）

该指令用于梯形图中与左母线相连的第一个常闭触点，表示常闭触点逻辑运算的起始。操作元件为 X、Y、M、S、T、C、D□.b，程序步为1。

3）OUT（输出指令）

该指令用于将运算结果驱动输出继电器 Y、辅助继电器 M、定时器 T、计数器 C 及状态器 S 等的线圈。操作元件为 Y、M、S、T、C、D□.b，程序步：Y、M 为1（特殊辅助继电器 M 为2）；T 为3；C 为3～5。

LD、LDI、OUT 指令的功能、电路表示、操作元件、所占的程序步如表 5-2 所示。

表 5-2　LD、LDI、OUT 指令的功能、电路表示、操作元件、所占的程序步

符号、名称	功　能	电路表示及操作元件	程　序　步
LD（取） （load）	常开触点逻辑运算起始	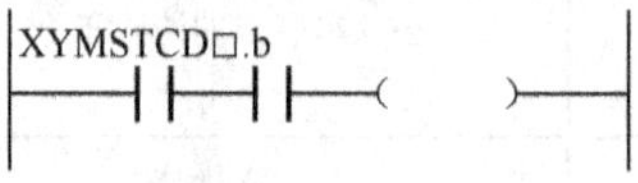 XYMSTCD□.b	1
LDI（取反） （load inverse）	常闭触点逻辑运算起始	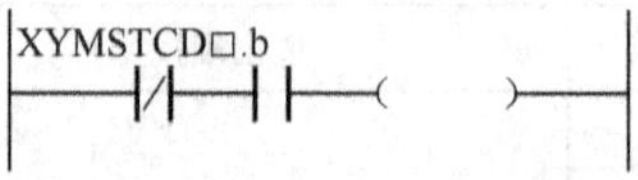 XYMSTCD□.b	1
OUT（输出）	线圈驱动	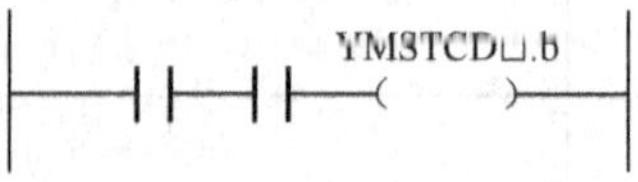 YMSTCD□.b	Y、M、1 （特殊辅助继电器 M，2）； T，3；C，3～5

（1）用法示例：如图 5-1 所示。

（2）注意事项：

LD、LDI 指令用于将触点连接到母线上。其他用法与后述的 ANB 指令组合，在分支起点处也可使用。

OUT 指令是对输出继电器、辅助继电器、状态、定时器、计数器的线圈驱动指令。对输入继电器不能使用。

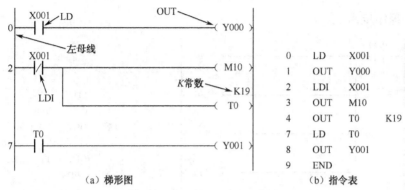

（a）梯形图　　　　　　　（b）指令表

图 5-1　LD、LDI、OUT 指令

并列的 OUT 指令能多次连续使用。

对于定时器的定时线圈或计数器的计数线圈，必须在 OUT 指令后设定常数。常数 K 的设定范围、实际的定时器常数、相对 OUT 指令的程序步数（包含设定值）如表 5-3 所示。

表 5-3　常数 K 的设定

定时器、计数器	K 的设定范围	实际的设定值	步　　数
1ms 定时器	1～32 767	0.001～32.767s	3
10ms 定时器	1～32 767	0.01～327.67s	3
100ms 定时器		0.1～3 276.7s	
16 位计数器	1～32 767	同左	3
32 位计数器	−2 147 483 648～+2 147 483 647	同左	5

（3）双线圈输出：在用户程序中，同一个编程元件的线圈使用了两次或多次，称为双线圈输出。线圈一般不能重复使用，如图 5-2 所示为同一线圈 Y3 多次使用的情况。

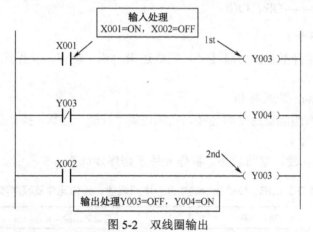

图 5-2　双线圈输出

（4）OUT 指令的并联：程序中多个线圈同时受一个或一组触点控制，可以用 OUT 指令，如图 5-3 所示。

2. 触点串联指令——AND、ANI

1）AND（and，与指令）

该指令用于单个常开触点的串联连接，完成逻辑"与"运算，操作元件为 X、Y、M、S、

T、C、D□.b，程序步为 1。

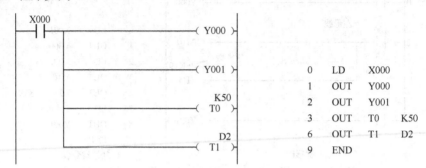

图 5-3　OUT 指令的并联

2）ANI（and inverse，与反转指令）

该指令用于单个常闭触点的串联连接，完成逻辑"与非"运算，操作元件为 X、Y、M、S、T、C 、D□.b，程序步为 1。

AND、ANI 指令的功能、电路表述、操作元件及程序步如表 5-4 所示。

表 5-4　AND、ANI 指令的功能、电路表述、操作元件及程序步

符号、名称	功　能	电路表述及操作元件	程　序　步
AND（与） （and）	常开触点串联连接	XYMSTCD□.b	1
ANI（与反转） （and inverse）	常闭触点串联连接	XYMSTCD□.b	1

3. 触点并联指令——OR、ORI

1）OR（or，或指令）

该指令用于单个常开触点的并联连接，完成逻辑"或"运算，操作元件为 X、Y、M、S、T、C、D□.b，程序步为 1。

2）ORI（or inverse，或反转指令）

该指令用于单个常闭触点的并联连接，完成逻辑"或非"运算，操作元件为 X、Y、M、S、T、C、D□.b，程序步为 1。

OR、ORI 指令的功能、电路表述、操作元件及程序步如表 5-5 所示。

表 5-5　OR、ORI 指令的功能、电路表述、操作元件及程序步

符号、名称	功　能	电路表述及操作元件	程　序　步
OR（或）	常开触点并联连接	XYMSTCD□.b	1

续表

符号、名称	功　能	电路表述及操作元件	程　序　步
ORI（或反转） （or inverse）	常闭触点并联连接	XYMSTCD□.b	1

（1）用法示例：如图 5-4 所示。

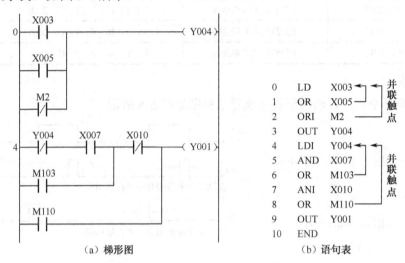

（a）梯形图　　　　　　（b）语句表

图 5-4　AND、ANI、OR、ORI 指令

（2）注意事项：

AND 是常开触点串联连接指令，ANI 是常闭触点串联连接指令，OR 是常开触点并联连接指令，ORI 是常闭触点并联连接指令。这 4 条指令后面必须有被操作的元件名称及元件号，都可以用于 X、Y、M、T、C、D□.b 和 S 继电器。

单个触点与左边的电路串联，使用 AND 和 ANI 指令时，串联触点的个数没有限制，但是因为图形编程器和打印机的功能有限制，所以建议尽量做到一行不超过 10 个触点和 1 个线圈。

OR 和 ORI 指令是从该指令的当前步开始，对前面的 LD、LDI 指令并联连接，并联连接的次数无限制，但是因为图形编程器和打印机的功能有限制，所以并联连接的次数不超过 24 次。

OR 和 ORI 指令用于单个触点与前面电路的并联，并联触点的左端接到该指令所在的电路块的起始点（LD 点）上，右端与前一条指令对应的触点的右端相连，即单个触点并联到它前面已经连接好的电路的两端（两个以上触点串联连接的电路块的并联连接时要用后续的 ORB 指令）。

4．边沿检测指令——LDP、LDF、ANDP、ANDF、ORP、ORF

1）LDP、ANDP、ORP（上升沿检测的触点指令）

这些指令的功能为仅在指定位元件的上升沿（OFF→ON）时接通一个扫描周期，操作元件为 X、Y、M、S、T、C、D□.b，程序步为 2。

2）LDF、ANDF、ORF（下降沿检测的触点指令）

这些指令的功能为仅在指定位元件的下降沿（ON→OFF）时接通一个扫描周期，操作元件为 X、Y、M、S、T、C、D□.b，程序步为 2。

LDP、LDF、ANDP、ANDF、ORP、ORF 指令的功能、操作元件如表 5-6 所示。

表 5-6　LDP、LDF、ANDP、ANDF、ORP、ORF 指令的功能、操作元件

指令助记符、名称	功　能	可用软元件	程　序　步
LDP（取脉冲上升沿）	上升沿检测运算开始	X、Y、M、S、T、C、D□.b	2
LDF（取脉冲下降沿）	下降沿检测运算开始	X、Y、M、S、T、C、D□.b	2
ANDP（与脉冲上升沿）	上升沿检测串联连接	X、Y、M、S、T、C、D□.b	2
ANDF（与脉冲下降沿）	下降沿检测串联连接	X、Y、M、S、T、C、D□.b	2
ORP（或脉冲上升沿）	上升沿检测并联连接	X、Y、M、S、T、C、D□.b	2
ORF（或脉冲下降沿）	下降沿检测并联连接	X、Y、M、S、T、C、D□.b	2

用法示例如下：

上升沿检测指令、下降沿检测指令执行示意图如图 5-5 所示。

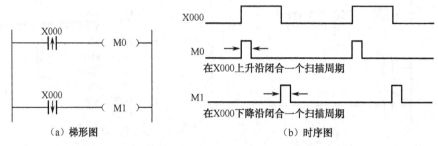

图 5-5　上升沿检测指令、下降沿检测指令执行示意图

如图 5-6 所示，两种情况都是在 X000 由 OFF→ON 变化时 M0 接通一个扫描周期。

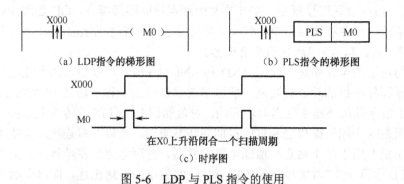

图 5-6　LDP 与 PLS 指令的使用

5.1.2　块与、块或指令——ANB、ORB

1. 块与指令——ANB（and block）

ANB 适用于两个或两个以上触点并联连接电路块的串联连接，无操作元件，程序步为 1。每个并联电路块的起点都要使用 LD/LDI 指令，并联电路块结束后，用 ANB 指令与前面电路串联。

ANB 指令的功能、电路表述、操作元件及程序步如表 5-7 所示。

表 5-7　ANB 指令的功能、电路表述、操作元件及程序步

符号、名称	功　能	电路表述及操作元件	程　序　步
ANB（回路块与） （and block）	并联电路的串联连接	操作元件：无	1

ANB 指令的梯形图与语句表如图 5-7 所示。

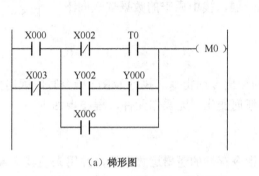

```
0   LD    X000
1   ORI   X003
2   LDI   X002
3   AND   T0
4   LD    Y002
5   AND   Y000
6   ORB
7   OR    X006
8   ANB
9   OUT   M0
```

（a）梯形图　　　　　　　　（b）语句表

图 5-7　ANB 指令

2．块或指令——ORB（or block）

ORB 适用于两个或两个以上触点串联连接电路块的并联连接，无操作元件，程序步为 1。每个串联电路块的起点都要使用 LD/LDI 指令，串联电路块结束后，用 ORB 指令与前面电路并联。

ORB 指令的功能、电路表述、操作元件及程序步如表 5-8 所示。

表 5-8　ORB 指令的功能、电路表述、操作元件及程序步

符号、名称	功　能	电路表述及操作元件	程　序　步
ORB（回路块或） （or block）	串联电路的并联连接	操作元件：无	1

ORB 指令的梯形图与语句表如图 5-8 所示。

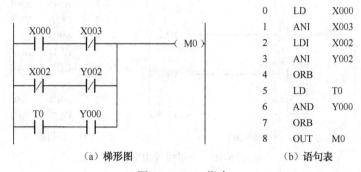

```
0   LD    X000
1   ANI   X003
2   LDI   X002
3   ANI   Y002
4   ORB
5   LD    T0
6   AND   Y000
7   ORB
8   OUT   M0
```

（a）梯形图　　　　　　　　（b）语句表

图 5-8　ORB 指令

5.1.3 多重输出指令——MPS、MRD、MPP

在 FX$_{3U}$ 系列 PLC 中设计有存储中间运算结果的存储器，采用"先进后出"的数据存取方式，利用上述指令可以将连接点的逻辑运算结果先存储起来，需要的时候再取出来，用于多重输出电路，如图 5-9 所示。

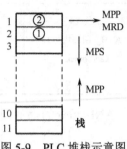

图 5-9 PLC 堆栈示意图

1. MPS（push，进栈指令）

MPS 将其以前的逻辑运算结果存储起来，使用一次 MPS 指令时，该时刻的运算结果压入栈的第一层，栈中原来的数据依次向下推移。无操作元件，程序步为 1。

2. MRD（read，读栈指令）

MRD 为栈中最上层所存数据的读出专用指令。执行 MRD 指令时，读出由 MPS 指令存储的逻辑运算结果，栈内数据不发生任何变化。无操作元件，程序步为 1。

3. MPP（pop，出栈指令）

MPP 用于读出并清除由 MPS 指令存储的逻辑运算结果，并用来使其余各层的数据向上移动一层，MPS 和 MPP 必须成对使用，且连续使用应少于 11 次。无操作元件，程序步为 1。

MPS、MRD、MPP 指令的功能、电路表述、操作元件及程序步如表 5-9 所示。

表 5-9 MPS、MRD、MPP 指令的功能、电路表述、操作元件及程序步

指令助记符、名称	功　能	电路表述及操作元件	程　序　步
MPS（push）	进栈	┤├ MPS ┤├ —( )	1
MRD（read）	读栈	MRD —( )	1
MPP（pop）	出栈	MPP —( )	1

用法示例如下：

（1）一层栈梯形图及语句表如图 5-10 所示。

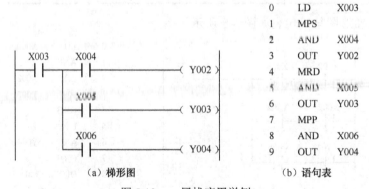

```
0    LD    X003
1    MPS
2    AND   X004
3    OUT   Y002
4    MRD
5    AND   X005
6    OUT   Y003
7    MPP
8    AND   X006
9    OUT   Y004
```

　　　　（a）梯形图　　　　　　　　　（b）语句表

图 5-10 一层栈应用举例

（2）一层栈与 ANB、ORB 指令配合电路如图 5-11 所示。

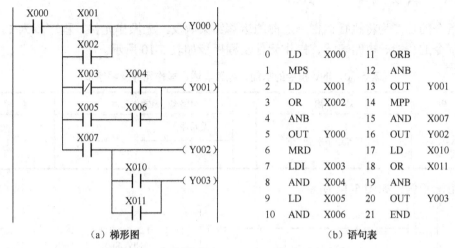

0	LD X000	11	ORB
1	MPS	12	ANB
2	LD X001	13	OUT Y001
3	OR X002	14	MPP
4	ANB	15	AND X007
5	OUT Y000	16	OUT Y002
6	MRD	17	LD X010
7	LDI X003	18	OR X011
8	AND X004	19	ANB
9	LD X005	20	OUT Y003
10	AND X006	21	END

（a）梯形图   （b）语句表

图 5-11   一层栈与 ANB、ORB 指令配合电路

（3）二层栈梯形图及语句表如图 5-12 所示。

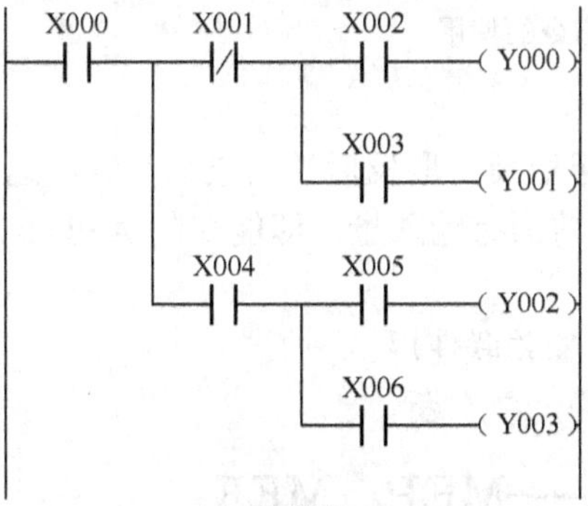

0	LD X000	11	MPS
1	MPS	12	AND X005
2	ANI X001	13	OUT Y002
3	MPS	14	MPP
4	AND X002	15	AND X006
5	OUT Y000	16	OUT Y003
6	MPP	17	END
7	AND X003		
8	OUT Y001		
9	MPP		
10	AND X004		

（a）梯形图   （b）语句表

图 5-12   二层栈应用举例

（4）四层栈梯形图及语句表如图 5-13 所示。

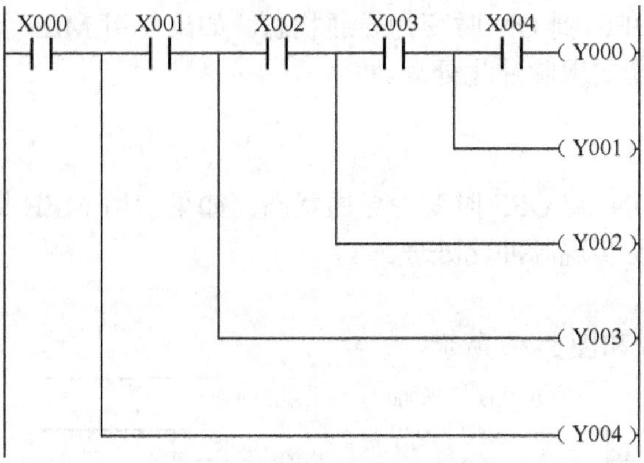

0	LD X000	11	OUT Y001
1	MPS	12	MPP
2	AND X001	13	OUT Y002
3	MPS	14	MPP
4	AND X002	15	OUT Y003
5	MPS	16	MPP
6	AND X003	17	OUT Y004
7	MPS		
8	AND X004		
9	OUT Y000		
10	MPP		

（a）梯形图   （b）语句表

图 5-13   四层栈应用举例

5.1.4 取反指令——INV

INV 指令的功能为将执行该指令之前的运算结果取反，无操作元件，程序步为 1。

INV 指令的功能、电路表述、操作元件及程序步如表 5-10 所示。

表 5-10 INV 指令的功能、电路表述、操作元件及程序步

指 令	功 能	电路表述及操作元件	程 序 步
INV	运算结果取反	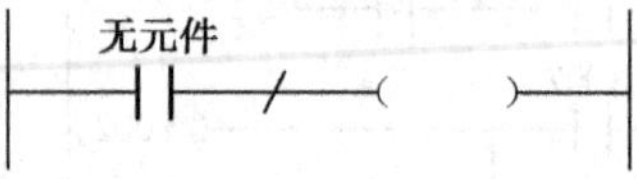 无元件	1

（1）用法示例：如图 5-14 所示。

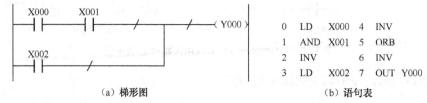

(a) 梯形图

```
0  LD   X000    4  INV
1  AND  X001    5  ORB
2  INV           6  INV
3  LD   X002    7  OUT Y000
```

(b) 语句表

图 5-14 INV 指令的使用

（2）注意事项：

INV 指令是把指令所在位置当前逻辑运算结果取反，取反后的结果仍可继续运算。

编写 INV 指令不能直接与母线相连接，需要前面有输入量，即能编制 AND、ANI 指令步的位置可使用 INV。

INV 指令也不能如 OR、ORI、ORP、ORF 单独并联使用。

可以多次连续使用，但结果只有两个：要么通，要么断。

5.1.5 上升/下降延时导通指令——MEP、MEF

MEP、MEF 指令是使运算结果脉冲化的指令，不需要指定软元件编号。

1. MEP 指令

在到 MEP 指令为止的运算结果，从 OFF 到 ON 时变为导通状态。如果使用 MEP 指令，那么在串联了多个触点的情况下，非常容易实现脉冲化处理。

2. MEF 指令

在到 MEF 指令为止的运算结果，从 ON 到 OFF 时变为导通状态。如果使用 MEF 指令，那么在串联了多个触点的情况下，非常容易实现脉冲化处理。

1）用法示例

MEP、MEF 指令的使用分别如图 5-15 和图 5-16 所示。

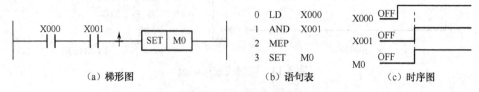

(a) 梯形图　　　　(b) 语句表　　　　(c) 时序图

图 5-15 MEP 指令的使用

图 5-16　MEF 指令的使用

2）注意事项

（1）在子程序以及 FOR～NEXT 指令等中，如果用 MEP、MEF 指令对用变址修饰的触点进行脉冲化，则可能无法正常动作。

（2）MEP、MEF 指令是根据到 MEP、MEF 指令正前面为止的运算结果而动作的，所以需在与 AND 指令相同的位置上使用。

MEP、MEF 指令不能用于 LD、OR 指令的位置。

（3）RUN 中写入时的注意事项：

① 对包含 MEP 指令的回路的 RUN 中写入结束时，到 MEP 指令为止的运算结果为 ON，MEP 指令的执行结果变为 ON（导通状态）。

② 对包含 MEF 指令的回路的 RUN 中写入结束时，与到 MEF 指令为止的运算结果（ON/OFF）无关，MEF 指令的执行结果变为 OFF（非导通状态）。到 MEF 指令的运算结果再次从 ON 变为 OFF 时，MEF 指令的执行结果变为 ON（导通状态）。

5.1.6　输出指令

1. 置位与复位指令——SET、RST

1）SET（set，置位指令）

SET 的功能为使操作元件动作自保持接通（ON）状态，操作元件为 Y、M、S、D□.b。

2）RST（reset，复位指令）

RST 的功能为使操作元件保持复位 OFF 状态及数据寄存器、定时器、计数器清零，操作元件为 Y、M、S、T、C、D、V、Z、D□.b。程序步为 Y、M，1；T、C、特殊辅助继电器，2；D、V、Z、特殊数据寄存器，3。

SET、RST 指令的功能、电路表述、操作元件及程序步如表 5-11 所示。

表 5-11　SET、RST 指令的功能、电路表述、操作元件及程序步

符号、名称	功　能	电路表述及操作元件	程　序　步
SET（置位）	元件自保持 ON	YMSD□.b　SET 对象软元件	Y、M，1；S、特殊辅助寄存器，2
RST（复位）（reset）	复位目标元件并保持清零状态	YMSTCDRZVD□.b　RST 对象软元件	T、C，2；D、V、Z、特殊数据寄存器，3

SET 与 RST 指令的使用如图 5-17 所示。

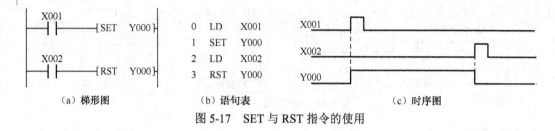

图 5-17　SET 与 RST 指令的使用

2. 脉冲输出指令——PLS、PLF

1) PLS（pulse，上升沿脉冲输出指令）

PLS 指令在输入信号的上升沿产生脉冲输出，操作元件为 Y、M，程序步为 2。

PLS 指令的使用如图 5-18 所示。

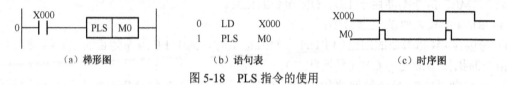

图 5-18　PLS 指令的使用

2) PLF（pulse fall，下降沿脉冲输出指令）

PLF 指令在输入信号的下降沿产生脉冲输出，操作元件为 Y、M，程序步为 2。

PLF 指令的使用如图 5-19 所示。

图 5-19　PLF 指令的使用

PLS、PLF 指令的功能、电路表述、操作元件及程序步等如表 5-12 所示，指令的使用如图 5-20 所示。

表 5-12　PLS、PLF 指令的功能、电路表述、操作元件及程序步

符号、名称	功　能	电路表述及操作元件	程　序　步
PLS（上升沿脉冲） （pulse）	上升沿微分输出	⊢⊢ PLS Y、M	2
PLF（下降沿脉冲） （pulse fall）	下降沿微分输出	⊢⊢ PLF Y、M	2

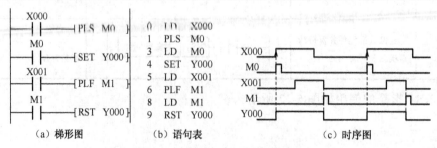

图 5-20　PLS、PLF 指令的使用

5.1.7 主控及主控复位指令——MC、MCR

1. MC（master control，主控电路块开始指令）

MC 用于在相同控制条件下的多路输出，相当于一组电路的总开关。使用主控指令的触点称为主控触点，主控触点只有常开触点。与主控触点相连的触点必须使用 LD、LDI 指令。MC 指令的操作元件为 Y、M，程序步为 3。

2. MCR（master control reset，主控电路块复位指令）

MCR 是 MC 指令的复位指令，即主控电路块结束指令，其作用是使母线回到原来的位置，它的操作元件只有 N0～N7，但一定要和 MC 指令中的嵌套层数一致，它与 MC 必须成对使用，程序步为 2。

MC、MCR 指令的功能、电路表述、操作元件及程序步如表 5-13 所示。

表 5-13 MC、MCR 指令的功能、电路表述、操作元件及程序步

符号、名称	功　　能	电路表述及操作元件	程　序　步
MC（主控开始）	主控电路块起点	MC　N　Y/M 不允许使用特殊辅助继电器	3
MCR（主控复位）	主控电路块终点	MCR　N	2

（1）用法示例：如图 5-21 所示。

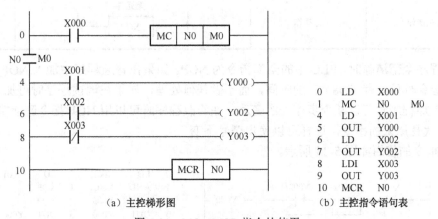

（a）主控梯形图　　　（b）主控指令语句表

图 5-21 MC、MCR 指令的使用

（2）注意事项：MC 指令与 MCR 指令也可进行嵌套使用，即在 MC 指令后未使用 MCR 指令，而再次使用 MC 指令，此时主控标志 N0～N7 必须按顺序增加，当使用 MCR 指令返回时，主控标志 N7～N0 必须按顺序减小，如图 5-22 所示。由于主控标志范围为 N0～N7，所以，主控嵌套使用不得超过 8 层。

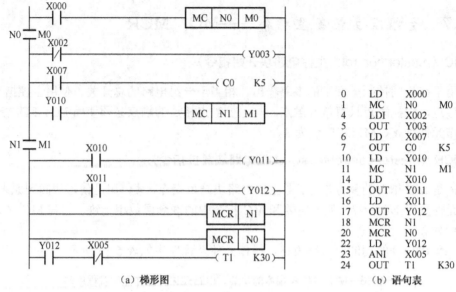

（a）梯形图　　　　　　（b）语句表

图 5-22　主控的嵌套使用

5.1.8　空操作指令——NOP

执行 NOP 指令，无动作。NOP 无操作元件，程序步为 1。

NOP 指令的功能、电路表述、操作元件及程序步如表 5-14 所示。

表 5-14　NOP 指令的功能、电路表述、操作元件及程序步

符号、名称	功　能	电路表述及操作元件	程　序　步
NOP（空操作）	无动作	无元件 NOP	1

在将程序全部清除时，PLC 中的全部指令为 NOP。如果在普通程序中加入 NOP 指令，PLC 读 NOP 指令时只占有 0.08μs 的时间，而不做任何处理，如果在调试程序时可加入一定量的 NOP，在追加程序时可以减少步序号的变动，在修改程序时可以用 NOP 指令删除接点或电路，即用 NOP 代替原来的指令，这样可以使步序号不变。

NOP 指令的使用如图 5-23 所示。

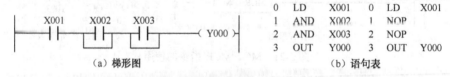

（a）梯形图　　　　　　（b）语句表

图 5-23　NOP 指令的使用

5.1.9　程序结束指令——END

END 用于程序的结束，无操作元件，程序步为 1。

END 指令的功能、电路表述、操作元件及程序步如表 5-15 所示。

表 5-15 END 指令的功能、电路表述、操作元件及程序步

符号（名称）	功 能	电路表述及操作元件	程 序 步
END（结束）	输入/输出处理回到第"0"步	无元件 —[END]—	1

END 为程序结束指令。PLC 按照输入处理、程序执行、输出处理循环工作，若在程序中写入 END 指令，则 END 以后的程序步不再扫描，而是直接进行输出处理，即使用 END 指令可以缩短扫描周期。END 指令的另一个用处是分段程序调试。调试时，可将程序分段后插入 END 指令，从而依次对各程序段的运算进行检查。在确认前面电路块动作正确无误之后可依次删除 END 指令。

5.2 基本指令应用举例

5.2.1 编程注意事项

1. PLC 编程特点

梯形图是 PLC 中最常用的方法，它源于传统的继电器电路图，但发展到今天，两者之间已经有了极大的差别。

（1）程序执行顺序比较如图 5-24 所示。

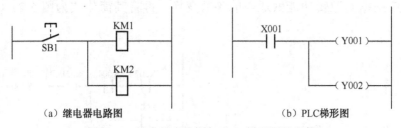

（a）继电器电路图　　　　　　　　　　（b）PLC 梯形图

图 5-24 继电器电路图与 PLC 梯形图的比较

（2）PLC 程序的扫描执行结果如图 5-25 所示。

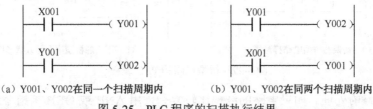

（a）Y001、Y002 在同一个扫描周期内　　（b）Y001、Y002 在同两个扫描周期内

图 5-25 PLC 程序的扫描执行结果

（3）PLC 软件特性。PLC 在梯形图里可以无数次地使用其触点，既可以是常闭触点也可以是常开触点。

2. PLC 编程的基本规则

（1）X、Y、M、T、C 等元件的触点可多次重复使用。

（2）梯形图的每一行都是从左边母线开始的，线圈接在最右边。

（3）线圈不能直接与左边的母线相连。

（4）同一编号的线圈在一个程序中使用两次称为双线圈输出。双线圈输出容易引起误操作，应避免线圈重复使用，步进顺序控制除外。

（5）梯形图必须符合顺序执行的原则，即从左到右、从上到下地执行。不符合顺序执行的电路不能直接编程。如桥式电路梯形图就不能直接编程。

（6）在梯形图中串联触点和并联触点使用的次数没有限制，但由于梯形图编程器和打印机的限制，所以建议串联触点一行不超过 10 个，并联连接的次数不超过 24 行。

3. 编程技巧

（1）程序应按照自上而下、从左到右的方式编写。为了减少程序的执行步数，程序应"左大右小、上大下小"，尽量不出现电路块在右边或下边的情况，如图 5-26 所示。

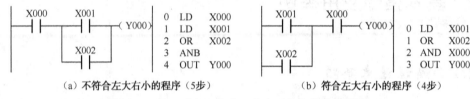

| （a）不符合左大右小的程序（5步） | （b）符合左大右小的程序（4步） |

图 5-26　PLC "左大右小、上大下小" 的编程规则

（2）依照扫描的原则，程序处理时尽可能让同时动作的线圈在同一个扫描周期内。

（3）桥型电路的编程。在梯形图中，不允许触点上有双向 "电流" 通过。如图 5-27（a）所示的桥型电路，触点 X004 上有双向电流通过，该梯形图不能实现，是错误的。对于这样的梯形图，应根据其逻辑功能做适当的等效变换，再将其简化成为图 5-27（b）所示的梯形图。

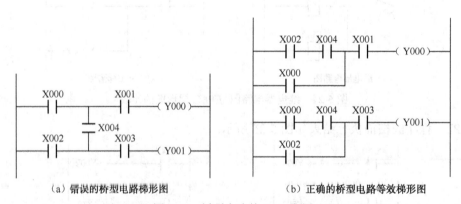

（a）错误的桥型电路梯形图　　　　　　（b）正确的桥型电路等效梯形图

图 5-27　桥型电路的 PLC 编程

（4）复杂电路的处理。如果电路的结构比较复杂，用 ANB 或 ORB 等指令难以解决，可重复使用一些触点画出它们的等效电路，然后再进行编程就比较容易了。

5.2.2　基本控制环节

1）自保持程序

自保持电路也称自锁电路，常用于无机械锁定开关的启动、停止控制。用无机械锁定功能的按钮控制电动机的启动和停止，自保持程序分为断开优先和启动优先两种。

图 5-28（a）所示为断开优先程序。其中 X001 为启动触发信号，X002 为复位触发信号，它们与触点 Y001 构成自锁环节。当 X001 为 ON 状态时，输出继电器线圈 Y001 接通，并通过其动合触点 Y001 形成自锁。当 X002 为 ON 状态时，输出继电器线圈 Y001 断开。

图 5-28（b）所示为启动优先程序。当 X001 为 ON 状态、X002 为 OFF 状态时，输出继电器线圈 Y001 接通，并通过其动合触点 Y001 形成自锁。当 X002 为 ON 状态时，输出继电器线圈 Y001 断开。

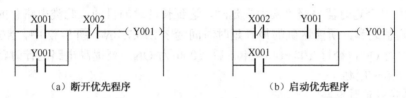

（a）断开优先程序　　　　　　（b）启动优先程序

图 5-28　不同优先顺序的自保持程序

2）互锁程序

互锁电路用于不允许同时动作的两个或多个继电器的控制，如电动机的正反转控制电路程序图，如图 5-29 所示。当 Y001 接通时，Y002 是断开的；同样，当 Y002 接通时，Y001 是断开的。

介绍了两个基本控制环节之后，下面介绍一些和继电控制基本环节相对应的 PLC 梯形图程序。

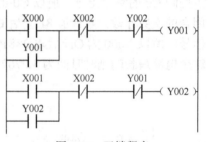

图 5-29　互锁程序

1. 延时接通、延时断开电路

图 5-30 所示为延时接通、延时断开电路，电路中 X001 为 ON 后 T1 开始计时，5s 后 T1 常开触点接通，Y001 为 ON；X001 为 OFF 后 T5 开始计时，8s 后 T5 常闭触点断开，使 Y001 为 OFF，T5 亦被复位。

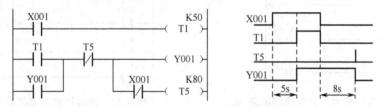

图 5-30　延时接通、延时断开电路

2. 振荡电路

图 5-31 所示为振荡电路，电路中 X001 常开触点接通后，T0 的线圈开始"通电"；7s 后 T0 常开触点接通，从而 Y001 为 ON，T1 也开始"通电"计时。8s 以后，T1 常闭触点断开，使 T0"断电"复位，其常开触点断开使 T1 复位，Y001 为 OFF，T1 的复位使 T1 的常闭触点闭合导致 T0 又开始"通电"计时。以后 Y001 将这样循环 OFF 和 ON，OFF 的时间为 T0 的设定值，ON 的时间为 T1 的设定值。

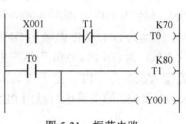

图 5-31　振荡电路

3. 长延时电路

FX 系列可编程序控制器的定时器最长定时时间为 3 276.7s，如果要设定更长的时间，就需要用户自己设计一个长延时电路。由于利用经验设计法的设计结果不是唯一的，从而就存在着优化程度高低的问题，这也反映了程序设计的多样性。

1）定时器"接力"延时电路

长延时电路通常是用定时器及自身触点组成一个脉冲信号发生器，再用计数器对此脉冲进行计数，从而得到一个长延时电路。此电路比较简单，在此就不介绍了。

我们可以用 N 个定时器串级"接力"延时，达到长延时的目的。此类电路总的延时时间为各个定时器设定值之和，所能达到的最长延时时间为 3 276.7s×N。图 5-32 中，X002 用于启动延时电路，M0 为 ON，经过 100+140=240s 后 Y000 为 ON。要提高电路的计时精度，可使用 10ms 定时器 T200～T245。

2）计数器串级延时电路

我们还可以利用多级计数器来对时钟脉冲进行计数，从而得到长延时电路。图 5-33 所示为两级计数器串级延时电路。M8012 和 C0 组成一个 4000×0.1-400s 的定时器，由于 C0 的常开触点控制 C0 的复位指令，所以 C0 的常开触点每隔 400s 闭合一个扫描周期。C1 对 C0 常开触点闭合的次数计数，累计够 81 个后 C1 常开触点接通，使 Y000 为 ON。X000 为启动延时电路的信号，所以 X000 为 ON 后 400×81=32 400s=9h 时输出继电器 Y000 为 ON。X001 为停止信号。这个电路最长的延时时间为 32 767×0.1×32 767=107 367 628.9s≈1242.68 天。

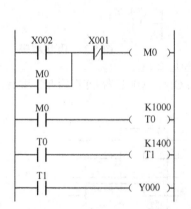

图 5-32　定时器"接力"延时控制电路

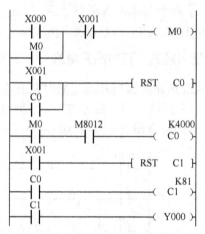

图 5-33　两级计数器串级延时电路

4. 分频电路

图 5-34 所示为分频电路。此电路中，在 X000 为 ON 的第一个周期里，M0、M1、Y000 为 ON，M2 为 OFF；而在 X000 为 ON 的第二个周期里，由于 M1 常开触点断开，M0 为 OFF，M1 继续为 ON，M2 继续为 OFF，Y000 自保为 ON。以后 X000 为 OFF，Y000 仍然为 ON。下次 X000 为 ON 时，M0 仍然产生一个单脉冲，但由于上个周期 Y000 为 ON，所以 M2 为 ON，致使 Y000 为 OFF。由于 Y000 的频率为 X000 的一半，故此电路又叫二分频电路。梯形图中 X000 和 M0 的关系也可以用 PLS 指令加以简化。

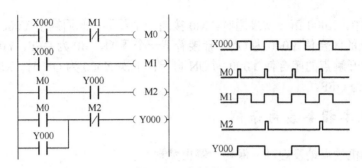

图 5-34　分频电路

图 5-35 所示为采用 PLS 指令编写的二分频控制梯形图。当检测到输入点 X000 的上升沿时，内部继电器线圈 M0 接通一个扫描周期，使输出继电器线圈 Y000 接通，其动合触点 Y000 闭合；当输入点 X000 的第二个脉冲到来时，内部继电器线圈 M0 再次接通，其动合触点 M0 闭合，动断触点 M0 打开，使输出 Y000 断开。显然，输出 Y000 的频率为输入 X000 频率的一半。其输入、输出时序图如图 5-35 所示。

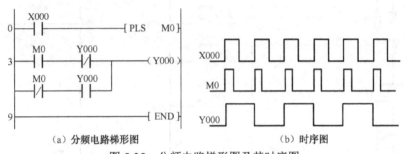

（a）分频电路梯形图　　　　　　　　　　　（b）时序图

图 5-35　分频电路梯形图及其时序图

5. 单按钮启动、停止电路

在 PLC 的设计过程中，有时为了减少输入点数，需要用一个按钮来实现启动和停止两种控制。我们在 PLC 的 X000 输入端口接一个常开按钮，利用上述的分频电路就可以实现对 Y000 输出端口所接执行元件的单按钮启停控制。除分频电路能够实现单按钮控制外，还可以通过下面两个电路达到同一目的。

图 5-36（a）所示为利用计数器实现单按钮控制的电路，X000 第一次为 ON 时，M0 接通一个周期，使 C0 当前值为 1，Y000 为 ON 且自保；下次 X000 为 ON 时，M0 接通一个周期，使 C0 当前值为 2，C0 常闭触点断开，使 Y000 为 OFF；下个周期 C0 常开触点的闭合使 C0 复位，当前值变为 0，等待下一次启动。

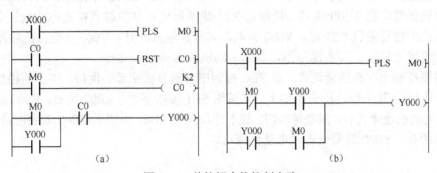

图 5-36　单按钮启停控制电路

图 5-36（b）中，X000 第一次接通时，M0 接通一个周期，此周期中 Y000 通过自身常闭触点和 M0 常开触点的闭合使 Y000 为 ON；紧接着下一个周期，M0 为 OFF，Y000 通过 M0 的常闭触点和 Y000 常开触点的闭合使 Y000 为 ON 自保；下次 X000 为 ON 时，M0 常闭触点断开，打开自保，Y000 为 OFF。

5.2.3 基本指令应用示例

例 5-1 电动机的点动及启动、保持、停止控制

在生产实践过程中，某些生产机械常要求既能连续运行，又能实现调整位置的点动工作。电动机点动或连续运行的主电路如图 5-37 所示。控制电动机点动的 PLC 外部 I/O 接线图如图 5-38 所示。

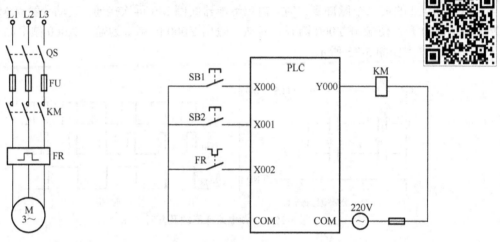

图 5-37 电动机主电路图   图 5-38 控制电动机点动的 PLC 外部 I/O 接线图

根据电动机点动控制要求，PLC 梯形图及语句表如图 5-39 所示。

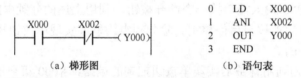

```
0  LD   X000
1  ANI  X002
2  OUT  Y000
3  END
```

（a）梯形图   （b）语句表

图 5-39 PLC 控制电动机点动的梯形图及语句表

工作过程分析如下：当按下按钮 SB1 时，输入继电器 X000 得电，其常开触点闭合，因为异步电动机未过热，热继电器常开触点不闭合，输入继电器 X002 不接通，其常闭触点保持闭合，则此时输出继电器 Y000 接通，接触器 KM 线圈得电，其主触点接通电动机的电源，电动机启动运行；当松开按钮 SB1 时，X000 失电，其常开触点断开，Y000 失电，接触器 KM 线圈断电，电动机停止转动。即本梯形图可实现电动机的点动控制功能。

如果需要控制电动机连续动作，则 PLC 控制电动机直接启动、保持、停止的梯形图及语句表如图 5-40 所示。其工作过程分析如下：当按钮 SB1 被按下时，X000 接通，Y000 线圈得电并自锁，这时电动机连续运行；需要停车时，按下停车按钮 SB2，串联于 Y000 线圈回路中的 X001 的常闭触点断开，Y000 线圈失电，电动机停止。

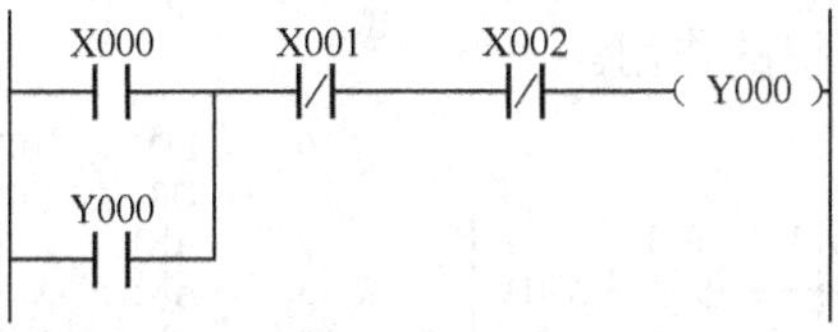

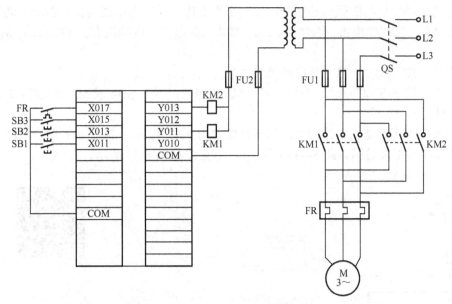

```
 0    LD    X000
 1    OR    Y000
 2    ANI   X001
 3    ANI   X002
 4    OUT   Y000
```

（a）梯形图　　　　　　　　（b）语句表

图 5-40　PLC 控制电动机直接启动、保持、停止的梯形图及语句表

上述梯形图称为启-保-停电路，并联在 X000 常开触点上的 Y000 常开触点的作用是当按钮 SB1 松开，输入继电器触点 X000 断开时，线圈 Y000 仍然能保持接通状态。工程中把这个触点叫作"自保持触点"或"自锁触点"。

例 5-2　具有电气互锁的电动机正反转控制

PLC 控制电动机正反转的 I/O 外部接线图及主电路图如图 5-41 所示，其 I/O 分配如表 5-16 所示。

图 5-41　PLC 控制电动机正反转的 I/O 外部接线图及主电路图

表 5-16　PLC 控制电动机正反转的 I/O 分配

输　入		输　出	
X011	正转启动按钮 SB1	Y011	控制电动机正转接触器 KM1
X013	反转启动按钮 SB2	Y013	控制电动机反转接触器 KM2
X015	停止按钮 SB3		
X017	热继电器常开按钮 FR——过载保护		

具有电气互锁的电动机正反转控制梯形图及语句表如图 5-42 所示，其中正反转启动按钮 X011、X013 为复合按钮，起到机械互锁的作用；而将正反转输出 Y011、Y013 的常闭触点串

接到对方的支路上，起到电气（软件）互锁的作用。

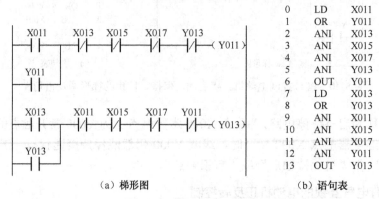

0	LD	X011
1	OR	Y011
2	ANI	X013
3	ANI	X015
4	ANI	X017
5	ANI	Y013
6	OUT	Y011
7	LD	X013
8	OR	Y013
9	ANI	X011
10	ANI	X015
11	ANI	X017
12	ANI	Y011
13	OUT	Y013

（a）梯形图　　　　　　　　（b）语句表

图 5-42　梯形图及语句表

例 5-3　两台电动机顺序启动的联锁控制

两台电动机顺序启动的联锁控制为：前一个不动作，后一个不能动作；前一个动作之后，后一个才能动作。控制要求第一台电动机 M1 启动之后第二台电动机 M2 才能启动，M2 可单独停止。

（1）启动：按下 SB1，第一台电动机启动并自锁。

（2）停机：按下 SB2 或 M1 过载，M1、M2 都停机；按下 SB4 或 M2 过载时，M2 停机，但 M1 可继续运行。

两台电动机顺序启动主电路图及应用示意图如图 5-43 所示。 PLC 控制两台电动机顺序启动控制线路 I/O 外部接线图如图 5-44 所示，其 I/O 分配如表 5-17 所示。

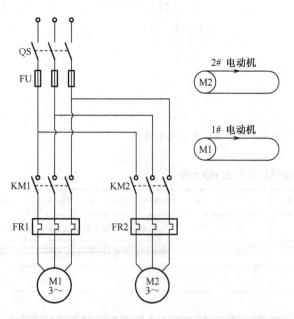

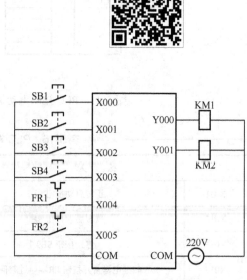

图 5-43　两台电动机顺序启动主电路图及应用示意图　　　　　图 5-44　I/O 外部接线图

表 5-17 PLC 控制两台电动机顺序启动联锁控制的 I/O 分配

输 入		输 出	
X000	第一台电动机启动按钮 SB1	Y000	控制第一台电动机接触器 KM1
X001	第一台电动机停止按钮 SB2	Y001	控制第二台电动机接触器 KM2
X002	第二台电动机启动按钮 SB3		
X003	第二台电动机停止按钮 SB4		
X004	第一台电动机热继电器 常开按钮 FR1		
X005	第二台电动机热继电器 常开按钮 FR2		

PLC 控制两台电动机顺序启动联锁控制线路的梯形图及语句表如图 5-45 所示。

例 5-4 Y-△降压启动控制

图 5-46 所示电路是一个控制三相交流异步电动机 Y-△降压启动电路。按下启动按钮 SB1，接触器 KM 线圈得电，同时接触器 KMY 线圈得电，电动机定子绕组接成 Y 形降压启动；当转速上升并接近电动机的额定转速时，时间继电器动作，接触器 KMY 线圈失电，接触器 KM△线圈得电，电动机定子绕组接成△形全压运行；按下按钮 SB2，接触器 KM 线圈失电，电动机 M 停止运行。PLC I/O 分配如表 5-18 所示。

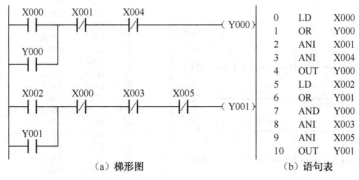

（a）梯形图　　　　（b）语句表

图 5-45 梯形图及语句表

表 5-18 PLC 控制 Y-△降压启动的 I/O 分配

输 入		输 出	
元件名称	输入点	元件名称	输出点
启动按钮 SB1	X000	接触器 KM	Y000
停止按钮 SB2	X001	接触器 KMY	Y001
		接触器 KM△	Y002

PLC 控制 Y-△降压启动电路梯形图及语句表如图 5-47 所示。

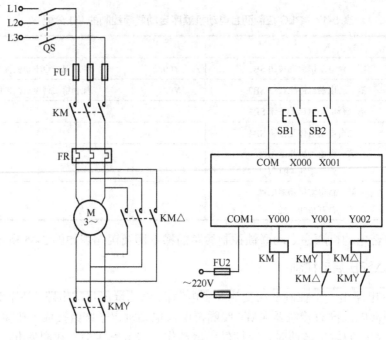

图 5-46 PLC 控制 Y-△降压启动电路

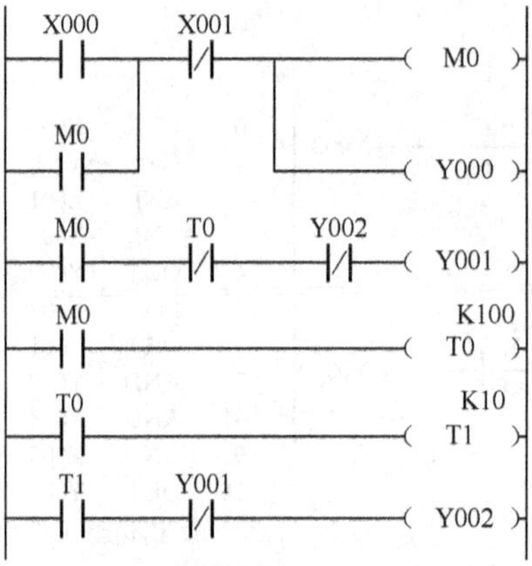

（a）梯形图

0	LD	X000	
1	OR	M0	
2	ANI	X001	
3	OUT	M0	
4	OUT	Y000	
5	LD	M0	
6	ANI	T0	
7	ANI	Y002	
8	OUT	Y001	
9	LD	M0	
10	OUT	T0	K100
13	LD	T0	
14	OUT	T1	K10
17	LD	T1	
18	ANI	Y001	
19	OUT	Y002	

（b）语句表

图 5-47 Y-△降压启动控制梯形图及语句表

例 5-5 送料小车自动控制系统

被控对象（小车）运行示意图如图 5-48（a）所示，送料小车在限位开关 X004 处装料，20s 后装料结束，开始右行，碰到 X003 后停下来卸料，25s 后左行，碰到 X004 后又停下来装料……这样不停地循环工作，直到按下停止按钮 X002。按钮 X000 和 X001 分别用来启动小车右行和左行，控制小车前进、后退的输出分别用 Y000、Y001 表示。根据要求设计的系统梯形图如图 5-48（b）所示。

例 5-6 传送带接力传送

如图 5-49 所示，一组传送带由 3 段传送带连接而成，在每段传送带末端安装一个接近开关，用于检测金属板。传送带用三相电动机驱动，用于传送有一定长度的金属板。工人在传送带 1

的首端放一块金属板，按下启动按钮，则传送带 1 首先启动；当金属板的前端到达传送带 1 的末端时，接近开关 SQ1 动作，启动传送带 2；当金属板的末端离开接近开关 SQ1 时，传送带 1 停止。同理，当金属板的前端到达 SQ2 时，启动传送带 3；当金属板的末端离开 SQ2 时传送带 2 停止；最后当金属板的末端离开 SQ3 时，传送带 3 停止。

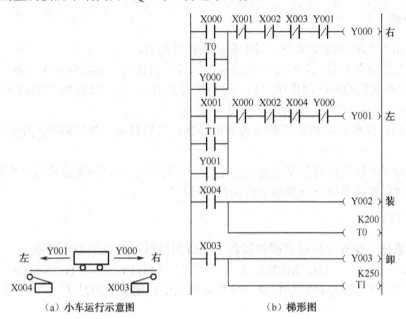

（a）小车运行示意图　　　　　（b）梯形图

图 5-48　送料小车示意图及 PLC 控制梯形图

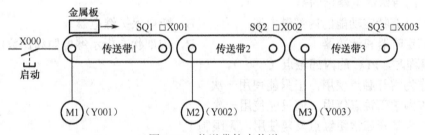

图 5-49　传送带接力传送

传送带接力传送 PLC 接线图和梯形图如图 5-50 所示。

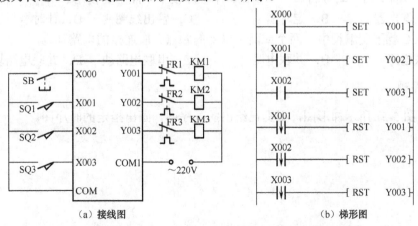

（a）接线图　　　　　　　（b）梯形图

图 5-50　传送带接力传送 PLC 接线图及梯形图

思考与练习

一、判断题

1. OUT 指令是驱动线圈指令，用于驱动各种继电器。（　　）

2. PLC 内的指令 ORB 或 ANB，在编程时如非连续使用，可以使用无数次。（　　）

3. 在一段不太长的用户程序结束后，写与不写 END 指令，对于 PLC 的程序运行来说其效果是不同的。（　　）

4. PLC 的内部继电器线圈不能作为输出控制，它们只是一些逻辑控制用的中间存储状态寄存器。（　　）

5. PLC 的定时器都相当于通电延时继电器，可见 PLC 的控制无法实现断电延时。（　　）

6. PLC 的所有继电器全部采用十进制数编号。（　　）

二、选择题

1. FX_{3U} 系统可编程序控制器能够提供 100ms 时钟脉冲的辅助继电器是（　　）。

A. M8011　　　　　B. M8012　　　　　C. M8013　　　　D. M8014

2. FX_{3U} 系统可编程序控制器提供一个常开触点型初始脉冲的是（　　），用于对程序作初始化。

A. M8000　　　　　B. M8001　　　　　C. M8002　　　　D. M8004

3. PLC 的特殊继电器指的是（　　）。

A. 提供具有特定功能的内部继电器　　　B. 断电保护继电器

C. 内部定时器和计数器　　　　　　　　D. 内部状态指示继电器和计数器

4. 在编程时，PLC 的内部触点（　　）。

A. 可作为常开触点使用，但只能使用一次

B. 可作为常闭触点使用，但只能使用一次

C. 可作为常开和常闭触点反复使用，无限制

D. 只能使用一次

5. 在梯形图中同一编号的（　　）在一个程序段中不能重复使用。

A. 输入继电器　　　B. 定时器　　　　　C. 输出线圈　　　D. 计时器

6. 在 PLC 梯形图编程中，两个或两个以上的触点并联连接的电路称为（　　）。

A. 串联电路　　　　B. 并联电路　　　　C. 串联电路块　　D. 并联电路块

三、程序题

1. 阅读图 5-51 所示梯形图，根据已给出的时序图，画出指定的时序图。

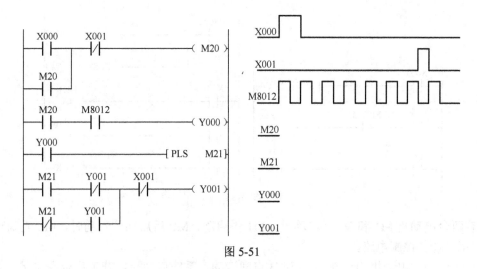

图 5-51

2．分别写出图 5-52 所示梯形图的指令表程序。

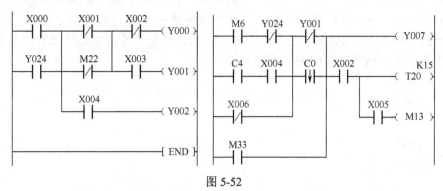

图 5-52

3．指出图 5-53 所示梯形图中的语法错误。

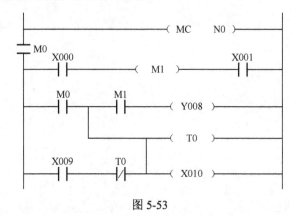

图 5-53

4．分析图 5-54 所示梯形图的执行结果。

（1）从 X000 接通到 Y000 有输出经过多长时间？

（2）当 X001 接通多少次时，Y000 接通？

5．有甲、乙两组彩灯，每组有 4 只灯泡。要求甲组彩灯按（1/2）Hz 的频率闪烁（亮灭时间相等）。（1）乙组彩灯按（1/4）Hz 的频率闪烁（亮灭时间相等），试设计其控制电路；（2）乙组彩灯按（1/6）Hz 的频率闪烁（亮灭时间相等），试设计其控制电路。

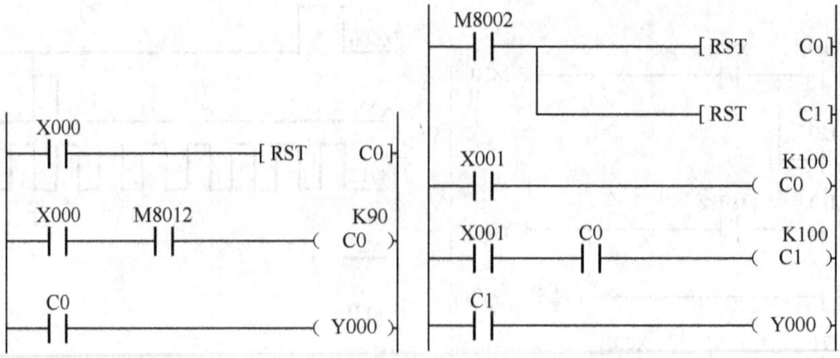

图 5-54

6. 有两台电动机 M1 和 M2，启动时，M1 先启动，M2 后启动；制动时，M2 先制动，M1 后制动。试设计其控制电路。

7. 一工作台由电动机驱动在 A 点和 B 点间运动。系统启动后，若工作台在 A 点，则只能向 B 点运动；若工作台在 B 点，则只能向 A 点运动；若工作台在 A 点和 B 点之间，则工作台既可以向 A 点运动，也可以向 B 点运动。工作台运动至 A 点后自动返回 B 点，工作台到达 B 点后，自动返回 A 点，如此往复，直至按下停止按钮。试设计能满足此要求的控制电路。

8. 画出下列指令语句表对应的梯形图。

LD	X0000
OR	X001
OUT	Y004
LD	X003
OR	X004
ANB	
OUT	Y007

第6章

FX₃ᵤ 系列 PLC 的步进顺控指令及编程方法

本章知识点：
● 顺序功能图的组成；
● 步进顺控指令及步进梯形图；
● 单流程、选择分支、并行分支、跳转顺序功能图；
● 各顺序功能图对应的步进梯形图及顺控指令。

基本要求：
● 了解顺序功能图的基本组成和步进顺控指令；
● 熟悉单流程、选择分支、并行分支、跳转顺序功能图的含义和形式；
● 掌握利用步进梯形图和顺控指令进行顺序控制的编程方法。

能力培养：

通过本章的学习，使学生具有利用步进梯形图和顺控指令进行顺序控制系统设计的基本能力。通过将顺序控制复杂的联锁、互动关系转换成顺序控制功能图的学习，培养学生分析问题的能力。经过顺序功能图编程实例的训练，培养学生解决工程实际问题的能力和创新意识。

用梯形图或指令表方式编程固然为广大电气技术人员所接受，但对于一些复杂的控制过程，尤其是顺序控制过程，由于其内部的联锁、互动关系极其复杂，在程序的编制、修改和可读性等方面都存在许多缺陷。因此，近年来，许多新型 PLC 在梯形图语言之外，增加了符合IEC1131-3 标准的顺序功能图语言。顺序功能图（Sequential Function Chart，SFC）是描述控制系统的控制过程、功能和特性的一种图形语言，专门用于编制顺序控制程序。所谓顺序控制，就是按照生产工艺的流程顺序，在各个输入信号及内部软元件的作用下，使各个执行机构自动、有序地运行。使用顺序功能图设计程序时，应根据系统工艺流程，画出顺序功能图。下面以一个具体的例子来了解一下顺序功能图。图 6-1 所示为台车前进与后退动作示意图。

图 6-1　台车前进与后退动作示意图

台车动作顺序为：

（1）按下启动按钮 SB 后，台车前进，限位开关 LS1 动作后，立即后退。（LS1 通常为 OFF，只在到达前进限位处为 ON。其他的限位开关也相同。）

（2）通过后退，限位开关 LS2 动作后，停止 5s 以后再次前进，到限位开关 LS3 动作时，立即后退。

（3）此后，限位开关 LS2 动作时，驱动台车的电动机停止。

（4）一连串的动作结束后，再次启动，重复执行上述动作。

按照下述的步骤，创建图 6-2 所示的工序图。

（1）将上述事例的动作分成各个工序，按照从上至下动作的顺序用矩形表示。

（2）用纵线连接各个工序，写入工序推进的条件。执行重复动作的情况下，在一连串的动作结束时，用箭头表示返回到哪个工序。

（3）在表示工序的矩形右边写入各个工序中执行的动作。

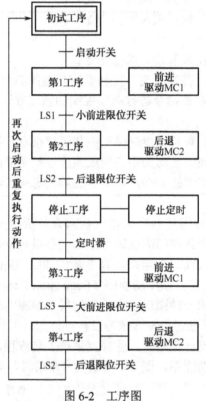

图 6-2　工序图

下面为已经创建好的工序图分配可编程序控制器的软元件。

（1）给表示各个工序的矩形分配状态 S。此时，给初始工序中分配初始状态（S0～S9）。第 1 工序以后，任意分配初始状态以外的状态编号（S20～S899 等）。在状态中，还包括即使停电也能记忆住其动作状态的停电保持用状态。此外，S10～S19 是在使用 IST 指令（FNC 60）时作为特殊目的使用的。

（2）给转移条件分配软元件（按钮开关以及限位开关连接的输入端子编号以及定时器编号）。转移条件中可以使用 a 触点和 b 触点。此外，有多个条件时，也可以使用 AND 梯形图和

OR 梯形图。

（3）分配各个工序执行的动作中使用的软元件（外部设备连接的输入端子编号以及定时器编号）。可编程序控制器中备有多个定时器、计数器、辅助继电器等器件，可以自由使用。此外，有多个需要同时驱动的负载、定时器和计数器等，也可以在一个状态中分配多个梯形图。

顺序功能图（见图 6-3）形成后，由此可画出梯形图或写出指令表。FX₃ᵤ 系列 PLC 在基本逻辑指令之外，还增加了两条简单的步进顺控指令，同时辅之以大量的状态继电器，用类似于 SFC 语言的状态转移图来编制顺序控制程序。

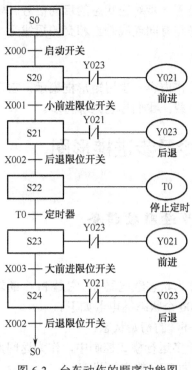

图 6-3　台车动作的顺序功能图

6.1　顺序功能图的组成

顺序功能图用来设计执行机构自动有顺序工作的控制系统，此类系统的动作是循环的动作。这种图形语言将一个动作周期按动作的不同及顺序划分为若干相连的阶段，每个阶段称为一步，用状态器 S 或辅助继电器 M 表示。动作的顺序进行对语言来说意味着状态的顺序转移，故顺序功能图习惯上又叫状态转移图。顺序功能图由步、有向连线、转换条件和驱动负载几部分组成。

1. 步

在顺序功能图中，步对应状态，用矩形框表示，框内用 S 或 M 连同其编号进行注释。系统正处于某一步所在的阶段时，此步称为活动步。与系统初始状态对应的步称为初始步，用双线的矩形框表示，根据系统的实际情况，它由初始条件来驱动，或者用 M8002 来驱动。用状态器 S 编程时，S0～S90 为初始步专用状态器。

2. 有向连线

将各步对应的矩形框按它们成为活动步的顺序用有向连线连接起来，使图成为一个整体。有向连线的方向代表了系统动作的顺序。顺序功能图中，从上到下、从左到右执行。

3. 转换条件

当活动步对应的动作完成后，系统就应该转入下一个动作，也就是说，活动步应该转入下一步。活动步转换与否，需要一个条件。完成信号或相关条件的逻辑组合可以用作转换条件，它既是本状态的结束信号，又是下一步对应状态的启动信号。转换条件一般用文字语言、布尔代数式表达或者图形符号标注在与有向连线垂直相交的短线旁边。

4. 驱动负载

驱动负载指每一步对应的工作内容，也用矩形框表示，它直接与相应步的矩形框相连。有的步根据需要可以不驱动任何负载，我们称之为等待步。

6.2　步进顺控指令及步进梯形图

6.2.1　状态元件与步进顺控指令

1. 状态元件定义与种类

用于状态转移图编程的元件为状态继电器 S，它是 PLC 的软元件之一，与步进梯形图指令 STL 结合使用。FX$_{3U}$ 常用的 1000 个状态继电器如下。

S0~S9：初始状态，作为 SFC 的初始状态；

S10~S19：返回状态，用于多运行模式控制中，作为返回原点的状态；

S20~S499：一般状态，作为 SFC 的中间状态；

S500~S899：掉电保持状态，具停电保持功能；

S900~S999：信号报警状态，作为报警元件使用，可作为诊断外部故障用的输出。

编程注意事项如下：

（1）状态继电器的编号必须在指定范围内选择。

（2）各状态继电器的步进常开接点以及普通常开、常闭触点，在 PLC 内部可自由使用，次数不限。

（3）在不用于步进顺控指令时，状态继电器可作为辅助继电器在程序中使用。

（4）通过参数设置，可改变一般状态继电器和掉电保持状态继电器的地址分配。

2. 步进顺控指令

FX$_{3U}$ 系列 PLC 的步进指令有两条：步进梯形图指令 STL 和步进返回指令 RET。

1）步进梯形图指令 STL

STL（step ladder instruction）是步进梯形图的开始指令，用于激活状态继电器 S 的步进常开接点，是在顺控程序中进行工序步进控制的指令。

2）步进返回指令 RET

RET（return）是步进梯形图返回指令，用于返回程序的主母线，表示程序的结束。

6.2.2　步进梯形图

SFC 图用于表示机械动作的流程。按照 SFC 图进行编程时，负载驱动电路以及转移条件电路需另用其他画面表示。SFC 图中的工序用状态继电器的线圈与接点的组合来表示，可将 SFC 状态转移图转化为用 STL 指令表示的梯形图及其指令表。步进梯形图（STL 图）与 SFC 图的实质内容完全一样，且具有综合表达负载驱动电路与转移条件电路的特点。

编程注意事项如下：

（1）梯形图上只能用 STL 指令连接状态继电器 S 的步进接点，有在步进接点后建立了子母线的功能，以使该状态所有操作均在子母线上进行。在编程软件中画 STL 梯形图时，也用 STL 指令的输入方法表示状态继电器 S 的步进接点。

（2）在步进接点之后的其他继电器的接点用 LD 或 LDI 指令。

（3）在步进顺控程序执行完毕时，非顺控程序的操作在主母线上完成，为防止出现逻辑错误，状态转移程序的结尾必须使用 RET 指令。

（4）在不同状态，允许相同编号的输出线圈和定时器线圈的使用，即不同时驱动的双线圈输出是允许的。但定时器线圈不能用于相邻的状态，否则状态转移时定时器线圈不能断开，当前值不能复位。

（5）在某一状态下有多个输出时，应遵循连续输出格式。

（6）在 STL 图中，不能使用 MC/MCR 指令，也不能在 STL 内母线中直接使用 MPS、MRD、MPP 指令，应在 LD、LDI 指令后编制程序。

（7）在中断程序和子程序内，不能使用 STL 指令。

（8）配合 SFC 编程有几个特殊辅助继电器，如 M8000（运行监视）、M8002（初始化脉冲）、M8040（禁止转移）、M8046 STL（动作）、M8047 STL（监视有效）。

6.3　SFC 的流程控制

根据顺序控制的要求，其控制流程一般分单流程、选择分支、并行分支、跳转、循环（重复）、复位等流程，以适应各种控制要求。

6.3.1　单序列顺序功能图

单序列顺序功能图由一系列相继成为活动步的步组成，每一步后面仅有一个转移条件，每一个转移条件后面只有一个步，如图 6-4 所示。

6.3.2　选择性分支与汇合流程

如果某一步的转换条件需要超过一个，每个转换条件都有自己的后续步，而转换条件每时每刻只能有一个满足，这就存在选择的问题了。图 6-5 中，X0、X1 同时只有一个选择性分支。X0、X1 不同时接通，每次只有一条分支电路被执行。汇合状

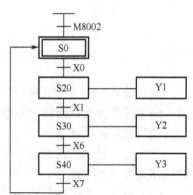

图 6-4　单序列顺序功能图

态 S23 可由 S21、S22 中的任意一个驱动。图 6-5（b）所示为与 SFC 图对应的 STL 图。

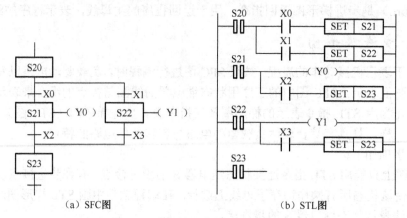

（a）SFC图　　　　　　　　　　　　（b）STL图

图 6-5　选择性分支与汇合电路编程

6.3.3　并行性分支与汇合流程

如果某步的转换条件满足，该步被置 0 的同时，根据需要应该将几个序列同时激活。也就是说，需要几个状态同时工作，这就存在并行的问题了。在并行序列的开始处（也称分支），几个分支序列的首步是同时被置为活动步的，为了强调转换的同步实现，水平连线用双线表示，转换条件应该标注在双线之上，并且只允许一个条件。如图 6-6（a）所示 SFC 图中，在 S20 为活动步且 X0 接通时，S21、S22 就同时动作，各分支流程同时开始工作。待各分支流程动作全部执行完后，若 X1 接通，汇合状态 S23 就动作；若其中一个分支流程没执行完，S23 就不能动作，所以也叫排队汇合。图 6-6（b）所示为与 SFC 图对应的 STL 图。

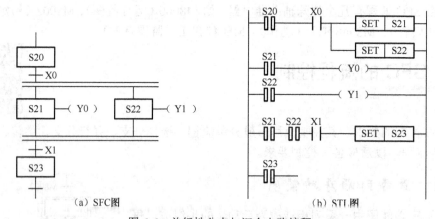

（a）SFC图　　　　　　　　　　　　（h）STL图

图 6-6　并行性分支与汇合电路编程

并行性分支中各分支电路的转换条件应画在双线以外，即各分支电路的转换条件形成与逻辑，必须使各分支状态的转换条件都满足时，才进行分支和汇合状态的转移。

编程注意事项如下：

（1）与一般状态的编程一样，分支流程应先进行驱动处理，然后进行转换条件处理，所有的转移处理按顺序进行。

（2）分支、汇合的转换条件回路中，不能使用 MPS、MRD、MPP、ANB、ORB 指令。

（3）注意程序的顺序号，分支列与汇合列不能交叉。

（4）一条选择性、并行性分支的回路数限定为 8 条以下。

（5）当分支电路与汇合支路组合，如从汇合线转移到分支线直接连接时，因没有中间状态，建议在此之间插入一个虚拟状态，其在选择性分支和并行性分支中使用的方法如图 6-7 所示。

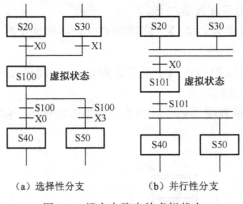

图 6-7　组合电路中的虚拟状态

6.3.4　跳转、重复与复位流程

向上面状态的转移称为重复。当需要返回到上面的某个状态重复执行时，可采用重复流程，即实现部分状态的循环，如图 6-8（a）所示。向下面状态的直接转移或向流程外的状态转移称为跳转。在需要跳过某几个状态，执行下面的程序时，可采用跳转流程，如图 6-8（b），（c）所示。　跳转与重复流程编程时用 OUT 指令代替 SET 指令即可。如小车往返控制中要求连续往返多个周期，可使用重复流程。向本状态转移称为复位。当需要使某个处在运行的状态停止运行时，则可以使用复位流程，如图 6-8（d）所示，复位处状态用 RST 指令编程。如要重新使该支路投入运行，则必须使输入接通。

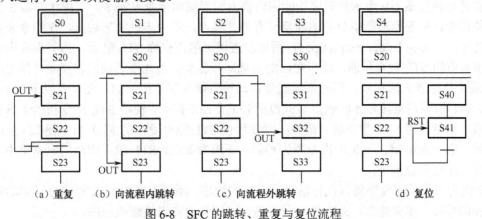

图 6-8　SFC 的跳转、重复与复位流程

6.4　顺序功能图编程实例

例 6-1　利用单序列顺序功能图设计三相异步电动机 Y-△降压自动控制程序

Y-△降压启动控制其实也可以看成一个简单的步进控制，可采用本节的顺序功能图进行编程。

在可编程序控制器的接线电路图中，用常开按钮在 X0、X1 端口控制启动和停止，Y0、Y1、Y2 端口分别控制电源接触器、星形接触器及三角形接触器。

获得启动信号后，进入第一步。此步 Y0、Y1 应该为 ON，电动机按星形接法启动，同时定时器 T0 开始计时，时间到后转入第二步。

在第二步中，Y0 应该继续为 ON，Y1 应该为 OFF，并启动定时器 T1 开始计时（Y-△切换的时间），时间到后转入第三步。

在第三步中，Y0 应该继续为 ON，Y2 也应该为 ON，电动机按三角形接法正常工作。停止信号 X1 为 ON 后，返回到初始步。

根据上述思路，可设计得到图 6-9 所示的单序列顺序功能图。S0 为初始等待步，S20～S22 代表一个周期的三步。

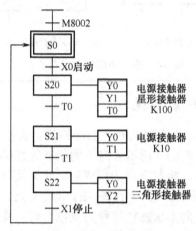

图 6-9　电动机 Y-△降压启动顺序功能图

现叙述如何将图 6-9 所示的顺序功能图转换为梯形图和指令表程序。在用状态器 S 编制的顺序功能图中，S 在梯形图中对应的触点只有常开触点，称为步进梯形触点，在指令表中对应的是 STL 指令（step ladder instruction），所以步进梯形触点也称 STL 触点。当某步成为活动步时，该步对应的 STL 触点接通，此步对应的负载即被驱动。当此步后面的转换条件满足时，后续步被 SET 指令置为活动步，同时原活动步自动被系统程序复位。STL 还具有以下几个特点：

（1）STL 触点后直接相连的触点必须使用 LD 或 LDI 指令。使用 STL 指令相当于另设了一条子母线，连续使用 STL 指令后，最终必须使用使 STL 指令复位的 RET 指令使 LD 点回到原来的母线，这一点和 MC、MCR 指令颇为相似。正因为如此，STL 触点驱动的电路块中，不能使用主控及主控复位指令。

（2）因为可编程序控制器只执行活动步对应的程序，所以不同的 STL 触点可以驱动同一个编程元件的线圈。也就是说，STL 指令对应的梯形图是允许双线圈输出的。

（3）中断程序以及子程序内，不能使用 STL 指令。因为过于复杂，STL 触点后的电路中尽可能不要使用跳步指令。

（4）在最后一步返回初始步时，既可以对初始状态器使用 OUT 指令，也可以使用 SET 指令。

（5）在转换过程中，后续步和本步同时为一个周期，设计时应特别注意。

根据以上特点，可得到图 6-10 所示的梯形图和指令表程序，在运行程序的第一个周期里，M8002 接通，将 S0 置为活动步；启动按钮按下后，X0 为 ON，转换条件满足，S20 成为活动步，系统程序将 S0 变为非活动步。S20 成为活动步期间，Y0、Y1 为 ON，电动机按星形接法运转，同时 T0 开始计时；时间到后，T0 常开触点接通，将后续步 S21 置为活动步，S20 自动成为非活动步；S21 为活动步期间，Y0 继续为 ON，但 Y1 为 OFF，此时 Y2 也为 OFF，这阶段为 Y-△转换的停顿时间；0.1s 后，T1 常开触点接通将 S22 置为活动步，S21 自动变为非活动步；S22 为活动步期间，Y0、Y2 为 ON，此阶段电动机为三角形接法正常运行；等到有停止信号 X1 后，S0 成为活动步，S22 自动成为非活动步，系统回到初始状态，等待下一次的启动信号。

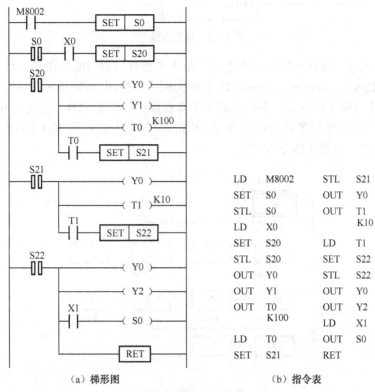

（a）梯形图　　（b）指令表

图 6-10　Y-△顺序功能图对应的梯形图及指令表

例 6-2　利用选择序列顺序功能图设计运料小车的控制程序

某小车运行情况如图 6-11 所示，具体控制要求为：

（1）按下 SB1 后，小车由 SQ1 处前进到 SQ2 处停 6s，再后退到 SQ1 处停止。

（2）按下 SB2 后，小车由 SQ1 处前进到 SQ3 处停 9s，再后退到 SQ1 处停止。

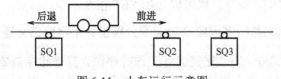

图 6-11　小车运行示意图

首先统计输入、输出信号，分配端口，得到图 6-12 所示的外部接线图。因为按动 SB1 和按动 SB2 后是两种不同的运行方式，所以为避免同时按动 SB1 和 SB2 导致 X0、X1 在一个周期内同时为 ON（尽管可能性微乎其微），对按钮进行了互锁。

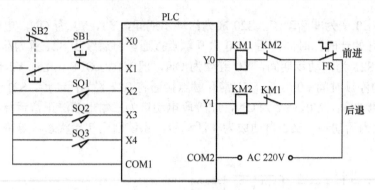

图 6-12　外部接线图

SB1 和 SB2 决定了两种不同的工作方式，而小车每时每刻只能工作在一种状态下，所以系统符合选择序列的特点，由此可得到图 6-13 所示的顺序功能图。初始步 S0 后有两个后续步 S20、S30 供选择。不论何种工作方式，系统都要求小车在原位（压下 SQ1）出发，所以 S0 的两个后续步转换条件都有 X2，转换条件 X0·X2 表示 X0 和 X2 同时为 ON，即 SQ1 被压情况下按下 SB1。X1·X2 表示 SQ1 被压情况下按下 SB2。

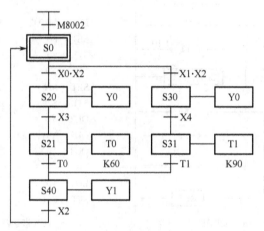

图 6-13　顺序功能图

初始步 S0 为 ON 时，如果 X0、X2 为 ON，将执行左边的序列；如果 X1、X2 为 ON，将执行右边的序列。因此，在图 6-14 所示的梯形图中，S0 的 STL 触点后应有两个并联电路，用来指明各转换条件和转换目标。S40 步之前是选择序列的合并，S21 为活动步，转换条件 T0 满足，或者 S31 为活动步，转换条件 T1 满足，都会使 S40 变为活动步。因此，梯形图中，S21 和 S31 的 STL 触点驱动的电路中转换目标都是 S40。系统从最后一步返回初始步时，既可以对初始步对应的状态使用 OUT 指令，也可以使用 SET 指令。

例 6-3　利用单序列和并行序列顺序功能图分别设计十字路口交通灯的控制程序

图 6-15 所示为某路口绿、黄、红交通灯工作时序图。符合此控制要求的梯形图程序可以用经验设计法设计，由于是时间原则，也可以用时序设计法设计，时序可以按状态的不同划分为几个"步"，所以也可以使用顺序功能图来设计程序。

用顺序功能图编制程序，也存在着多样性的问题。对于这个控制系统，既可采用单序列顺序功能图编程，也可以采用并行序列顺序功能图编程。

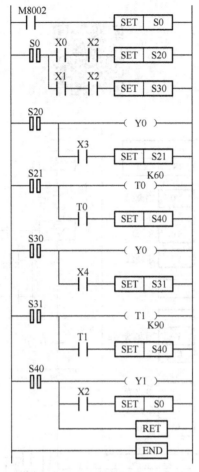

图 6-14　小车控制梯形图

方法一：用单序列顺序功能图编程。

综合考虑南北、东西两组方向。任一方向的状态一有变化，就设置一步。图 6-15 中把一个周期划分为 S20～S25 共 6 步，由此分法可设计出图 6-16 所示的单序列顺序功能图。

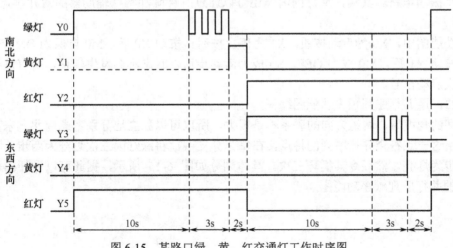

图 6-15　某路口绿、黄、红交通灯工作时序图

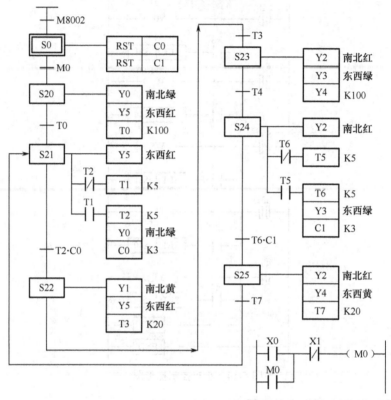

图 6-16　十字路口交通灯单序列顺序功能图

　　每组方向的绿灯闪烁步还可以细分为 6 步，或者分为两步，循环 3 次。此处设为一步，让其驱动一个振荡电路。其实，绿灯的闪烁还可以通过时钟脉冲特殊辅助器的常开触点驱动 Y0 和 Y3 来实现。

　　顺序功能图中，X0 为启动按钮，X1 为停止按钮。按动 X0 后，M0 自保为 ON，交通灯一直工作。按动 X1 后，M0 成为 OFF，S0 成为活动步后，状态不会发生转移，所有灯都灭，系统等待下次启动信号。

　　方法二：用并行序列顺序功能图编程。

　　从时间的角度看，两组方向的联系不是很大，所以可以独立地分别考虑南北、东西两组方向的变化，这一点符合并行序列的特点。在每个分支中，将绿灯闪三次划分为两步，一步为灯火，另一步为灯亮，然后令其循环三次。具体划分如图 6-15 所示，据此可以设计出相应的图 6-17 所示的并行序列顺序功能图。

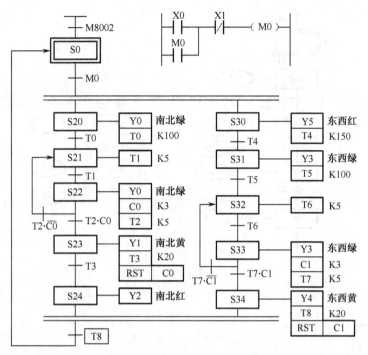

图 6-17　十字路口交通灯并行序列顺序功能图

思考与练习

1．说明 SFC 编程思想的特点及与使用基本指令编程的区别。

2．选择性分支与并行性分支有何区别？

3．什么是状态继电器？什么是状态？什么是状态转移图？

4．图 6-18 所示的状态转移图有何问题？如何改正？

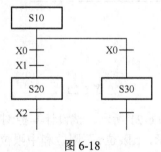

图 6-18

5．画出图 6-19 对应的步进梯形图并写出指令程序。

6．画出图 6-20 对应的步进梯形图并写出指令程序。

7．用 1 个按钮 SB 控制 10 只灯 HD1～HD10。第 1 次按 SB 时，HD1 亮；第 2 次按 SB 时，HD1 灭、HD2 亮；第 3 次按 SB 时，HD2 灭、HD3 亮；依次类推。第 11 次按 SB 时，HD10 灭、HD1 亮，开始新的循环。试设计其控制电路。

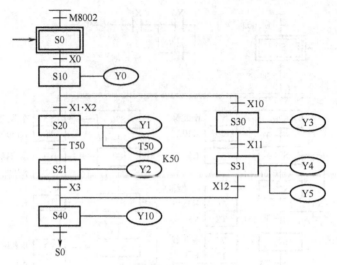

图 6-19

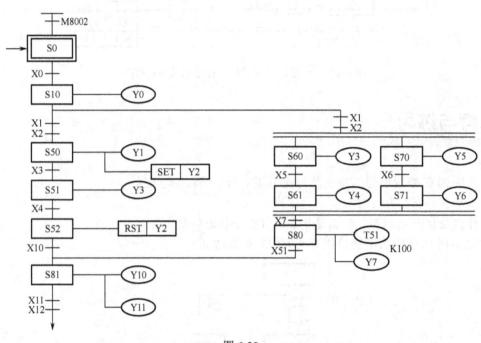

图 6-20

8. 4 台电动机的运行要求如图 6-21 所示，试设计其控制电路。

9. 液体混合装置如图 6-22 所示，上限位、下限位和中限位液位传感器被液体淹没时为 ON。阀 A、阀 B 和阀 C 为电磁阀，线圈通电时打开，线圈断电时关闭。开始时容器是空的，各阀门均关闭，各传感器均为 OFF。按下启动按钮后，打开阀 A，液体 A 流入容器，中限位开关变为 ON 时，关闭阀 A；打开阀 B，液体 B 流入容器。当液位到达上限位开关时，关闭阀 B；电动机 M 开始运行，搅动液体，60s 后停止搅动，打开阀 C，放出混合液。当液面降至下限位开关之后再过 5s，容器放空，关闭阀 C，打开阀 A，又开始下一周期的工作。按下停止按钮，在当前工作周期的工作结束后，才停止工作（停在初始状态）。画出 PLC 的外部接线图和控制系统的程序（包括状态转移图、顺序控制梯形图）。

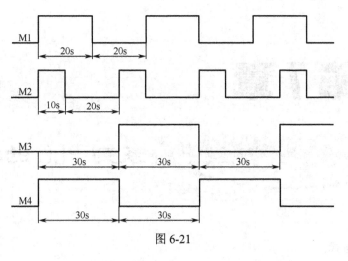

图 6-21

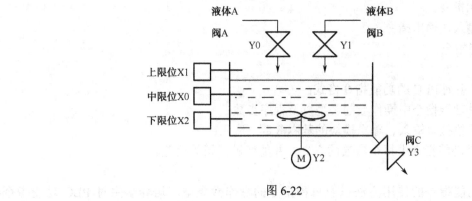

图 6-22

第7章

三菱 FX₃ᵤ 系列 PLC 的功能指令

本章知识点:
- 功能指令格式;
- 基本功能指令;
- 模拟量输入、输出指令;
- PID 功能指令。

基本要求:
- 掌握 FX 系列 PLC 的功能指令格式;
- 掌握每种功能指令中操作数的类型以及程序步数;
- 理解常见模拟量输入、输出模块的基本参数及应用;
- 掌握 PID 功能指令中每个参数的意义,并能够进行相关设置。

能力培养:

通过学习功能指令的使用方法以及每种指令的操作数类型,培养学生对 PLC 功能指令的认知能力以及编程能力。学生通过学习相关程序的技巧,能够编写符合工程实际控制任务的程序。通过工程案例的学习,锻炼学生自主学习能力和大大提高学生的实践创新能力。

前期系列的 PLC 主要使用 0 和 1 两个量进行控制,可以通过操作相关指令达到所需要求。但是为了可以控制更多的设备,从 20 世纪 80 年代起,许多 PLC 商家开始在小型的 PLC 中添加更多的应用指令,这不仅使得 PLC 有了更广泛的应用市场,同时也使得工业生产过程控制更加便捷、规范。

通常我们将 PLC 的操作指令划分为基本功能指令、模拟量输入/输出指令、PID 控制指令等。其中,基本功能指令又可以分为传送指令、比较指令、程序流程指令、四则运算指令、移位和循环指令、数据处理指令、高速处理指令、方便指令、外部 I/O 设备指令、外部串口设备指令、浮点数运算指令、触点比较指令等 12 种指令。FX 系列的指令编号都是以 FNC 开头的形式出现的。在本书中以 FX₃ᵤ 系列 PLC 为例进行介绍。

7.1 功能指令的格式

7.1.1 功能指令的结构

功能指令由指令助记符、功能号、操作数和程序步组成。在简易编程器中输入功能指令时，输入指令代码；在编程软件中输入功能指令时，输入助记符。例如，平均值指令的指令形式如表 7-1 所示。

表 7-1 平均值指令的指令形式

指令名称	助记符	指令代码（功能号）	操作数			程序步
			S	D	n	
平均值指令	MEAN	FNC45	KnX、KnY、KnM、KnS、T、C、D、R、U□\G□	KnY、KnM、KnS、T、C、D、R、V、Z、U□\G□	K、H、D、R n=1~64	MEAN、MEAN（P）...7 步

每一条指令有一个编号与之相对应。例如，移位指令 MOV 的编号是 FNC12。

操作数有 S（源操作数）、D（目的操作数）、n（辅助操作数）。操作数可能存储在存储单元（如数据寄存器 D）中，可能以变址的方式存储，也可能以数值形式直接出现在指令中（常用 H 或 K 指定）。在一条指令中，源操作数、目的操作数、辅助操作数每种可能有多个，也可能没有。

在图 7-1 中，当 X001 接通时，执行 ADD 指令，将 D1 中的内容与 D0 中的内容相加，把相加的结果放到 D10 中。其中，ADD 是指令名称，D0、D1 都是源操作数，D10 是目的操作数。当 X005 接通时，对从 D0 开始的连续 6 个数据寄存器（即 D0~D5）中的数据取平均值，结果放到 D12V0 中。其中，MEAN 是指令名称，D0 是源操作数，D12 是变址方式的目的操作数，K6 是辅助操作数，用来说明是从 D0 开始的 6 个寄存器中的数据。

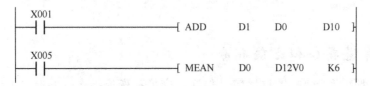

图 7-1 功能指令的格式

7.1.2 操作数可用元件形式

功能指令的操作数可以是位软元件、字软元件或者它们的组合。

位软元件只能处理 0 或者 1 的软元件，如 X、Y、M、S 等。字软元件用来操作数据，如 T、C、D、V、Z 等。字软元件可以存放 16 位数据。

将连续的 4 个位软元件作为一组，并以地址编号最小的作为首元件，在连续位软元件的首元件前加 Kn，就可以构成位元件的组合，如 KnY0、KnX20。K2Y0 表示由 Y0 开始的两组位元件，即 K2Y0 表示 Y0~Y7 组成的 8 位数据，其中 Y0 为最低位，Y7 为最高位。首元件地址编号可以任意选取，但通常采用以 0 结尾的地址编号。例如，要表示 16 位数据时可以取 K1~

K4，其中最高位为符号位。

数据在传送时，如 32 位数据，若要将 4 位数据传送到 8 位的组合中，那么只要将数据传送到组合的低 4 位中，高 4 位补零即可。

7.1.3　指令处理的数据长度

功能指令可以处理 16 位和 32 位数据。如图 7-2 所示，当 X001 接通时，将 D1 中的 16 位数据与 D0 中的 16 位数据相加，结果放到 D10 中；当 X003 接通时，将 D12、D13 中的数据构成的 32 位数据与 D10、D11 中的数据构成的 32 位数据相加，结果放到 D16、D17 中。

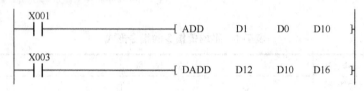

图 7-2　功能指令的用法

7.1.4　指令执行形式

指令在执行时有脉冲执行型和连续执行型，助记符后面的"P"表示是脉冲执行型的，在 X000 从 OFF→ON 变化时，该指令执行一次；而在助记符后没有加"P"则表示连续执行，当执行条件 X001 为 ON 时，每个扫描周期都要执行一次，如图 7-3 所示。

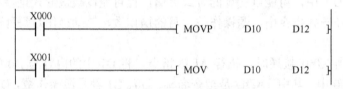

图 7-3　指令执行形式

7.2　基本功能指令

7.2.1　传送指令和比较指令

传送指令和比较指令包括数据比较、传送、交换和变换指令，共有 10 条，指令代码为 FNC10~FNC19。

1. 比较指令

比较指令的助记符、指令代码、操作数及程序步如表 7-2 所示。

表 7-2　比较指令

指令名称	助记符	指令代码（功能号）	操作数			程序步
			S1	S2	D	
比较指令	CMP	FNC10	K、H、KnX、KnY、KnM、KnS、T、C、D、R、V、Z、U□\G□		Y、M、S、D□.b	CMP、CMPP…7 步 DCMP、DCMPP…13 步

比较指令的用法如图 7-4 所示。X000 接通时执行比较指令，将 D0 中的数与十进制数 10 进行比较，若（D10）<K10，则 M1 被置位；若（D10）=K10，则 M2 被置位；若（D10）>K10，则 M3 被置位。

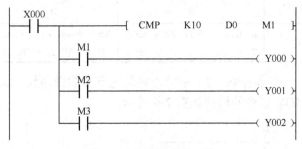

图 7-4　比较指令的用法

2. 区间比较指令

区间比较指令的助记符、指令代码、操作数及程序步如表 7-3 所示。

表 7-3　区间比较指令

指令名称	助记符	指令代码（功能号）	操作数				程序步
			S1	S2	S3	D	
区间比较指令	ZCP	FNC11	K、H、KnX、KnY、KnM、KnS、T、C、D、R、V、Z、U□\G□			Y、M、S、D□.b	ZCP、ZCPP…9 步 DZCP、DZCPP…17 步

区间比较指令执行时，将目标操作元件（S3）中的内容与（S1）、（S2）中的数据构成的区间进行比较，比较的结果存放到目的操作数（D）指定首元件开始的连续 3 个软元件中。区间比较指令的用法如图 7-5 所示。

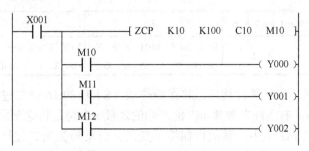

图 7-5　区间比较指令的用法

与 CMP 指令相同，X001 接通时执行 ZCP 指令。执行完 ZCP 指令后，即使 X001 再断开，结果也保持不变。清除比较结果需使用 RST 或 ZRST 指令。

3. 传送指令

传送指令的助记符、指令代码、操作数及程序步如表 7-4 所示。

表 7-4 传送指令

指令名称	助记符	指令代码（功能号）	操作数		程序步
			S	D	
传送指令	MOV	FNC12	K、H、KnX、KnY、KnM、KnS、T、C、D、R、V、Z、U□\G□	KnY、KnM、KnS、T、C、D、R、V、Z、U□\G□	MOV、MOVP…5 步 DMOV、DMOVP…9 步

MOV 指令执行时，将源操作数（S）中的内容传送到目的操作数（D）中。传送 32 位数据应使用 DMOV 指令。MOV 指令的用法如图 7-6 所示。

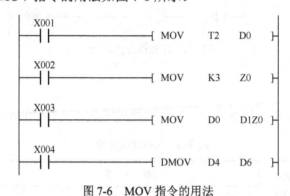

图 7-6 MOV 指令的用法

4．移位传送指令

移位传送指令的助记符、指令代码、操作数及程序步如表 7-5 所示。

表 7-5 移位传送指令

指令名称	助记符	指令代码（功能号）	操作数					程序步
			m1	m2	n	S	D	
移位传送指令	SMOV	FNC13	K、H			KnX、KnY、KnM、KnS、T、C、D、R、V、Z、U□\G□	KnY、KnM、KnS、T、C、D、R、V、Z、U□\G□	SMOV、SMOVP… 11 步

SMOV 指令执行时，进行移位传送，将源操作数（S）中的 16 位二进制数转换成一个 4 位 BCD 码，将此 BCD 码从右端向左数第 m1 位开始的连续 m2 位，传送到目的操作数（D）从右端数第 n 位开始的连续 m2 位中，其他位保持不变，并自动转换为二进制数。如图 7-7 所示，用 SMOV 指令将 D0 中的二进制数转换成 BCD 码，由此得到 4 位 BCD 码。将这个 4 位 BCD 码从右端开始向左数的第 3 位为高位的连续的两位，即第 3 位和第 2 位的内容，传送到 D1 中从右端开始第 4 位为高位的连续的两位，即第 4 位和第 3 位中。

5．取反传送指令

取反传送指令的助记符、指令代码、操作数及程序步如表 7-6 所示。

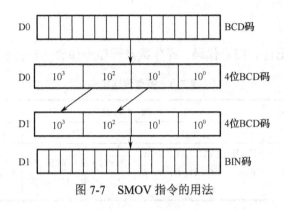

图 7-7　SMOV 指令的用法

表 7-6　取反传送指令

指令名称	助记符	指令代码（功能号）	操 作 数		程 序 步
			S	D	
取反传送指令	CML	FNC14	K、H、KnX、KnY、KnM、KnS、T、C、D、R、V、Z、U□\G□	KnY、KnM、KnS、T、C、D、R、V、Z、U□\G□	CML、CMLP…5 步 DCML、DCMLP…9 步

CML 指令执行时，将源操作数（S）中的二进制数逐位取反后传送到目的操作数（D）中。若（S）为常数，则先自动转换为二进制数，然后再执行取反传送指令。CML 指令的用法如图 7-8 所示。当 X001 接通时，执行取反指令，将 D0 中的数据取反后传送到 D1 中。

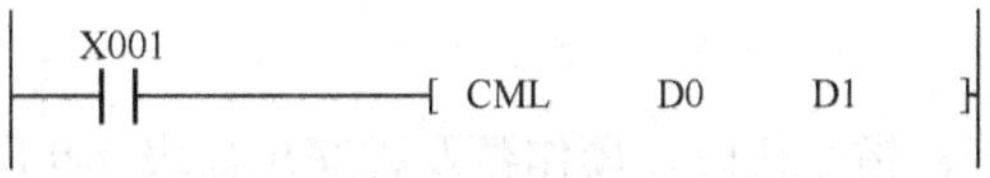

```
   X001
───┤├───────────┤ CML    D0    D1 ├
```

图 7-8　CML 指令的用法

6. 块传送指令

块传送指令的助记符、指令代码、操作数及程序步如表 7-7 所示。

表 7-7　块传送指令

指令名称	助记符	指令代码（功能号）	操 作 数			程 序 步
			S	D	n	
块传送指令	BMOV	FNC15	KnX、KnY、KnM、KnS、T、C、D、R、U□\G□	KnY、KnM、KnS、T、C、D、R、U□\G□	D、K、H	BMOV、BMOVP…7 步

BMOV 指令执行时，将源操作数（S）指定元件开始的连续 n 点分别传送到目的操作数（D）指定元件开始的连续 n 点中。当使用位元件时，源操作数和目的操作数的位数必须相同。BMOV 指令的用法如图 7-9 所示，X001 接通时，执行 BMOV 指令，将 D0 开始的连续的 3 个字元件，即 D0、D1、D2 中的内容传送到 D4 开始的连续的 3 个字元件，即 D4、D5、D6 中。

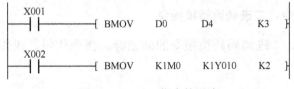

图 7-9　BMOV 指令的用法

7. 多点传送指令

多点传送指令的助记符、指令代码、操作数及程序步如表 7-8 所示。

表 7-8　多点传送指令

指令名称	助记符	指令代码（功能号）	操 作 数			程 序 步
			S	D	n	
多点传送指令	FMOV	FNC16	K、H、KnX、KnY、KnM、KnS、T、C、D、R、V、Z、U□\G□	KnY、KnM、KnS、T、C、D、R、U□\G□	K、H	BFOV、BFOVP…7 步 DBFOV、DBFOVP…13 步

FMOV 指令执行时，向目的操作数（D）指定元件开始的连续 n 点传送由源操作数（S）指定的同一内容。

FMOV 指令的用法如图 7-10 所示。当 X001 接通时，执行多点传送指令，将源操作数 K10 传送到目的操作数 D0 开始的连续的 4 个字元件中，即分别传送到 D0、D1、D2、D3 中。传送完毕后，D0、D1、D2、D3 中的内容均为 K10。

图 7-10　FMOV 指令的用法

8. 数据交换指令

数据交换指令的助记符、指令代码、操作数及程序步如表 7-9 所示。

表 7-9　数据交换指令

指令名称	助记符	指令代码（功能号）	操 作 数		程 序 步
			D1	D2	
数据交换指令	XCH	FNC17	KnY、KnM、KnS、T、C、D、R、V、Z、U□\G□	KnY、KnM、KnS、T、C、D、R、U□\G□	XCH、XCHP…5 步 DXCH、DXCHP…9 步

XCH 指令执行时，将两个目标元件之间的内容进行交换。当 M8160 为 ON，且两个目的操作数指定同一软元件时，将交换数据低 8 位和高 8 位。

当采用连续执行型时，每个扫描周期都进行数据交换，推荐使用 XCHP 指令。XCH 指令的用法如图 7-11 所示。

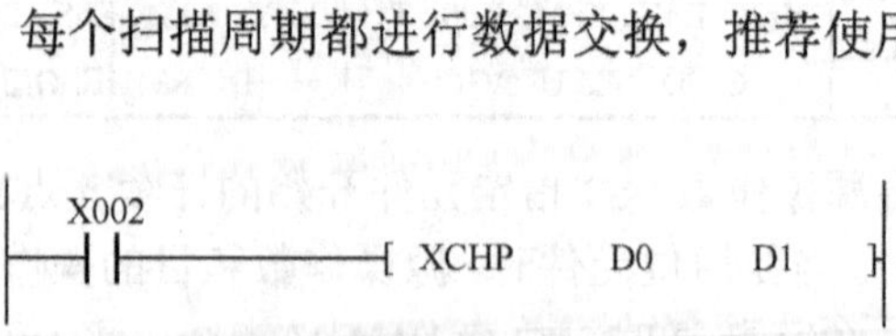

图 7-11　XCH 指令的用法

9. BCD 码转换指令、二进制码转换指令

BCD 码转换指令、二进制码转换指令的助记符、指令代码、操作数及程序步如表 7-10 所示。

表 7-10　BCD 码转换指令、二进制码转换指令

指令名称	助记符	指令代码	操 作 数		程 序 步
			S	D	
BCD 码转换指令	BCD	FNC18	KnX、KnY、KnM、KnS、T、C、D、R、V、Z、U□\G□	KnY、KnM、KnS、T、C、D、R、V、Z、U□\G□	BCD、BCDP…5 步 DBCD、DBCDP…9 步
二进制码转换指令	BIN	FNC19	KnX、KnY、KnM、KnS、T、C、D、R、V、Z、U□\G□	KnY、KnM、KnS、T、C、D、R、V、Z、U□\G□	BIN、BINP…5 步 DBIN、DBINP…9 步

　　BCD 指令执行时，将源操作数（S）中的二进制数变为 BCD 码，并将结果存放到目的操作数（D）中。BIN 指令执行时，将源操作数（S）中的 BCD 码变为 BIN 码，并将结果存放到目的操作数（D）中。从数字开关获取 BCD 数据信息时，需使用 BCD 指令转换数据。BCD、BIN 指令的用法如图 7-12 所示。

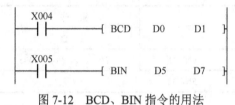

图 7-12　BCD、BIN 指令的用法

7.2.2　程序流程指令

　　程序流程指令用来改变程序的执行顺序，包括程序的条件跳转、中断、子程序调用、循环等指令。

1. 条件跳转指令

　　条件跳转指令的助记符、指令代码、操作数及程序步如表 7-11 所示。

表 7-11　条件跳转指令

指令名称	助记符	指令代码	操 作 数	程 序 步
			D	
条件跳转指令	CJ	FNC00	P0～P63	CJ 和 CJ（P）…3 步 标号 P…1 步

　　当 CJ 指令的驱动输入 X0 为 ON 时，程序跳转到与 CJ 指令指针 P 相同编号的指令处执行。如果 X0 为 OFF，则跳转不起作用，程序按从上到下、从左到右的顺序执行。

　　当 X0 为 ON 时，从 CJ 指令开始到标号为止的顺序程序不执行。在跳转过程中，如果 Y、M、S 被 OUT、SET、RST 指令驱动使输入发生变化，则仍保持跳转前的状态。例如，通过 X1 驱动输出 Y10 后发生跳转，在跳转过程中即使 X0 变为 ON，但输出 Y10 仍有效。

　　对于 T、C，如果跳转时定时器或计数器正发生动作，则此时立即中断计数或停止计时，直到跳转结束后继续进行计时或计数。但是，正在动作的定时器 T192～T199 与高速计数器 C235～C255，不管有无跳转仍旧继续工作。

　　条件跳转指令梯形图如图 7-13 所示。功能指令在跳转时不执行，但 PLSY、PLSR、PWM 指令除外。

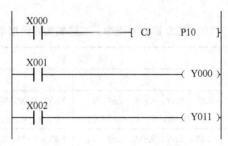

图 7-13 条件跳转指令梯形图

2. 子程序调用与返回指令

子程序调用与返回指令的助记符、指令代码、操作数及程序步如表 7-12 所示。

表 7-12 子程序调用与返回指令

指 令 名 称	助 记 符	指 令 代 码	操 作 数 D	程 序 步
子程序调用指令	CALL	FNC01	P0~P62、P64~4095	CALL、CALLP……3 步
子程序返回指令	SRET	FNC02	无	1 步

把一些常用的或多次使用的程序以子程序写出。如图 7-14 所示，当 X001 为 ON 时，CALL 指令使主程序跳到标号 P11 处执行子程序。子程序结束，执行 SRET 指令后返回主程序。子程序应写在主程序结束指令 FEND 之后。调用子程序可嵌套，嵌套最多可达 5 级。CALL 的操作数和 CJ 的操作数不能为同一个标号。但不同嵌套的 CALL 指令可调用同一个标号的子程序。在子程序中规定使用的定时器为 T192~T199 和 T246~T249。

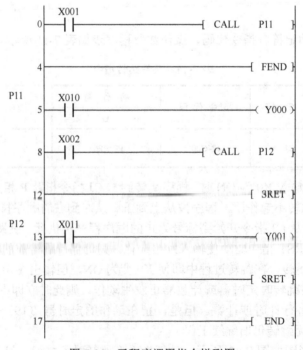

图 7-14 子程序调用指令梯形图

3. 中断指令

中断指令有三条，这三条指令的助记符、指令代码、操作数及程序步如表 7-13 所示。

表 7-13　中断指令

指令名称	助 记 符	指 令 代 码	操 作 数 D	程 序 步
中断返回指令	IRET	FNC03	无	1 步
允许中断指令	EI	FNC04	无	1 步
禁止中断指令	DI	FNC05	无	1 步

中断指令梯形图如图 7-15 所示。

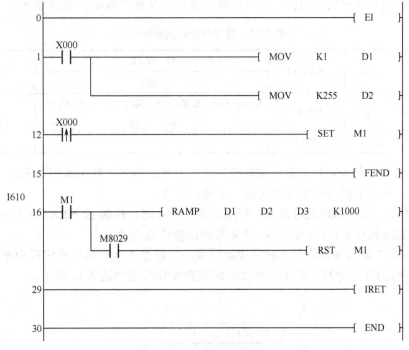

图 7-15　中断指令梯形图

EI 为允许中断指令，DI 为禁止中断指令，两条指令均无目标操作元件。EI、DI 指令配合使用，用来界定允许中断的程序段的范围。IRET 为中断返回指令，无目标操作元件，用来表示中断子程序结束。

PLC 通常处于关中断状态。当程序执行到 EI 到 DI 指令之间的部分时，若出现中断信号，则停止执行主程序，去执行相应的中断子程序。遇到 IRET 指令时则返回断点处，继续执行主程序。

4. 主程序结束指令

主程序结束指令的助记符、指令代码、操作数及程序步如表 7-14 所示。

表 7-14　主程序结束指令

指令名称	助记符	指令代码	操作数 D	程序步
主程序结束指令	FEND	FNC06	无	1 步

FEND 指令表示一个主程序的结束，执行这条指令与执行 END 指令一样，即执行 I/O 处理或警告定时器刷新后，程序返回到第 0 步。使用多次 FEND 指令时，子程序或中断子程序应写在最后的 FEND 指令与 END 指令之间，而且必须以 SRET 或 IRET 结束。在执行 FOR 指令之后，执行 NEXT 指令之前，执行 FEND 指令的程序会出现错误。

5. 循环开始和结束指令

循环开始和结束指令的助记符、指令代码、操作数及程序步如表 7-15 所示。

表 7-15　循环开始和结束指令

指令名称	助记符	指令代码	操作数 S	程序步
循环开始指令	FOR	FNC08	K、H、KnX、KnY、KnM、KnS、T、C、D、R、V、Z、U□\G□	3 步（嵌套 5 层）
循环结束指令	NEXT	FNC09	无	1 步

FOR 是循环开始指令，用来表示循环程序段的开始，循环次数用操作数表示。NEXT 是循环结束指令，用来表示循环程序段的结束，无操作元件。

FOR 与 NEXT 指令总是成对出现。使用这两条指令时，FOR 到 NEXT 之间的程序在一个扫描周期内被重复执行 n 次，n 的值由 FOR 指令的操作数决定。

FOR 与 NEXT 可以嵌套使用，嵌套次数最多不能超过 5 次。循环程序段中不能有 END、FEND 指令，使用 CJ 指令可以跳出循环体。循环指令梯形图如图 7-16 所示。

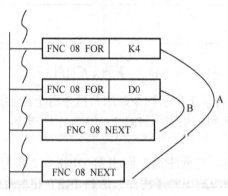

图 7-16　循环指令梯形图

7.2.3　四则运算指令

1. 加法指令、减法指令

加法指令和减法指令的助记符、指令代码、操作数及程序步如表 7-16 所示。

表 7-16　加法指令和减法指令

指令名称	助记符	指令代码	操作数			程序步
			S1	S2	D	
加法指令	ADD	FNC20	K、H、KnX、KnY、KnM、KnS、T、C、D、R、V、Z、U□\G□	KnY、KnM、KnS、T、C、D、R、V、Z、U□\G□	ADD、ADDP…7 步 DADD、DADDP…13 步
减法指令	SUB	FNC21	K、H、KnX、KnY、KnM、KnS、T、C、D、R、V、Z、U□\G□	KnY、KnM、KnS、T、C、D、R、V、Z、U□\G□	SUB、SUBP…7 步 DSUB、DSUBP…13 步

ADD、SUB 指令的梯形图如图 7-17 所示。ADD 指令执行时，将源操作数（S1）与（S2）中的内容相加，结果存放到目的操作数（D）中。使用这两条指令时，若采用连续执行型，则每个周期都执行相加或相减运算，当一个源操作数与目的操作数指定相同的软元件时，一般建议使用脉冲执行型。这种情况需要注意。

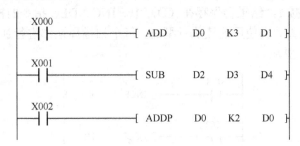

图 7-17　ADD、SUB 指令的梯形图

2. 乘法指令、除法指令

乘法指令和除法指令的助记符、指令代码、操作数及程序步如表 7-17 所示。

表 7-17　乘法指令和除法指令

指令名称	助记符	指令代码	操作数			程序步
			S1	S2	D	
乘法指令	MUL	FNC22	K、H、KnX、KnY、KnM、KnS、T、C、D、R、V、Z、U□\G□	KnY、KnM、KnS、T、C、D、R、V、Z、U□\G□	MUL、MULP…7 步 DMUL、DMULP…13 步
除法指令	DIV	FNC23	K、H、KnX、KnY、KnM、KnS、T、C、D、R、V、Z、U□\G□	KnY、KnM、KnS、T、C、D、R、V、Z、U□\G□	DIV、DIVP…7 步 DDIV、DDIVP…13 步

MUL、DIV 指令的梯形图如图 7-18 所示。MUL 指令执行时，将源操作数（S1）与（S2）中的内容相乘，结果存放到目的操作数（D）中。DIV 指令执行时，把源操作数（S1）中的数据除以（S2）中的数据，结果存放到目的操作数（D）中。

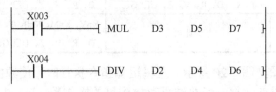

图 7-18　MUL、DIV 指令的梯形图

3. 加 1 指令、减 1 指令

加 1 指令和减 1 指令的助记符、指令代码、操作数及程序步如表 7-18 所示。

表 7-18　加 1 指令和减 1 指令

指令名称	助记符	指令代码	操作数 D	程序步
加 1 指令	INC	FNC24	KnY、KnM、KnS、T、C、D、R、V、Z、U□\G□	INC、INCP…3 步 DINC、DINCP…5 步
减 1 指令	DEC	FNC25	KnY、KnM、KnS、T、C、D、R、V、Z、U□\G□	DEC、DECP…3 步 DDEC、DDECP…5 步

INC 指令执行时，将操作数（D）中的数加 1，结果仍保存在（D）中。DEC 指令执行时，将操作数（D）中的数减 1，结果仍保存在（D）中。INC、DEC 指令的梯形图如图 7-19 所示。使用这两条指令时应注意，当使用连续执行型时，每个扫描周期都进行加 1 或减 1 运算。因此，一般推荐使用脉冲执行型。

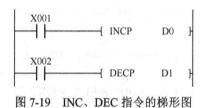

图 7-19　INC、DEC 指令的梯形图

4. 逻辑运算指令

逻辑运算指令包括逻辑与指令、逻辑或指令、逻辑异或指令和求补码指令。逻辑运算指令的助记符、指令代码、操作数及程序步如表 7-19 所示。

表 7-19　逻辑运算指令

指令名称	助记符	指令代码	操作数			程序步
			S1	S2	D	
逻辑与指令	WAND	FNC26	K、H、KnX、KnY、KnM、KnS、T、C、D、R、V、Z、U□\G□		KnY、KnM、KnS、T、C、D、R、V、Z、U□\G□	WAND、WANDP…7 步 DWAND、DWANDP…13 步
逻辑或指令	WOR	FNC27	K、H、KnX、KnY、KnM、KnS、T、C、D、R、V、Z、U□\G□		KnY、KnM、KnS、T、C、D、R、V、Z、U□\G□	WOR、WORP…7 步 DWOR、DWORP…13 步
逻辑异或指令	WXOR	FNC28	K、H、KnX、KnY、KnM、KnS、T、C、D、R、V、Z、U□\G□		KnY、KnM、KnS、T、C、D、R、V、Z、U□\G□	WXOR、WXORP…7 步 WXOR、DWXORP…13 步
求补码指令	NEG	FNC29	无此项		KnY、KnM、KnS、T、C、D、R、V、Z、U□\G□	NEG、NEGP…7 步 DNEG、DNEGP…13 步

逻辑运算指令梯形图如图 7-20 所示。逻辑运算指令执行时，使源操作数（S1）与（S2）中的数进行逻辑与、或、异或运算，运算结果存放到目的操作数（D）中。NEG 指令执行时，对目的操作数（D）中的数求补码，运算结果仍放到目的操作数（D）中。使用 NEG 指令的连续

执行型时，D6 的内容每个周期都会发生变化。因此，推荐使用脉冲执行型。

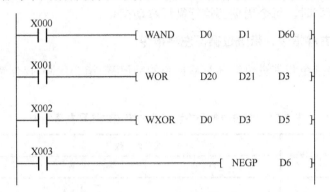

图 7-20 逻辑运算指令梯形图

7.2.4 移位和循环指令

1. 循环右移指令、循环左移指令

循环右移指令和循环左移指令的助记符、指令代码、操作数及程序步如表 7-20 所示。

表 7-20 循环右移指令和循环左移指令

指令名称	助记符	指令代码	操 作 数		程 序 步
			D	n	
循环右移指令	ROR	FNC30	KnY、KnM、KnS、T、C、D、R、V、Z、U□\G□	K、H、D、R 移位量 n≤16（16 位指令）n≤32（32 位指令）	ROR、RORP…5 步 DROR、DRORP…9 步
循环左移指令	ROL	FNC31	KnY、KnM、KnS、T、C、D、R、V、Z、U□\G□	K、H、D、R 移位量 n≤16（16 位指令）n≤32（32 位指令）	ROL、ROLP…5 步 DROL、DROLP…9 步

ROR 指令执行时，操作数（D）中的数据向右移动 n 位，最后一次移出的数据保存于 M8022 中。

ROL 指令执行时，操作数（D）中的数据向左移动 n 位，最后一次移出的数据保存于 M8022 中。ROL 指令的用法如图 7-21 所示。

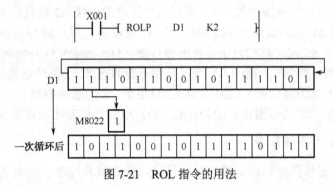

图 7-21 ROL 指令的用法

当使用 ROR、ROL 指令，并使用位组合元件时，只有 K4（16 位指令）和 K8（32 位指令）有效。采用连续执行型时，每个周期都执行循环移动指令。

2．带进位循环右移指令、带进位循环左移指令

带进位循环右移指令和带进位循环左移指令的助记符、指令代码、操作数及程序步如表 7-21 所示。

表 7-21　带进位循环右移指令和带进位循环左移指令

指令名称	助记符	指令代码	操作数		程序步
			D	n	
带进位循环右移指令	RCR	FNC32	KnY、KnM、KnS、T、C、D、R、V、Z、U□\G□	K、H、D、R 移位量 n≤16（16 位指令） n≤32（32 位指令）	RCR、RCRP…5 步 DRCR、DRCRP…9 步
带进位循环左移指令	RCL	FNC33	KnY、KnM、KnS、T、C、D、R、V、Z、U□\G□	K、H、D、R 移位量 n≤16（16 位指令） n≤32（32 位指令）	RCL、RCLP…5 步 DRCL、DRCLP…9 步

RCR 指令执行时，操作数（D）中数据的最低位移入 M8022，而 M8022 中的数据移入操作数（D）中数据的最高位，连续移动 n 次。

RCL 指令执行时，操作数（D）中数据的最高位移入 M8022，而 M8022 中的数据移入操作数（D）中数据的最低位，连续移动 n 次。

3．位右移指令、位左移指令

位右移指令和位左移指令的助记符、指令代码、操作数及程序步如表 7-22 所示。

表 7-22　位右移指令和位左移指令

指令名称	助记符	指令代码	操作数				程序步
			S	D	n1	n2	
位右移指令	SFTR	FNC34	X、Y、M、S、D□.b	Y、M、S	K、H	K、H、D、R	SFTR、SFTRP …9 步
位左移指令	SFTL	FNC35	X、Y、M、S、D□.b	Y、M、S	K、H	K、H、D、R	SFTL、SFTLP …9 步

位右移指令执行时，将源操作数（S）指定元件开始的连续 n2 位传送到目的操作数（D）指定元件开始的连续 n1 位的最高的 n2 位中，低 n2 位溢出。采用脉冲型指令时，每执行一次 SFTR 指令，向右移动 n2 位。移动范围在目的操作数（D）指定元件开始的连续 n1 位之内。

SFTL 指令执行时，将源操作数（S）指定元件开始的连续 n2 位传送到目的操作数（D）指定元件开始的连续 n1 位的最低的 n2 位中，高 n2 位溢出。采用脉冲型指令时，每执行一次 SFTL 指令，向左移动 n2 位。移动范围在目的操作数（D）指定元件开始的连续 n1 位之内。

4．字右移指令、字左移指令

字右移指令和字左移指令的助记符、指令代码、操作数及程序步如表 7-23 所示。

表 7-23 字右移指令和字左移指令

指令名称	助记符	指令代码	操 作 数				程 序 步
			S	D	n 1	n 2	
字右移指令	WSFR	FNC36	KnX、KnY、KnM、KnS、T、C、D、R、U□\G□	KnY、KnM、KnS、T、C、D、R、U□\G□	K、H	K、H、D、R	WSFR、WSFRP ...9 步
字左移指令	WSFL	FNC37	KnX、KnY、KnM、KnS、T、C、D、R、U□\G□	KnY、KnM、KnS、T、C、D、R、U□\G□	K、H	K、H、D、R	WSFL、WSFLP ...9 步

　　WSFR 指令执行时，将源操作数（S）指定元件开始的连续 n2 个字传送到目的操作数（D）指定元件开始的连续 n1 个字的最高的 n2 字中，低 n2 字溢出。采用脉冲型指令时，每执行一次 WSFR 指令，向右移动 n2 字。移动范围在目的操作数（D）指定元件开始的连续 n1 字之内。WSFR 指令的用法如图 7-22 所示。

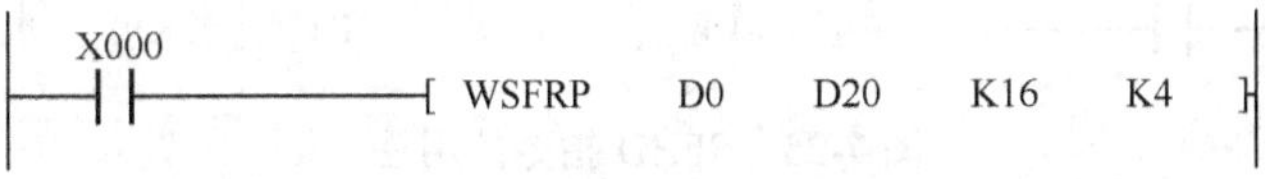

```
    X000
 ───┤ ├──────────[ WSFRP   D0    D20   K16   K4 ]──
```

图 7-22 WSFR 指令的用法

　　WSFL 指令执行时，将源操作数（S）指定元件开始的连续 n2 个字传送到目的操作数（D）指定元件开始的连续 n1 个字的最低的 n2 字中，高 n2 字溢出。采用脉冲型指令时，每执行一次 WSFL 指令，向左移动 n2 字。移动范围在目的操作数（D）指定元件开始的连续 n1 字之内。WSFL 指令的用法如图 7-23 所示。

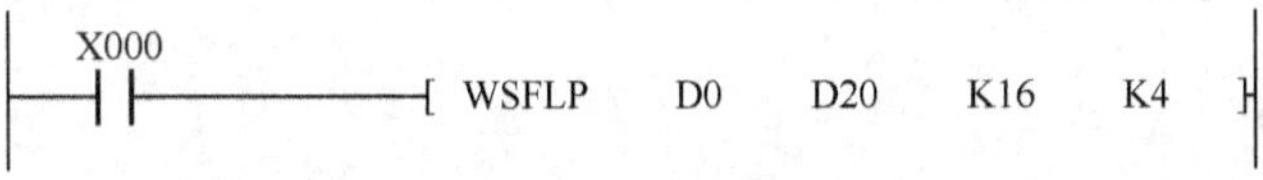

```
    X000
 ───┤ ├──────────[ WSFLP   D0    D20   K16   K4 ]──
```

图 7-23 WSFL 指令的用法

5. 先入先出写入指令、先入先出读出指令

　　先入先出写入指令和先入先出读出指令的助记符、指令代码、操作数及程序步如表 7-24 所示。

表 7-24 先入先出写入指令和先入先出读出指令

指令名称	助记符	指令代码	操 作 数			程 序 步
			S	D	n	
先入先出写入指令	SFWR	FNC38	K、H、KnX、KnY、KnM、KnS、T、C、D、R、V、Z、U□\G□	KnY、KnM、KnS、T、C、D、R、U□\G□	K、H 2≤n≤512	SFWR、SFWRP ...7 步
先入先出读出指令	SFRD	FNC39	K、H、KnX、KnY、KnM、KnS、T、C、D、R、V、Z、U□\G□	KnY、KnM、KnS、T、C、D、R、U□\G□	K、H 2≤n≤512	SFRD、SFRDP ...7 步

　　SFWR 指令执行前，预先将目的操作数（D）的首元件内容设为 0，目的操作数（D）指定目标元件的首元件，n 表示目标元件的个数。其中，首元件用来记录写入数据的次数，第 2～n 个元件用来存放读入的数据。若使用脉冲执行型，SFWRP 指令第一次执行时，将源操作数（S）

的数据写入第二个元件，首元件计数为 1；第二次执行时，将源操作数（S）的数据写入第三个元件，首元件计数为 2，依次类推。SFWR 指令的用法如图 7-24 所示。

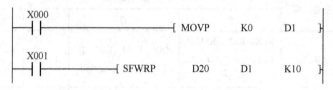

图 7-24　SFWR 指令的用法

SFRD 指令执行前，预先将源操作数（S）的首元件内容设为 n-1。用源操作数（S）指定的首元件记录保存的数据的个数，将第 2～n 个目标元件中的数据按地址编号由低到高的次序依次读到目的操作数（D）中。SFRD 指令的用法如图 7-25 所示。

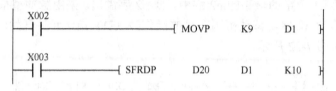

图 7-25　SFRD 指令的用法

使用 SFWR、SFRD 两条指令时应注意，若采用连续执行型，则每个扫描周期都执行写入或读出。执行 SFWR 指令时，当目的操作数（D）中的数超过 n-1 时，则不再执行 SFWR 指令，同时置位 M8022。执行 SFRD 指令时，当源操作数（S）中的数减为 0 时，则不再执行 SFRD 指令，同时置位 M8022。

7.2.5　数据处理指令

1. 成批复位指令

成批复位指令的助记符、指令代码、操作数及程序步如表 7-25 所示。

表 7-25　成批复位指令

指令名称	助记符	指令代码	操 作 数		程 序 步
			D1	D2	
成批复位指令	ZRST	FNC40	Y、M、S、T、C、D、R、U□\G□（D1≤D2）且指定同一软件元系列		ZRST、RSTP…5 步

成批复位指令的梯形图如图 7-26 所示。

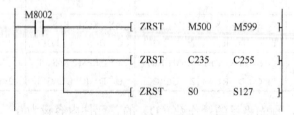

图 7-26　成批复位指令的梯形图

该指令的功能是把所指定区间的软元件全部清零。（D1）、（D2）两个操作数是指定同一软元件，且（D1）的地址号<D2 的地址号。当（D1）的地址号>（D2）的地址号时，仅将（D1）指定的软元件复位。该指令一般只作 16 位处理，但是可指定对 32 位的计数器复位，此时必须两个操作数都是 32 位的计数器，如果一个 16 位而另一个 32 位，程序将出错。

2．解码指令、编码指令

解码指令和编码指令的助记符、指令代码、操作数及程序步如表 7-26 所示。

表 7-26　解码指令和编码指令

指令名称	助记符	指令代码	操 作 数			程 序 步
			S	D	n	
解码指令	DECO	FNC41	K、H、X、Y、M、S、T、C、D、R、V、Z、U□\G□	Y、M、S、T、C、D、R	K、H n=1～8	DECO、DECOP…7 步
编码指令	ENCO	FNC42	X、Y、M、S、T、C、D、R、V、Z、U□\G□	Y、M、S、T、C、D、R	K、H n=1～8	ENCO、ENCOP…7 步

DECO 指令执行时，将源操作数（S）中的低 n 位进行解码，若这低 n 位对应的十进制数为 m，则解码结果为 2^m，结果保存到目的操作数（D）的低 2^n 位中。（D）中未被解码结果占用的高位全部清零。当（S）为位元件时，对以（S）为首元件的连续 n 位位元件进行解码。若（D）为位元件，则解码结果保存到以（D）为首元件的连续 2^n 位中。DECO 指令的梯形图如图 7-27 所示。

```
    X005
    ─┤├──────────────[ DECOP   X000   D2   K3 ]─
```

图 7-27　DECO 指令的梯形图

ENCO 指令执行时，将源操作数（S）中的低 2^n 位进行编码，编码结果保存到目的操作数（D）的低 n 位中，未被解码结果占用的高位全部清零。编码的 2^n 位数中，若最高位的 1 在第 m 位，则编码结果为 m。编码的 2^n 位数中只有最高位的 1 有效，其余均被忽略。若（S）为位元件，则对从（S）开始的连续 2^n 位进行编码。

3．置 1 位总和指令、置 1 位判别指令

置 1 位总和指令和置 1 位判别指令的助记符、指令代码、操作数及程序步如表 7-27 所示。

表 7-27　置 1 位总和指令和置 1 位判别指令

指令名称	助记符	指令代码	操 作 数			程 序 步
			S	D	n	
置 1 位总和指令	SUM	FNC43	K、H、KnX、KnY、KnM、KnS、T、C、D、R、V、Z、U□\G□	KnY、KnM、KnS、T、C、D、R、V、Z、U□\G□	无此项	SUM、SUMP…5 步 DSUM、DSUMP…9 步
置 1 位判别指令	BON	FNC44	K、H、KnX、KnY、KnM、KnS、T、C、D、R、V、Z、U□\G□	Y、M、S、D□.b	K、H、D、R n=1～15（16 位） n=1～31（32 位）	BON、BONP…5 步 DBON、DBONP…9 步

SUM 指令执行时，将源操作数（S）中 1 的位数总和存入目的操作数（D）中。无 1 时，

零标志位 M8020 动作。当使用 32 位指令时，将从（S）开始的连续 32 位中 1 的位数总和存入从（D）开始的连续 32 位中。SUM 指令的用法如图 7-28 所示。

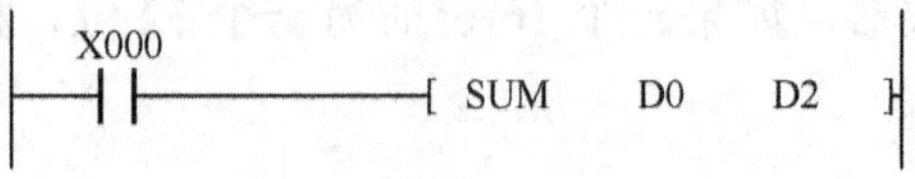

```
  X000
───┤├─────────────────────────[ SUM    D0    D2 ]──
```

图 7-28　SUM 指令的用法

BON 指令执行时，若源操作数（S）中第 n 位为 1，则置位目的操作数（D）。BON 指令的用法如图 7-29 所示。

```
  X001
───┤├──────────────────[ BON    D0    M0    K7 ]──
```

图 7-29　BON 指令的用法

4．平均值指令

平均值指令的助记符、指令代码、操作数及程序步如表 7-28 所示。

表 7-28　平均值指令

指令 名称	助记符	指令代码	操作数			程序步
			S	D	n	
平均值 指令	MEAN	FNC45	KnX、KnY、KnM、KnS、 T、C、D、R、U□\G□	KnY、KnM、KnS、T、C、 D、R、V、Z、U□\G□	K、H、D、R n=1～64	MEAN、 MEANP…7 步 DMEAN、 DMEANP…13 步

MEAN 指令执行时，将从源操作数（S）开始的连续 n 个元件中的数据求平均值，结果存放到目的操作数（D）中。MEAN 指令的用法如图 7-30 所示。

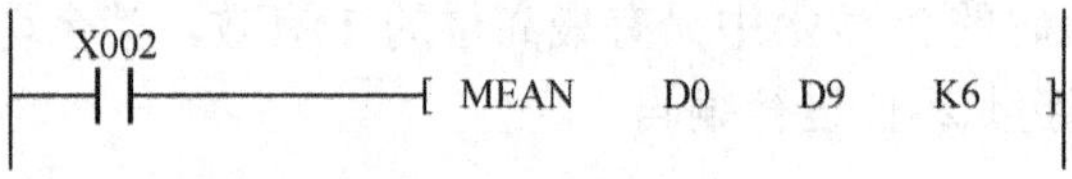

```
  X002
───┤├──────────────────[ MEAN    D0    D9    K6 ]──
```

图 7-30　MEAN 指令的用法

5．信号报警置位指令

信号报警置位指令的助记符、指令代码、操作数及程序步如表 7-29 所示。

表 7-29　信号报警置位指令

指令名称	助记符	指令代码	操作数			程序步
			S	m	D	
信号报警置 位指令	ANS	FNC46	T （T0～T199）	K、H、D、R n=1～32 767	S （S900～S999）	ANS…7 步

当 ANS 指令的执行时间超过定时器设定时间值时，置位操作数（D）。此后 ANS 指令不再执行，定时器复位。若不满足定时时间，ANS 指令的条件断开，则定时器也复位。ANS 指令的用法如图 7-31 所示。

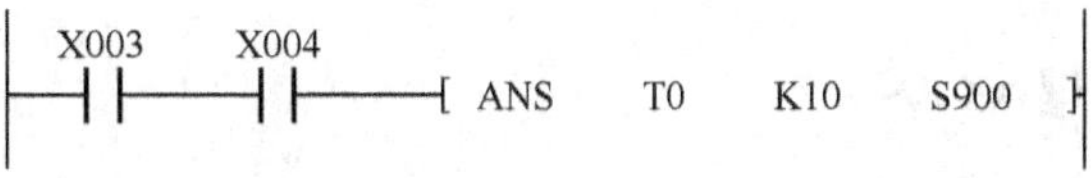

```
    X003    X004
  ──┤├──────┤├─────────[ ANS   T0    K10   S900 ]─
```

图 7-31　ANS 指令的用法

若预先使信号报警器有效继电器 M8049 为 ON，则信号报警器 S900～S999 中的最小 ON 状态编号被存入 D8049 中。另外，S900～S999 中任意一个状态器为 ON 时，信号报警器动作继电器 M8048 即动作。

6. 信号报警复位指令

信号报警复位指令的助记符、指令代码、操作数及程序步如表 7-30 所示。

表 7-30　信号报警复位指令

指令名称	助记符	指令代码	操作数 D	程序步
信号报警复位指令	ANR	FNC47	无	ANR、ANRP…1 步

ANR 指令执行时，复位 S900～S999 中正在动作的报警点。若同时有多个报警点动作，则 ANR 指令每次执行只复位编号最小的。ANR 指令的用法如图 7-32 所示。

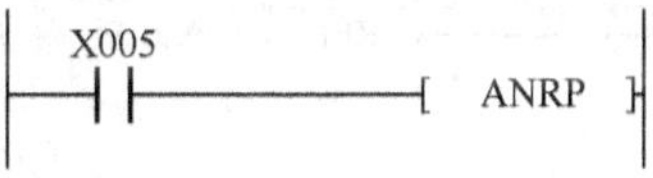

```
    X005
  ──┤├─────────────[ ANRP ]─
```

图 7-32　ANR 指令的用法

7. 平方根指令、浮点数指令

平方根指令和浮点数指令的助记符、指令代码、操作数及程序步如表 7-31 所示。

表 7-31　平方根指令和浮点数指令

指令名称	助记符	指令代码	操作数 S	操作数 D	程序步
平方根指令	SQR	FNC48	K、H、D、R、U□\G□	D、R、U□\G□	SQR、SQRP…5 步 DSQR、DSQRP…9 步
浮点数指令	FLT	FNC49	D、R、U□\G□	D、R、U□\G□	FLT、FLT P…5 步 DFLT、DFLTP…9 步

SQR、FLT 指令的用法如图 7-33 所示。

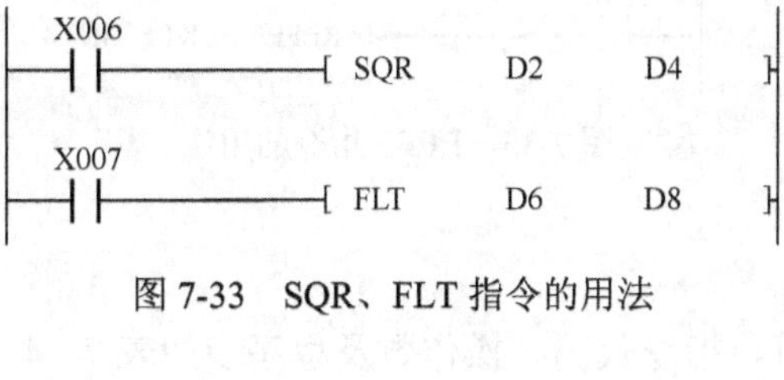

```
    X006
  ──┤├─────────────[ SQR   D2   D4 ]─

    X007
  ──┤├─────────────[ FLT   D6   D8 ]─
```

图 7-33　SQR、FLT 指令的用法

7.2.6 高速处理指令

1. 输入/输出刷新指令

输入/输出刷新指令的助记符、指令代码、操作数及程序步如表 7-32 所示。

表 7-32　输入/输出刷新指令

指令名称	助记符	指令代码	操作数		程序步
			D	n	
输入/输出刷新指令	REF	FNC50	X、Y	K、H	REF、REFP…5 步

REF 指令用于立即读入最新输入信息或刷新输出信息。采用输入/输出批次刷新方式，刷新分为输入刷新和输出刷新两种方式。若用于输入刷新，则当 REF 指令执行时，刷新从操作数（D）开始的连续 n 位的输入状态；若用于输出刷新，则当 REF 指令执行时，刷新从操作数（D）开始的连续 n 位的输出状态。REF 指令的用法如图 7-34 所示。REF 指令用于输入刷新时，在执行指令的前 10ms，从（D）开始的 n 位是什么状态，则指令执行什么状态。10ms 为 REF 指令的响应延迟时间。

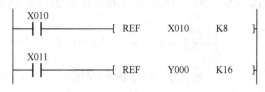

图 7-34　REF 指令的用法

2. 滤波时间调整指令

滤波时间调整指令的助记符、指令代码、操作数及程序步如表 7-33 所示。

表 7-33　滤波时间调整指令

指令名称	助记符	指令代码	操作数	程序步
			n	
滤波时间调整指令	REFF	FNC51	K、H、D、R	REFF、REFFP…3 步

REFF 指令不执行时，滤波时间默认为 10ms。REFF 指令执行时，刷新 X0～X17 的输入映像寄存器，调整它们的滤波时间常数为 1ms。REFF 指令的用法如图 7-35 所示。

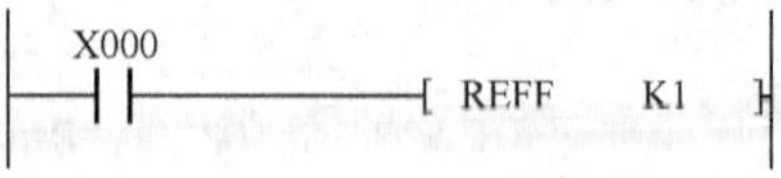

```
      X000
    ──┤├──────────────────┤ REFF    K1    ├
```

图 7-35　REFF 指令的用法

3. 矩阵输入指令

矩阵输入指令的助记符、指令代码、操作数及程序步如表 7-34 所示。

表 7-34 矩阵输入指令

指令名称	助记符	指令代码	操作数				程序步
			S	D1	D2	n	
矩阵输入指令	MTR	FNC52	X	Y	Y、M、S	K、H n=2～8	MTR…9 步

MTR 指令执行时，使用从源操作数（S）开始的连续 8 点的输入与从目的操作数（D1）开始的连续 n 点的输出，按顺序读入 n 行 8 列的输入信号，结果存入目的操作数（D2）中。MTR 指令的用法如图 7-36 所示。

M0
MTR X010 Y010 M20 K3

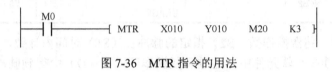

图 7-36 MTR 指令的用法

4．高速区间比较指令

高速区间比较指令的助记符、指令代码、操作数及程序步如表 7-35 所示。

表 7-35 高速区间比较指令

指令名称	助记符	指令代码	操作数				程序步
			S1	S2	S3	D	
高速区间比较指令	HSZ	FNC55	K、H、KnX、KnY、KnM、KnS、T、C、D、R、V、Z、U□\G□	K、H、KnX、KnY、KnM、KnS、T、C、D、R、V、Z、U□\G□	C	Y、M、S、D□.b	DHSZ…17 步

HSZ 指令执行时，将源操作数（S）中的数据与（S1）、（S2）构成的区间进行比较，比较的结果放到目的操作数（D）中。若（S1）<（S2），则（D）接通，若（S1）⩽（S3）⩽（S2），则从（D）开始的第 2 个元件接通；若（S3）⩾（S2），则从开始的第 3 个元件接通。HSZ 指令的用法如图 7-37 所示。

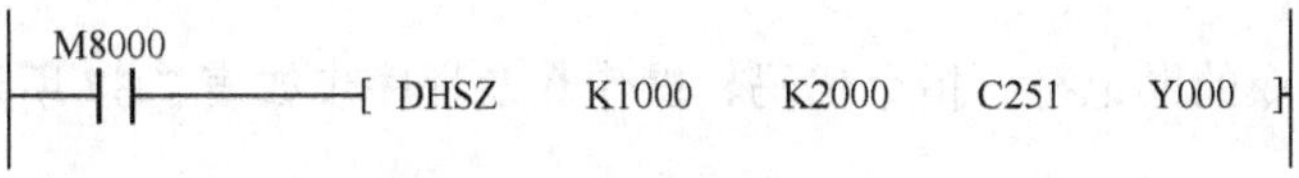

M8000
DHSZ K1000 K2000 C251 Y000

图 7-37 HSZ 指令的用法

使用 HSZ 指令时，比较与外部输出一起中断处理。输出不受扫描周期影响，立即输出。此指令为 32 位指令，必须用作 DHSZ 形式。

5．脉冲密度指令、脉冲输出指令、脉宽调制指令

脉冲密度指令、脉冲输出指令和脉宽调制指令的助记符、指令代码、操作数及程序步如表 7-36 所示。

表 7-36　脉冲密度指令、脉冲输出指令和脉宽调制指令

指令名称	助记符	指令代码	操作数			程序步
			S1	S2	D	
脉冲密度指令	SPD	FNC56	X0～X5	K、H、KnX、KnY、KnM、KnS、T、C、D、R、V、Z、U□\G□	T、C、D、R、V、Z	SPD…7 步 DSPD…13 步
脉冲输出指令	PLSY	FNC57	K、H、KnX、KnY、KnM、KnS、T、C、D、R、V、Z、U□\G□	K、H	Y0 或 Y1	PLSY…7 步 DPLSY…13 步
脉宽调制指令	PWM	FNC58	K、H、KnX、KnY、KnM、KnS、T、C、D、R、V、Z、U□\G□		Y0～Y3	PWM…7 步

SPD 指令执行时，将源操作数（S2）指定的脉冲在（S1）时间内计数，结果存入从目的操作数（D）开始的连续 3 个软元件中。通过反复操作可以在（D）中得到脉冲密度。

PLSY 指令执行时，将使（D）产生指定频率、指定数量的脉冲。其中（S1）指定频率，（S2）指定产生脉冲的数量。指定脉冲个数发完后，执行结束标志 M8029 动作。

PWM 指令执行时，将使（D）指定的 Y 产生指定脉宽、指定周期的脉冲。其中（S1）指定脉宽，（S2）指定周期。这 3 条指令的用法如图 7-38 所示。

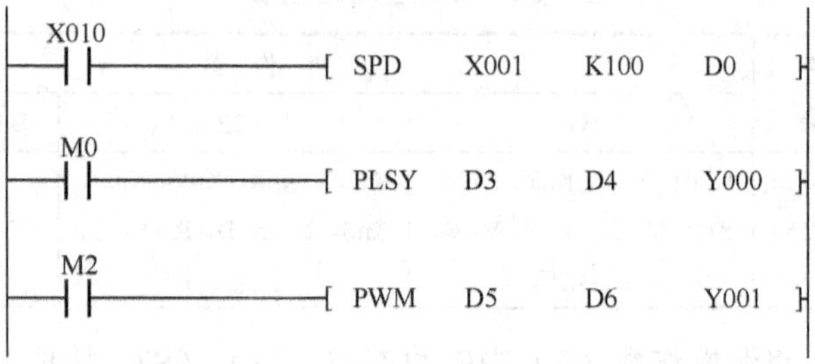

```
      X010
      ─┤├─────────────────[ SPD   X001   K100   D0  ]

      M0
      ─┤├─────────────────[ PLSY  D3     D4     Y000 ]

      M2
      ─┤├─────────────────[ PWM   D5     D6     Y001 ]
```

图 7-38　SPD、PLSY、PWM 指令的用法

PLSY、PWM 指令在程序中只能使用一次。脉冲均以中断方式输出。

6．可调脉冲输出指令

可调脉冲输出指令的助记符、指令代码、操作数及程序步如表 7-37 所示。

表 7-37　可调脉冲输出指令

指令名称	助记符	指令代码	操作数				程序步
			S1	S2	S3	D	
可调脉冲输出指令	PLSR	FNC59	K、H、KnX、KnY、KnM、KnS、T、C、D、R、V、Z、U□\G□			Y0 或 Y1	PLSR…9 步 DPLSR…17 步

PLSR 指令是带加减速功能的定尺寸传送用的脉冲输出指令。指令执行时，针对指定的最高频率进行定加速，在达到指定脉冲数后进行定减速。源操作数（S1）指定最高频率，（S2）指定输出总脉冲数，（S3）指定加减速时间。目的操作数（D）为脉冲输出元件，它仅能指定为 Y0 或 Y1。PLSR 指令的用法如图 7-39 所示。

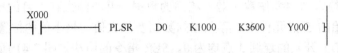

图 7-39 PLSR 指令的用法

指定脉冲个数输出完毕后，执行结束标志 M8029 动作。（S1）可设定范围为 10～20 000Hz，而且必须为 10 的倍数。（S2）的设定范围，16 位运算时为 110～32 767，32 位运算时为 110～2 147 483 647，设定值不满 110 时，脉冲不能正常输出。（S3）的设定范围为 5000ms 以下。（D）只能设定为 Y0 或 Y1。

7.2.7 方便指令

1. 状态初始化指令

状态初始化指令的助记符、指令代码、操作数及程序步如表 7-38 所示。

表 7-38 状态初始化指令

指令名称	助记符	指令代码	操作数			程序步
			S	D1	D2	
状态初始化指令	IST	FNC60	X、Y、M、D□.b	S (S20～S899)		IST…7 步

IST 指令是在步进指令中使用的状态初始化指令和特殊辅助继电器的自动控制指令。源操作数（S）为运行模式的起始输入继电器。目的操作数（D1）指定自动操作模式中实用状态的最小序号。目的操作数（D2）指定自动操作模式中实用状态的最大序号。IST 指令的用法如图 7-40 所示。

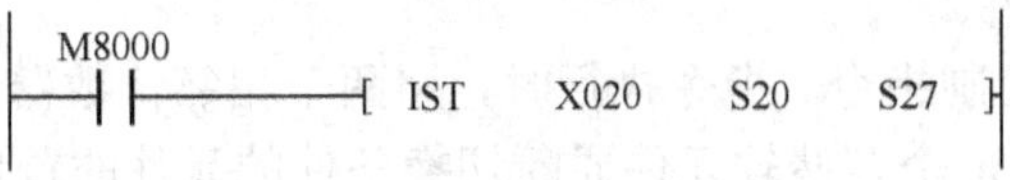

M8000
IST   X020   S20   S27

图 7-40 IST 指令的用法

步进程序可以设置 5 种工作模式，分别为：手动、回原点、单步、单周期、连续运行。在使用 IST 指令时，可以通过改变输入信号对这 5 种工作模式进行切换，输入信号的编号顺序必须是一定的。

2. 数据检索指令

数据检索指令的助记符、指令代码、操作数及程序步如表 7-39 所示。

表 7-39 数据检索指令

指令名称	助记符	指令代码	操作数				程序步
			S1	S2	D	n	
数据检索指令	SER	FNC61	KnX、KnY、KnM、KnS、T、C、D、R、U□\G□	K、H、KnX、KnY、KnM、KnS、T、C、D、R、V、Z、U□\G□	KnY、KnM、KnS、T、C、D、R、U□\G□	K、H、D、R	SER、SERP…9 步 DSER、DSERP…17 步

SER 指令执行时，对相同数据、最大值、最小值进行检索。对从源操作数（S1）开始的几

个数据进行检索，检索与源操作数（S2）相同的数据，并将结果存入目的操作数（D）中。在源操作数（D）开始的 5 点元件中，存入相同数据及最大值、最小值的位置，不存在相同的数据时，源操作数（D）开始的连续 3 点均为 0。SER 指令的用法如图 7-41 所示。

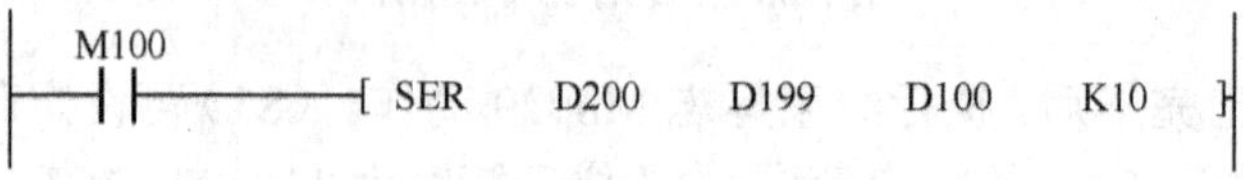

```
  M100
──┤├────────────┤ SER  D200  D199  D100  K10 ├──
```

图 7-41　SER 指令的用法

3. 绝对值凸轮控制指令、增量式凸轮控制指令

绝对值凸轮控制指令和增量式凸轮控制指令的助记符、指令代码、操作数及程序步如表 7-40 所示。

表 7-40　绝对值凸轮控制指令和增量式凸轮控制指令

指令名称	助记符	指令代码	操作数				程　序　步
			S1	S2	D	n	
绝对值凸轮控制指令	ABSD	FNC62	KnX、KnY、KnM、KnS、T、C、D、R、U□\G□	C	Y、M、S、D□.b	K、H 1≤n≤64	ABSD…9 步 DABSD…17 步
增量式凸轮控制指令	INCD	FNC63	KnX、KnY、KnM、KnS、T、C、D、R、U□\G□	C	Y、M、S、D□.b	K、H 1≤n≤64	INCD…9 步

ABSD 为绝对值凸轮控制指令。指令执行时，对应计数器的当前值产生多个输出波形。其中，n 表示 n 个由外部旋转脉冲控制通断的软元件，源操作数（S1）指定 2n 个存储软元件通断条件的存储单元的首地址，（S2）指定对外部脉冲计数的计数器，目的操作数（D）指定连续 n 个软元件的首地址。ABSD 指令执行时，若计数器当前值与接通条件相等，则接通软元件，与断开条件相等则断开软元件。

INCD 为增量式凸轮控制指令。指令执行时，用两个相邻计数器产生多个输出波形。其中，源操作数（S1）指定连续 n 个存储软元件通断切换条件的元件的首地址，（S2）指定计数器的首地址，目的操作数（D）指定软元件的首地址，n 指定软元件个数。ABSD、INCD 指令的用法如图 7-42 所示。

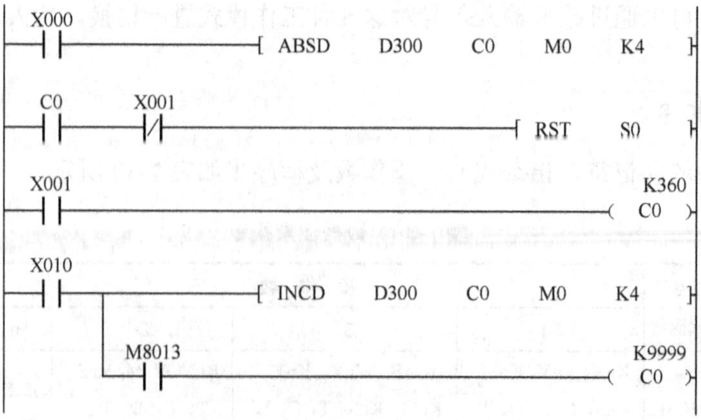

```
  X000
──┤├──────────────────┤ ABSD  D300  C0  M0  K4 ├──

  C0     X001
──┤├─────┤/├───────────────────────┤ RST  S0 ├──

  X001                                   K360
──┤├───────────────────────────────────( C0 )──

  X010
──┤├──────────────────┤ INCD  D300  C0  M0  K4 ├──

  M8013                                  K9999
──┤├───────────────────────────────────( C0 )──
```

图 7-42　ABSD、INCD 指令的用法

4. 示教定时器指令

示教定时器指令的助记符、指令代码、操作数及程序步如表 7-41 所示。

表 7-41　示教定时器指令

指令名称	助记符	指令代码	操作数		程序步
			D	n	
示教定时器指令	TTMR	FNC64	D、R	K、H、D、R n =0～2	TTMR…5 步

TTMR 指令执行时，可以用一只按钮来调整定时器设定值。TTMR 指令的用法如图 7-43 所示，将 X010 接通的时间乘以系数 10^n 后作为定时器的预定值存入 D300 中，X010 接通时间由 D301 记录，单位为 ms。X010 复位时，D301 清零，D300 不变。

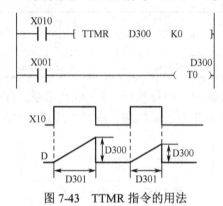

图 7-43　TTMR 指令的用法

5. 特殊定时器指令

特殊定时器指令的助记符、指令代码、操作数及程序步如表 7-42 所示。

表 7-42　特殊定时器指令

指令名称	助记符	指令代码	操作数			程序步
			S	m	D	
特殊定时器指令	STMR	FNC65	T (T0～T199)	K、H、D、R n =1～32 767	Y、M、S、D□.b	STMR…7 步

STMR 指令可以简单制作延时定时器、单触发定时器、闪烁定时器。其中，（S）指定定时器，m 设定定时器定时值，（D）指定 Y、M、S 的 4 个连续软元件的首元件。首元件为延时定时器，第 2 个元件为单触发定时器，第 3、4 个元件为闪烁定时器。STMR 指令的用法如图 7-44 所示。

6. 交替输出指令

交替输出指令的助记符、指令代码、操作数及程序步如表 7-43 所示。

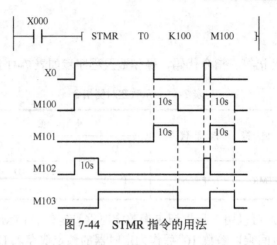

图 7-44 STMR 指令的用法

表 7-43 交替输出指令

指令名称	助记符	指令代码	操作数 D	程序步
交替输出指令	ALT	FNC66	Y、M、S、D□.b	ALT、ALTP…3 步

ALT 指令使用时执行交替输出，即每执行一次 ALT 指令，（D）的状态变化一次。使用连续性指令时，（D）每个周期都会变为相反状态，应特别注意，ALT 指令的用法如图 7-45 所示。

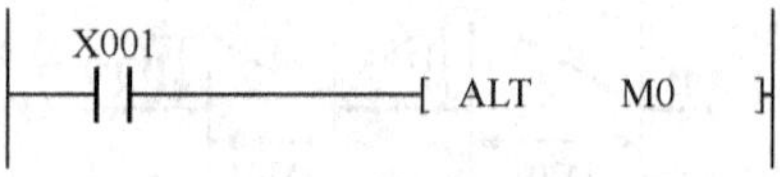

```
    X001
┤ ├────────────────┤ ALT    M0  ├
```

图 7-45 ALT 指令的用法

X001 第 1 次接通时 M0 被置位，第 2 次接通时 M0 被复位，第 3 次接通时再被置位，依次类推。X001 每次接通 M0 都会变为相反状态。

7．斜坡信号输出指令

斜坡信号输出指令的助记符、指令代码、操作数及程序步如表 7-44 所示。

表 7-44 斜坡信号输出指令

指令名称	助记符	指令代码	操作数				程序步
			S1	S2	D	n	
斜坡信号 输出指令	RAMP	FNC67	D、R			K、H、D、R n=1～32 767	RAMP…9 步

RAMP 为斜坡信号指令，用于输出不同斜坡的斜坡信号。其中，源操作数（S1）指定斜坡信号的起始值，（S2）指定终止值。指令执行时，目的操作数（D）中的数据由（S1）指定的数据开始向（S2）指定的数据缓慢变化，移动的时间为 n 个扫描周期。RAMP 指令与模拟输出相结合可实现软启动或软停止。

8．旋转工作台控制指令

旋转工作台控制指令的助记符、指令代码、操作数及程序步如表 7-45 所示。

表 7-45 旋转工作台控制指令

指令名称	助记符	指令代码	操 作 数				程 序 步
			S	m1	m2	D	
旋转工作台控制指令	ROTC	FNC68	D、R	K、H m1=2～32 767	K、H m2=0～32 767	Y、M、S、D□.b	ROTC…9 步
				m1≥m2			

ROTC 指令是为取放（m1）分割的工作台上的工件，按照要求取放的窗口就近旋转工作台的指令。其中，（m1）指定工作台分割数，（m2）指定低速区间数。

9. 数据排序指令

数据排序指令的助记符、指令代码、操作数及程序步如表 7-46 所示。

表 7-46 数据排序指令

指令名称	助记符	指令代码	操 作 数				个 数	程 序 步
			S	m1	m2	D	n	
数据排序指令	SORT	FNC69	D、R	K、H m1=1～32	K、H m2=1～6	D、R	K、H、D、R n=1～m2	SORT…11 步

SORT 指令为数据排序指令。其中，源操作数（S）指定要排序的数据区的首地址，（m1）表示行数，（m2）表示列数，目的操作数（D）指定目标数据区的首地址，n 表示需排序的指令列的个数。

7.2.8 外部 I/O 设备指令

1. 十键输入指令

十键输入指令的助记符、指令代码、操作数及程序步如表 7-47 所示。

表 7-47 十键输入指令

指令名称	助记符	指令代码	操 作 数			程 序 步
			S	D1	D2	
十键输入指令	TKY	FNC70	X、Y、M、S、D□.b（用 10 个连号元件）	KnY、KnM、KnS、T、C、D、R、V、Z、U□\G□	Y、M、S、D□.b（用 11 个连号元件）	TKY…7 步 DTKY…13 步

TKY 为十键输入指令，是用 10 个键输入十进制数的功能指令。其中，源操作数（S）指定输入元件，目的操作数（D1）指定存储元件，（D2）指定读出元件。使用 TKY 指令时，如图 7-46 所示，按（a）、（b）、（c）、（d）的顺序按键，则 D0 中存入的数据为 5170，以二进制数形式存储。当数据超过 9 999 时，高位数据溢出。使用 32 位指令时，数据存入 D1、D0 组合元件中，超过 99 999 999 时溢出。当某一按键被按下时，相应的 M 被置位并保持到下一按键被按下时。当按下多个按键时，只有最先按下的按键有效。当 M100 为 OFF 时，D0 中的数据保持不变，但 M10～M20 全部变为 OFF。

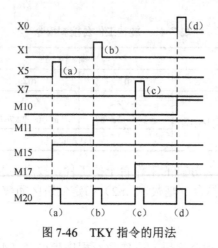

图 7-46　TKY 指令的用法

2. 十六键输入指令

十六键输入指令的助记符、指令代码、操作数及程序步如表 7-48 所示。

表 7-48　十六键输入指令

指令名称	助记符	指令代码	操作数				程序步
			S	D1	D2	D3	
十六键输入指令	HKY	FNC71	X（用 4 个连号元件）	Y	T、C、D、R、V、Z、U□\G□	Y、M、S、D□.b（用 8 个连号元件）	HKY…9 步DHKY…17 步

HKY 指令是通过键盘上的数字键和功能键输入内容来完成输入的复合运算过程，是用十六键键盘来写入数值和完成输入功能的指令。其中，源操作数（S）指定 4 个输入元件，目的操作数（D1）指定 4 个扫描输出元件，（D2）指定键盘输入的存储元件，（D3）指定读出元件。HKY 指令的用法如图 7-47 所示。

```
   X001
├──┤ ├──────┤ HKY   X000   Y000   D0   M0 ├
```

图 7-47　HKY 指令的用法

3. 数字开关指令、方向开关指令

数字开关指令和方向开关指令的助记符、指令代码、操作数及程序步如表 7-49 所示。

表 7-49　数字开关指令和方向开关指令

指令名称	助记符	指令代码	操作数				程序步
			S	D1	D2	n	
数字开关指令	DSW	FNC72	X	Y	T、C、D、R、V、Z	K、H n=1、2	DSW…9 步
方向开关指令	ARWS	FNC75	X、Y、M、S、D□.b	T、C、D、R、V、Z、U□\G□	Y	K、H n=1～3	ARWS…9 步

数字开关指令 DSW 为 4 位 1 组（n=1）或 2 组（n=2）数字开关设定值的读入指令。其中，

源操作数（S）用来指定输入点，目的操作数（D1）用来指定选通点，（D2）用来指定数据存储单元，n 用来指定数字开关组数。注意，该指令只有 16 位运算，可以使用两次。DSW 指令的用法如图 7-48 所示，输入开关为 X10～X13，按照 Y10～Y13 的顺序选通读入。数据以二进制数的形式存放到 D0 中。

方向开关指令 ARWS 是通过位移动与各位数值增减用的尖箭头开关输入数据的指令。其中，位左移键和位右移键用来指定输入的位，增加键和减少键用来设定指定位的数值。指令执行时，指定的是最高位，按一次左移键或右移键可以移动一位，指定位的数值由增加键和减少键来修改。（D1）用来存放输入的数据。注意，只有晶体管型可编程序控制器才能使用 ARWS 指令，其用法如图 7-48 所示。

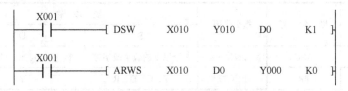

图 7-48　DSW、ARWS 指令的用法

4. 七段译码指令

七段译码指令的助记符、指令代码、操作数及程序步如表 7-50 所示。

表 7-50　七段译码指令

指令名称	助记符	指令代码	操作数		程序步
			S	D	
七段译码指令	SEGD	FNC73	K、H、KnX、KnY、KnM、KnS、T、C、D、R、V、Z、U□\G□	KnY、KnM、KnS、T、C、D、R、V、Z、U□\G□	SEGD、SEGDP …5 步

SEGD 指令将源操作数（S）指定元件的低 4 位所确定的十六进制数译成驱动七段码显示的数据，并存入目的操作数中，（D）的高 8 位不变。SEGD 指令的用法如图 7-49 所示。

图 7-49　SEGD 指令的用法

5. 带锁存的七段码显示指令

带锁存的七段码显示指令的助记符、指令代码、操作数及程序步如表 7-51 所示。

表 7-51　带锁存的七段码显示指令

指令名称	助记符	指令代码	操作数			程序步
			S	D	n	
带锁存的七段码显示指令	SEGL	FNC74	K、H、KnX、KnY、KnM、KnS、T、C、D、R、V、Z、U□\G□	Y	K、H	SEGL…7 步

SEGL 是带锁存的七段码显示指令，它用 12 个扫描周期的时间来控制一组或两组带锁存的七段码显示。SEGL 指令的用法如图 7-50 所示。

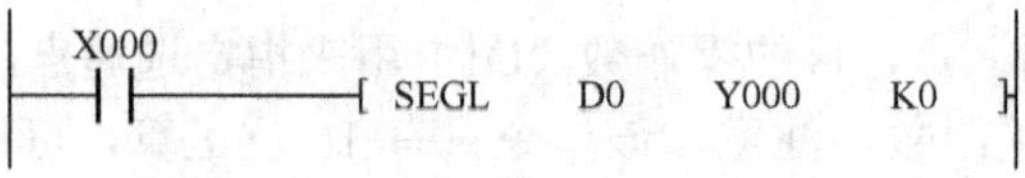

```
    X000
 ───┤ ├──────────────────[ SEGL   D0    Y000   K0 ]
```

图 7-50　SEGL 指令的用法

6. ASCII 码转换指令、ASCII 码打印输出指令

ASCII 码转换指令和 ASCII 码打印输出指令的助记符、指令代码、操作数及程序步如表 7-52 所示。

表 7-52　ASCII 码转换指令和 ASCII 码打印输出指令

指令名称	助记符	指令代码	操作数		程序步
			S	D	
ASCII 码转换指令	ASC	FNC76	8 个以下的数字或字符	T、C、D、R、U□\G□	ASC…11 步
ASCII 码打印输出指令	PR	FNC77	T、C、D、R	Y	PR…5 步

ASC 是将字符变成 ASCII 码，并存放到指定的元件中的指令，适用于在外部显示器上选择显示出错等信息。PR 指令用于将 ASCII 码数据打印输出。此外，ASC 指令与 PR 指令配合使用可以将出错信息显示到外部显示单元上。注意，PR 指令仅适用于晶体管输出型可编程序控制器。ASC、PR 指令的用法如图 7-51 所示。

```
    X000
 ───┤ ├──────────────────[ ASC    ABCDEFGH   D300 ]

    X001
 ───┤ ├──────────────────[ PR     D300   Y000 ]
```

图 7-51　ASC、PR 指令的用法

7. BFM 读出指令

BFM 读出指令的助记符、指令代码、操作数及程序步如表 7-53 所示。

表 7-53　BFM 读出指令

指令名称	助记符	指令代码	操作数				程序步
			m1	m2	D	n	
BFM 读出指令	FROM	FNC78	K、H、D、R m1=0～7	K、H、D、R m2=0～31	KnY、KnM、KnS、T、C、D、R、V、Z	K、H、D、R n=0~32	FROM、FROMP…9 步 DFROM、FROMP …17 步

FROM 为读特殊功能模块指令，用于从特殊模块的缓冲器中读取数据，指令执行时，将编号为 m1 的特殊功能模块内，编号从 m2 开始的 n 个缓冲寄存器的数据读入 PLC，并存入目的操作数（D）指定元件开始的连续 n 个数据寄存器中。如图 7-52 所示，X000 为 ON 时指令被执行；X000 为 OFF 时，指令不执行，传送地点的数据也不发生变化。脉冲指令执行后也相同。

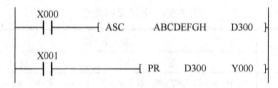

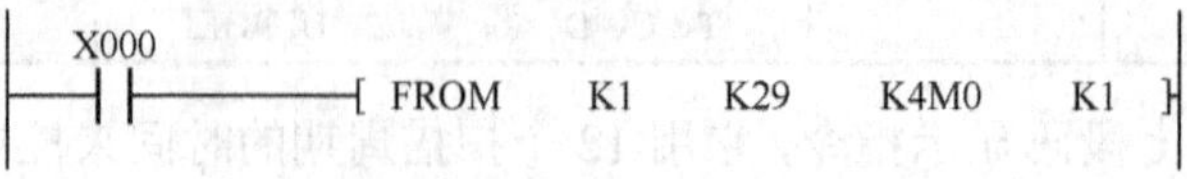

```
    X000
 ───┤ ├──────────────────[ FROM   K1    K29   K4M0   K1 ]
```

图 7-52　FROM 指令的梯形图

8. BFM 写入指令

BFM 写入指令的助记符、指令代码、操作数及程序步如表 7-54 所示。

表 7-54　BFM 写入指令

指令名称	助记符	指令代码	操作数				程序步
			m1	m2	S	n	
BFM 写入指令	TO	FNC79	K、H、D、R m1=0～7	K、H、D、R m2=0～31	K、H、KnX、KnY、 KnM、KnS、T、C、 D、R、V、Z	K、H、D、R n=0～32	TO、TOP…9 步 DTO、DTOP…17 步

TO 为 BFM 写入指令，用于将数据写入特殊功能模块。指令执行时，将 PLC 从源操作数（S）指定单元开始的连续 n 个字的数据，写到特殊功能模块 m1 中编号从 m2 开始的缓冲寄存器中。TO 指令的用法如图 7-53 所示。与 FROM 指令相同，X000 为 ON 时指令被执行；X000 为 OFF 时，指令不执行，传送地点的数据也不发生变化。脉冲指令执行后也相同。

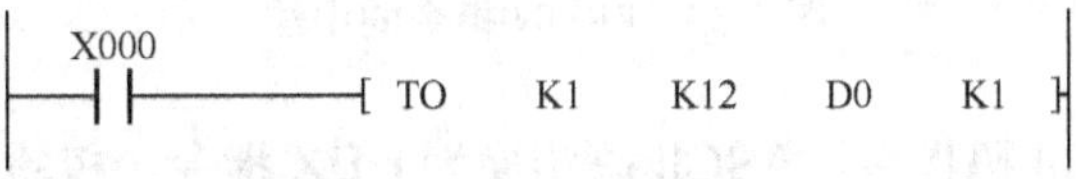

```
   X000
───┤ ├─────────[ TO   K1   K12   D0   K1 ]
```

图 7-53　TO 指令的用法

7.2.9　外部串口设备指令

1. 串行通信指令

串行通信指令的助记符、指令代码、操作数及程序步如表 7-55 所示。

表 7-55　串行通信指令

指令名称	助记符	指令代码	操作数				程序步
			S	m	D	n	
串行通信指令	RS	FNC80	D、R	K、H、D、R	D、R	K、H、D、R	RS…9 步

RS 指令即串行通信指令，是使用 RS-232C 及 RS-485 功能扩展板及特殊适配器发送、接收串行数据的指令。其中，（S）和 m 分别指定发送数据的地址和点数，（D）和 n 分别指定接收数据的地址和点数。数据传送的格式通过特殊数据寄存器 D8120 来设定。RS 指令执行时，即使改变 D8120 的值，实际上也不接收。在不进行发送的系统中，将发送数据的点数设定为"K0"；或者在不进行接收的系统中，将接收数据点数设定为"K0"。RS 指令的用法如图 7-54 所示。

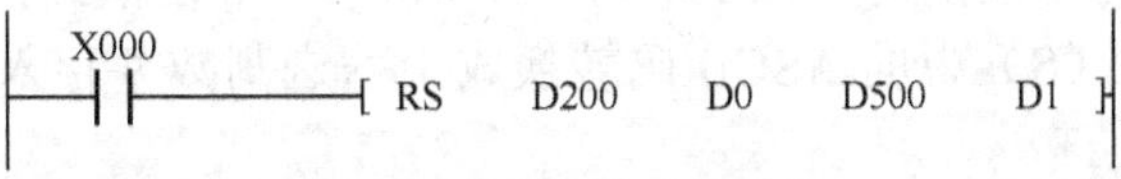

```
   X000
───┤ ├─────────[ RS   D200   D0   D500   D1 ]
```

图 7-54　RS 指令的用法

2. 八进制位传送指令

八进制位传送指令的助记符、指令代码、操作数及程序步如表 7-56 所示。

表 7-56　八进制位传送指令

指令名称	助记符	指令代码	操作数		程序步
			S	D	
八进制位传送指令	PRUN	FNC81	KnM、KnX n=1~8	KnY、KnM n=1~8	PRUN、PRUNP…5步 DPRUN、DPRUNP…9步

PRUN 为八进制位传送指令，即并行数据传送指令，用于控制 PLC 的并行运行适配器。当两台 FX 系列的 PLC 已经连接，并且主站的标志 M8070 和从站的标志 M8071 都为 ON 时，并行连接通信将自动进行，从站不需要为通信使用 PRUN 指令。主站和从站只有一台 PLC，并应分别用 M8000 的常开触点驱动 M8070 和 M8071 的线圈。设置站标志后，其只有在 PLC 进入停止状态或上电时才能被清除。PRUN 指令的用法如图 7-55 所示。

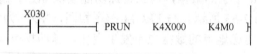

图 7-55　PRUN 指令的用法

3. HEX 转换为 ASCII 码指令、ASCII 码转换为 HEX 指令、校验码指令

HEX 转换为 ASCII 码指令、ASCII 码转换为 HEX 指令和校验码指令的助记符、指令代码、操作数及程序步如表 7-57 所示。

表 7-57　HEX 转换为 ASCII 码指令、ASCII 码转换为 HEX 指令和校验码指令

指令名称	助记符	指令代码	操作数			程序步
			S	D	n	
HEX 转换为 ASCII 码指令	ASCI	FNC82	K、H、KnX、KnY、KnM、 KnS、T、C、D、R、V、Z、 U□\G□	KnY、KnM、KnS、 T、C、D、R、 U□\G□	K、H、D、R n=1~256	ASCI…7步
ASCII 码转换 为 HEX 指令	HEX	FNC83	K、H、KnX、KnY、KnM、 KnS、T、C、D、R、 U□\G□	KnY、KnM、KnS、 T、C、D、R、V、 Z、U□\G□	K、H、D、R n=1~256	HEX、HEXP …7步
校验码指令	CCD	FNC84	K、H、KnX、KnY、KnM、 KnS、T、C、D、R、 U□\G□	KnY、KnM、KnS、 T、C、D、R	K、H、D、R n=1~256	CCD、CDP …7步

ASCI 是将源操作数（S）中的十六进制数转换为 ASCII 码并存入目的操作数（D）中的指令。M8161 为 ON 时，为 8 位模式；M8161 为 OFF 时，为 16 位模式。

HEX 是将源操作数（S）中的 ASCII 码转换成十六进制数并存入目的操作数（D）中的指令。

CCD 是对一组数据进行总校验和奇偶校验的指令。

PRUN、ASCI、HEX、CCD 指令常配合 RS 指令用于串行通信中。ASCI、HEX、CCD 指令的用法如图 7-56 所示。

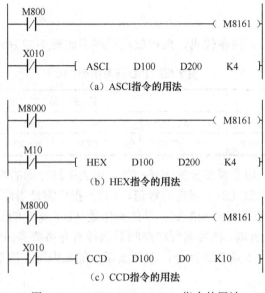

图 7-56　ASCI、HEX、CCD 指令的用法

4. 电位器值读出指令、电位器刻度值读出指令

电位器值读出指令和电位器刻度值读出指令的助记符、指令代码、操作数及程序步如表 7-58 所示。

表 7-58　电位器值读出指令和电位器刻度值读出指令

指 令 名 称	助记符	指令代码	操 作 数		程 序 步
			S	D	
电位器值读出指令	VRRD	FNC85	K、H、D、R n =0~7	KnY、KnM、KnS、T、C、D、R、V、Z	VRRD 、VRRDP…5 步
电位器刻度值读出指令	VRSC	FNC86	K、H、D、R n =0~7	KnY、KnM、KnS、T、C、D、R、V、Z	VRSC、VRSCP…5 步

VRRD 是模拟量输入指令，用于对 FX₂ᴺ-8AV-BD 模拟量功能扩展板中的电位器数值进行读操作。

VRSC 是模拟量开关设定指令，指令执行时，将 FX-8AV 中电位器读出的数四舍五入整量化后，以 0~10 的整数值存放到目的操作数（D）中。

VRRD、VRSC 指令的用法如图 7-57 所示。

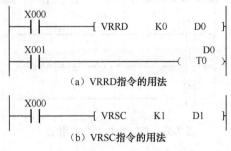

图 7-57　VRRD、VRSC 指令的用法

5. PID 运算指令

PID 运算指令的助记符、指令代码、操作数及程序步如表 7-59 所示。

表 7-59　PID 运算指令

指令名称	助记符	指令代码	操作数				程序步
			S1	S2	S3	D	
PID 运算指令	PID	FNC88	D、R、U□\G□	D、R、U□\G□	D、R	D、R、U□\G□	PID…9 步

PID 为 PID 运算指令，用于模拟量的闭环控制。达到采样时间的 PID 指令在其后扫描时进行 PID 运算。其中，源操作数（S1）指定目标值，（S2）指定测量当前值，（S3）指定元件开始的连续 7 个软元件分别用于指定控制参数。目的操作数（D）指定的元件尽可能选择非断电保持型，当选用断电保持型元件时，在可编程序控制器运行前务必清零。PID 指令的用法如图 7-58 所示。一个程序中可以使用多条 PID 指令，但每条指令的数据寄存器都要独立，以避免混乱。

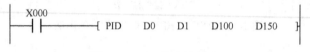

图 7-58　PID 指令的用法

7.2.10　浮点数运算指令

1. 二进制浮点数比较指令

二进制浮点数比较指令的助记符、指令代码、操作数及程序步如表 7-60 所示。

表 7-60　二进制浮点数比较指令

指令名称	助记符	指令代码	操作数			程序步
			S1	S2	D	
二进制浮点数比较指令	DECMP	FNC110	K、H、D、R、U□\G□	K、H、D、R、U□\G□	Y、M、S、D□.b 占连续 3 点	DECMP、DECMPP …13 步

DECMP 为二进制浮点数比较指令，指令执行时，将两个源操作数进行比较，比较结果存放到目的操作数（D）中。如果操作数为常数，则自动转换为二进制浮点数进行运算。DECMP 指令的用法如图 7-59 所示。

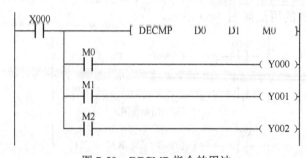

图 7-59　DECMP 指令的用法

2. 二进制浮点数区间比较指令

二进制浮点数区间比较指令的助记符、指令代码、操作数及程序步如表 7-61 所示。

表 7-61　二进制浮点数区间比较指令

指令名称	助记符	指令代码	操作数				程序步
			S1	S2	S3	D	
二进制浮点数区间比较指令	DEZCP	FNC111	K、H、E、D、R、U□\G□	K、H、E、D、R、U□\G□		Y、M、S、D□.b 占连续 3 点	DEZCP、DEZCPP…13 步

DEZCP 为二进制浮点数区间比较指令，指令执行时，将源操作数中的内容与指定的二进制浮点数范围进行比较，比较结果存放到目的操作数（D）中。与 DECMP 指令一样，若操作数为常数，则自动转换为二进制浮点数进行运算。DEZCP 指令的用法如图 7-60 所示。

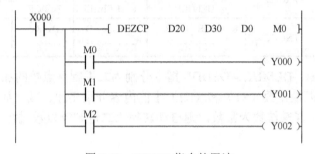

图 7-60　DEZCP 指令的用法

3. 二进制浮点数与十进制浮点数相互转换指令

二进制浮点数与十进制浮点数相互转换指令的助记符、指令代码、操作数及程序步如表 7-62 所示。

表 7-62　二进制浮点数与十进制浮点数相互转换指令

指令名称	助记符	指令代码	操作数		程序步
			S	D	
二进制浮点数转换为十进制浮点数指令	DEBCD	FNC118	D、R、U□\G□	D、R、U□\G□	DEBCD、DEBCDP…9 步
十进制浮点数转换为二进制浮点数指令	DEBIN	FNC119	D、R、U□\G□	D、R、U□\G□	DEBIN、DEBINP…9 步

DEBCD 指令执行时，将源操作数（S）中的二进制浮点数转换为十进制浮点数，并将运算结果存入目的操作数（D）中。DEBIN 指令执行时，将源操作数（S）中的十进制浮点数转换为二进制浮点数，并将运算结果存入目的操作数（D）中。DEBCD、DEBIN 指令的用法如图 7-61 所示。

```
  X000
  ─┤├──────────[ DEBCD   D0   D2 ]
  X001
  ─┤├──────────[ DEBIN   D4   D6 ]
```

图 7-61　DEBCD、DEBIN 指令的用法

4. 二进制浮点数加法指令、减法指令、乘法指令、除法指令

二进制浮点数加法指令、减法指令、乘法指令和除法指令的助记符、指令代码、操作数及程序步如表 7-63 所示。

表 7-63 二进制浮点数加法指令、减法指令、乘法指令和除法指令

指令名称	助记符	指令代码	操作数			程序步
			S1	S2	D	
二进制浮点数加法指令	DEADD	FNC120	K、H、E、D、R、U□\G□	K、H、E、D、R、U□\G□	D、R、U□\G□	DEADD、DEADDP…13 步
二进制浮点数减法指令	DESUB	FNC121	K、H、E、D、R、U□\G□	K、H、E、D、R、U□\G□	D、R、U□\G□	DESUB、DESUBP…13 步
二进制浮点数乘法指令	DEMUL	FNC122	K、H、E、D、R、U□\G□	K、H、E、D、R、U□\G□	D、R、U□\G□	DEMUL、DEMULP…13 步
二进制浮点数除法指令	DEDIV	FNC123	K、H、E、D、R、U□\G□	K、H、E、D、R、U□\G□	D、R、U□\G□	DEDIV、DEDIVP…13 步

DEADD、DESUB、DEMUL、DEDIV 指令分别为二进制浮点数的加、减、乘、除运算指令。指令执行时，将源操作数（S1）和（S2）中的内容分别相加、减、乘、除，并将结果存入目的操作数（D）中。若操作数为常数，则自动转换为二进制浮点数进行运算。这 4 条指令的用法如图 7-62 所示。

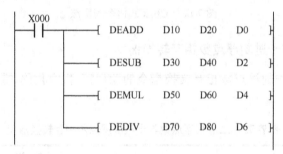

图 7-62 DEADD、DESUB、DEMUL、DEDIV 指令的用法

5. 二进制浮点数开方指令、转换为二进制整数指令、三角函数指令

二进制浮点数开方指令、转换为二进制整数指令和三角函数指令的助记符、指令代码、操作数及程序步如表 7-64 所示。

表 7-64 二进制浮点数开方指令、转换为二进制整数指令和三角函数指令

指令名称	助记符	指令代码	操作数		程序步
			S	D	
二进制浮点数开方指令	DESQR	FNC127	K、H、E、D、R、U□\G□	D、R、U□\G□	DESQR、DESQRP…9 步
二进制浮点数转换为二进制整数指令	DINT	FNC129	D、R、U□\G□	D、R、U□\G□	INT、INTP…5 步　DINT、DINTP…9 步

续表

指令名称	助记符	指令代码	操作数		程序步
			S	D	
二进制浮点数 三角函数指令	DSIN	FNC130	E、D、R、 U□\G□	D、R、U□\G□	DSIN、DSINP…9 步
	DCOS	FNC131	E、D、R、 U□\G□	D、R、U□\G□	DCOS、DCOSP…9 步
	DTAN	FNC132	E、D、R、 U□\G□	D、R、U□\G□	DTAN、D TANP…9 步

　　DESQR、DINT、DSIN、DCOS、DTAN 分别为二进制浮点数的开方、整数转换、正弦、余弦、正切运算指令。指令执行时，将源操作数（S）中的内容分别执行开方、整数转换、正弦、余弦、正切运算，并将结果存入目的操作数（D）中。若操作数为常数，则自动转换为二进制浮点数进行运算。这 5 条指令的用法如图 7-63 所示。

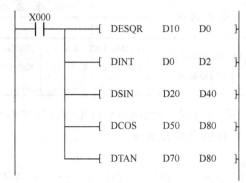

图 7-63　DESQR、DINT、DSIN、DCOS、DTAN 指令的用法

7.2.11　触点比较指令

1. 触点比较指令 LD

　　触点比较指令 LD 的助记符、指令代码、操作数及程序步如表 7-65 所示。

表 7-65　触点比较指令 LD

指令名称	助记符	指令代码	操作数		程序步
			S1	S2	
触点比较 指令 LD	LD=、>、<、 ≥、≤、<>	FNC224 ~FNC230 （FNC227 除外）	K、H、KnX、KnY、KnM、KnS、 T、C、D、R、V、Z、U□\G□	K、H、KnX、KnY、KnM、 KnS、T、C、D、R、V、 Z、U□\G□	16 位运算时 5 步 32 位运算时 9 步

　　该指令梯形图如图 7-64 所示。该指令为连接母线型接点比较指令，两个数（S1）（S2）进行 BIN 比较，根据其结果，判断触点是否接通。

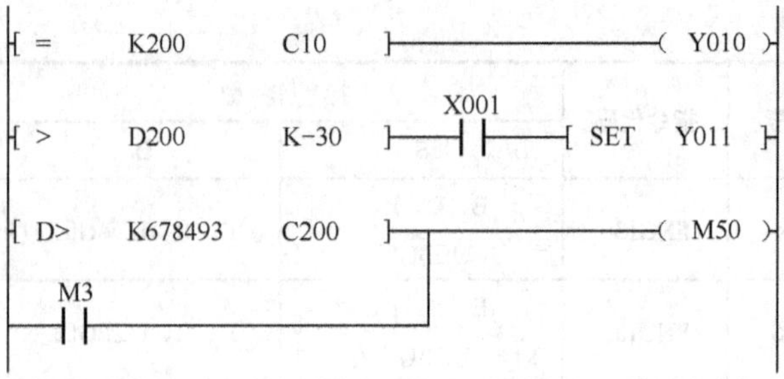

图 7-64　触点比较指令 LD 指令梯形图

2. 触点比较指令 AND

触点比较指令 AND 的助记符、指令代码、操作数及程序步如表 7-66 所示。

表 7-66　触点比较指令 AND

指令名称	助 记 符	指令代码	操 作 数		程 序 步
			S1	S2	
触点比较 指令 AND	AND=、>、<、 ≥、≤、<>	FNC232～FNC238 （FNC235 除外）	K、H、KnX、KnY、 KnM、KnS、T、C、D、 R、V、Z、U□\G□	K、H、KnX、KnY、 KnM、KnS、T、C、D、 R、V、Z、U□\G□	16 位运算时 5 步 32 位运算时 9 步

该指令梯形图如图 7-65 所示。该指令为触点串联型接点比较指令，两个数（S1）（S2）进行 BIN 比较，根据其结果，判断触点是否接通。

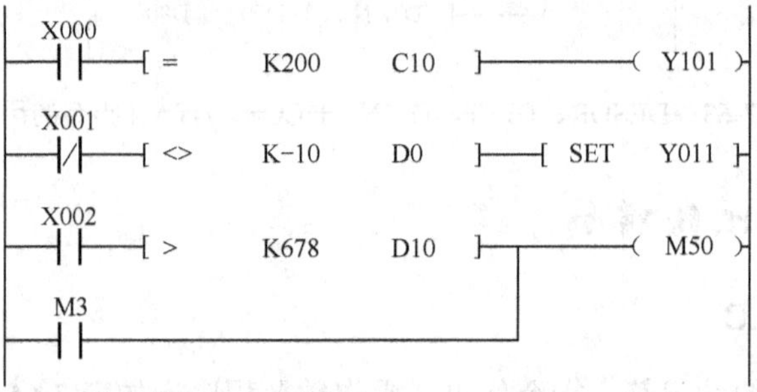

图 7-65　触点比较指令 AND 指令梯形图

3. 触点比较指令 OR

触点比较指令 OR 的助记符、指令代码、操作数及程序步如表 7-67 所示。

表 7-67　触点比较指令 OR

指令名称	助 记 符	指令代码	操 作 数		程 序 步
			S1	S2	
触点比较 指令 OR	OR=、>、<、 ≥、≤、<>	FNC240 ～FNC246 （FNC243 除外）	K、H、KnX、KnY、KnM、 KnS、T、C、D、R、V、 Z、U□\G□	K、H、KnX、KnY、 KnM、KnS、T、C、D、 R、V、Z、U□\G□	16 位运算时 5 步 32 位运算时 9 步

该指令梯形图如图 7-66 所示。该指令为触点并联型接点比较指令，两个数（S1）（S2）进

行 BIN 比较，根据其结果，判断触点是否接通。

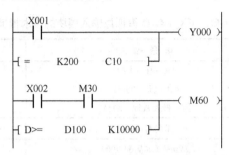

图 7-66　触点比较指令 OR 指令梯形图

7.3　其他功能指令

随着 PLC 应用范围变得越来越广，PLC 的应用性能有了很大的提升，与此同时 PLC 中也加入了一些专门用来处理某方面数据的功能模块，降低了实际生产中的难度，以满足不同工业控制的需求。这些模块主要包括模拟量输入模块、模拟量输出模块、PID 模块等。

7.3.1　模拟量输入模块及指令

模拟量输入模块简称 A/D 模块。通常 PLC 的输入量是连续的，如流量、压力、液位和温度等物理量，这时需要将这些连续变化的物理量转换成电压信号或者电流信号，然后将这些信号转换成数字信号，用来提供给 PLC 进行运算处理。

FX₃ᵤ 系列 PLC 的模拟量输入模块一般有：FX₃ᵤ-4AD（4 通道模拟量输入模块）、FX₃ᵤ-4AD-ADP（4 通道模拟量输入模块）等。

1. FX₃ᵤ-4AD 模拟量输入模块

1）性能规格

FX₃ᵤ-4AD 模拟量输入模块如图 7-67 所示。

图 7-67　FX₃ᵤ-4AD 模拟量输入模块

FX$_{3U}$-4AD 模拟量输入模块的技术指标如表 7-68 所示。

表 7-68　FX$_{3U}$-4AD 模拟量输入模块的技术指标

项　　目	电 压 输 入	电 流 输 入
模拟量输入范围	DC −10～10V （输入电阻 200kΩ） 绝对最大量程：±15V	DC −20～20mA、4～20mA （输入电阻 250Ω） 绝对最大量程：±30mA
数字输出	带符号 16 位	带符号 15 位
分辨率	0.32mV（20V/64 000） 2.5mV（20V/8000）	1.25μA（40mA/32 000） 5.00μA（40mA/8000）
总体精度	20V±1%（环境温度 25±5℃） 20V±0.5%（环境温度 0～55℃）	40mA±0.5%（环境温度 25±5℃） 40mA±1%（环境温度 0～55℃）
转换时间	2.5μs×通道 （顺控程序和同步）	
隔离方式	在模拟电路和数字电路之间光电隔离 直流/直流变压器隔离主单元电源 在模拟通道之间没有隔离	
模拟量用电源	DC24V±10%　90mA	
I/O 占有点数	8 个	
编程指令	FROM/TO	

2）模块连接

FX$_{3U}$-4AD 模块通过扩展电缆与 PLC 基本单元或扩展单元相连接，通过 PLC 内部总线传送数字量，如图 7-68 所示。

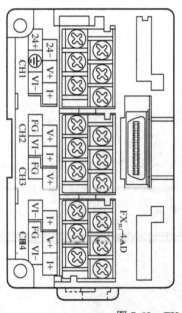

信号名称	用途
24+ 24−	DC24V电源
⏚	接地端子
V+ VI− I+	通道1模拟量输入
FG	
V+ VI−	通道2模拟量输入
I+	
FG	
V+ VI− I+	通道3模拟量输入
FG	
V+ VI− I+	通道4模拟量输入

图 7-68　FX$_{3U}$-4AD 连接图

需要注意：

（1）电流输入时，一定要将 V+端子和 I+端子短接。

（2）在电压输入端连接一个 0.1μF～0.47MF 25V 的电容，能够抑制输入电压出现波动时产生的噪声。

3）缓冲存储器与控制指令

如果要启动模块的 A/D 转换功能，可以通过 PLC 的 TO 指令（FNC79）向其缓冲存储器中（BFM）写入转换指令。转换结果存储在 BFM 中，通过 FNC78 可以将结果读到 PLC 中。BFM 的存储地址如表 7-69 所示。

表 7-69　FX₃U-4AD BFM 存储地址

BFM 编号	内　　　容
#0	指定通道 1～4 的输入模式
#1	不可以使用
#2	通道 1 平均次数（单位：次）
#3	通道 2 平均次数（单位：次）
#4	通道 3 平均次数（单位：次）
#5	通道 4 平均次数（单位：次）
#6	通道 1 数字滤波器设定
#7	通道 2 数字滤波器设定
#8	通道 3 数字滤波器设定
#9	通道 4 数字滤波器设定
#10	通道 1 数据（即时值数据或者平均值数据）
#11	通道 2 数据（即时值数据或者平均值数据）
#12	通道 3 数据（即时值数据或者平均值数据）
#13	通道 4 数据（即时值数据或者平均值数据）
#14～#18	不可以使用
#19	设定变更禁止。 禁止改变下列缓冲存储区的设定： ● 输入模式指定<BFM #0> ● 功能初始化<BFM #20> ● 输入特性写入<BFM #21> ● 便利功能<BFM #22> ● 偏置数据<BFM #41～#44> ● 增益数据<BFM #51～#54> ● 自动传送的目标数据寄存器的指定<BFM #125～#129> ● 数据历史记录的采样时间指定<BFM #198>
#20	功能初始化。 用 K1 初始化。初始化结束后，自动变为 K0
#21	输入特性写入。 偏置/增益值写入结束后，自动变为 H0000 （b0～b3 全部为 OFF 状态）

续表

BFM 编号	内　　容	
#22	便利功能设定。 便利功能：自动发送功能、数据加法运算、上下限值检测、突变检测、峰值保持	
#23～#25	不可以使用	
#26	上下限值错误状态（BFM #22 b1 ON 时有效）	
#27	突变检测状态（BFM #22 b2 ON 时有效）	
#28	量程溢出状态	
#29	错误状态	
#30	机型代码	
#31～#40	不可以使用	
#41	通道 1 偏置数据（单位：mV 或者 μA）	通过 BFM #21 写入
#42	通道 2 偏置数据（单位：mV 或者 μA）	
#43	通道 3 偏置数据（单位：mV 或者 μA）	
#44	通道 4 偏置数据（单位：mV 或者 μA）	
#45～#50	不可以使用	
#51	通道 1 增益数据（单位：mV 或者 μA）	通过 BFM #21 写入
#52	通道 2 增益数据（单位：mV 或者 μA）	
#53	通道 3 增益数据（单位：mV 或者 μA）	
#54	通道 4 增益数据（单位：mV 或者 μA）	
#55～#60	不可以使用	
#61	通道 1 加法运算数据（BFM #22 b0 ON 时有效）	
#62	通道 2 加法运算数据（BFM #22 b0 ON 时有效）	
#63	通道 3 加法运算数据（BFM #22 b0 ON 时有效）	
#64	通道 4 加法运算数据（BFM #22 b0 ON 时有效）	
#65～#70	不可以使用	
#71	通道 1 下限值错误设定（BFM #22 b1 ON 时有效）	
#72	通道 2 下限值错误设定（BFM #22 b1 ON 时有效）	
#73	通道 3 下限值错误设定（BFM #22 b1 ON 时有效）	
#74	通道 4 下限值错误设定（BFM #22 b1 ON 时有效）	
#75～#80	不可以使用	
#81	通道 1 上限值错误设定（BFM #22 b1 ON 时有效）	
#82	通道 2 上限值错误设定（BFM #22 b1 ON 时有效）	
#83	通道 3 上限值错误设定（BFM #22 b1 ON 时有效）	
#84	通道 4 上限值错误设定（BFM #22 b1 ON 时有效）	
#85～#90	不可以使用	

续表

BFM 编号	内　容
#91	通道 1 突变检测设定值（BFM #22 b2 ON 时有效）
#92	通道 2 突变检测设定值（BFM #22 b2 ON 时有效）
#93	通道 3 突变检测设定值（BFM #22 b2 ON 时有效）
#94	通道 4 突变检测设定值（BFM #22 b2 ON 时有效）
#95～#98	不可以使用
#99	上下限值错误/突变检测错误的清除
#100	不可以使用
#101	通道 1 峰值（最小）（BFM #22 b3 ON 时有效）
#102	通道 2 峰值（最小）（BFM #22 b3 ON 时有效）
#103	通道 3 峰值（最小）（BFM #22 b3 ON 时有效）
#104	通道 4 峰值（最小）（BFM #22 b3 ON 时有效）
#105～#108	不可以使用
#109	峰值（最小值）复位
#110	不可以使用
#111	通道 1 峰值（最大）（BFM #22 b3 ON 时有效）
#112	通道 2 峰值（最大）（BFM #22 b3 ON 时有效）
#113	通道 3 峰值（最大）（BFM #22 b3 ON 时有效）
#114	通道 4 峰值（最大）（BFM #22 b3 ON 时有效）
#115～#118	不可以使用
#119	峰值（最大值）复位
#120～#124	不可以使用
#125	峰值（最小：BFM #101～#104、最大：#111～#114） 自动传送的目标起始数据寄存器的指定 （BFM #22 b4 ON 时有效、占用连续 8 点）
#126	上下限值错误状态（BFM #26） 自动传送的目标数据寄存器的指定 （BFM #22 b5 ON 时有效）
#127	突变检测状态（BFM #27） 自动传送的目标数据寄存器的指定 （BFM #22 b6 ON 时有效）
#128	量程溢出状态（BFM #28） 自动传送的目标数据寄存器的指定 （BFM #22 b7 ON 时有效）
#129	错误状态（BFM #29） 自动传送的目标数据寄存器的指定 （BFM #22 b8 ON 时有效）

续表

BFM 编号	内　容
#130～#196	不可以使用
#197	数据历史记录功能的数据循环更新功能的选择
#198	数据历史记录的采样时间设定（单位：ms）
#199	数据历史记录复位数据历史记录停止
#200	通道 1 数据的历史记录（初次的值）
～	～
#1899	通道 1 数据的历史记录（第 1700 次的值）
#1900	通道 2 数据的历史记录（初次的值）
～	～
#3599	通道 2 数据的历史记录（第 1700 次的值）
#3600	通道 3 数据的历史记录（初次的值）
～	～
#5299	通道 3 数据的历史记录（第 1700 次的值）
#5300	通道 4 数据的历史记录（初次的值）
～	～
#6999	通道 4 数据的历史记录（第 1700 次的值）
#7000～#8063	系统用区域

实例　用顺控程序，写入偏置数据（BFM #41～#44）、增益数据（BFM #51～#54），将与输入特性写入（BFM#21）的各通道相支持的位置 ON，通过以上方法可以改变输入特性。图 7-69 是单元编号为 0 时的程序梯形图。

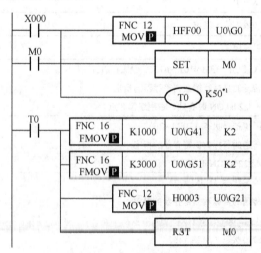

图 7-69　程序梯形图

2．FX₃ᵤ-4AD-ADP 模拟量输入模块

1）性能规格

FX₃ᵤ-4AD-ADP 模拟量输入模块如图 7-70 所示。

图 7-70　FX₃ᵤ-4AD-ADP 模拟量输入模块

FX₃ᵤ-4AD-ADP 模拟量输入模块的技术指标见表 7-70。

表 7-70　FX3U-4AD-ADP 模拟量输入模块的技术指标

项　目	电 压 输 入	电 流 输 入
模拟量输入范围	DC0～10V （输入电阻 194kΩ）	4～20mA （输入电阻 250Ω）
数字输出	12 位二进制	11 位二进制
分辨率	2.5mV（10V/4000）	10μA（16mA/1600）
总体精度	环境温度 25±5℃时 针对满量程 10V±0.5%（±50mV） 环境温度 0～55℃时 针对满量程 10V±1.0%（±100mV）	环境温度 25±5℃时 针对满量程 16mA±0.5%（±80μA） 环境温度 0～55℃时 针对满量程 16mA±1.0%（±160μA）
转换时间	200μs（每个运算周期更新数据）	
隔离方式	在模拟电路和数字电路之间光电隔离 直流/直流变压器隔离主单元电源 在模拟通道之间没有隔离	
模拟量用电源	DC24V（−15%～+20%）40mA　（通过端子外部供电）	
I/O 占有点数	0 个（与可编程序控制器的最大输入/输出点数无关）	
编程指令	FROM/TO	

2）模块连接

FX₃ᵤ-4AD-ADP 连接图如图 7-71 所示。

（1）请务必将 ⏚ 端子和可编程序控制器基本单元的接地端子一起连接到进行了 D 类接地（100Ω以下）的供给电源。

（2）使用外部电源时，请与基本单元同时或先于基本单元接通电源。

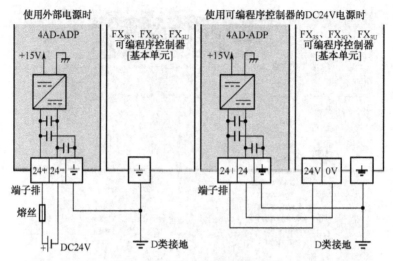

图 7-71　FX$_{3U}$-4AD-ADP 连接图

3）特殊软元件一览

连接 4AD-ADP 时，FX$_{3U}$ 可编程序控制器的特殊软元件分配如表 7-71 所示。

表 7-71　FX$_{3U}$ 特殊软元件分配表

特殊软元件	软元件编号				内　容		属性 R/W
	第 1 台	第 2 台	第 3 台	第 4 台			
特殊辅助继电器	M8260	M8270	M8280	M8290	通道 1 输入模式切换		R/W
	M8261	M8271	M8281	M8291	通道 2 输入模式切换	OFF：电压输入 ON：电流输入	R/W
	M8262	M8272	M8282	M8292	通道 3 输入模式切换		R/W
	M8263	M8273	M8283	M8293	通道 4 输入模式切换		R/W
	M8264~ M8269	M8274~ M8279	M8284~ M8289	M8294~ M8299	未使用（请不要使用）		—
特殊数据寄存器	D8260	D8270	D8280	D8290	通道 1 输入数据		R
	D8261	D8271	D8281	D8291	通道 2 输入数据		R
	D8262	D8272	D8282	D8292	通道 3 输入数据		R
	D8263	D8273	D8283	D8293	通道 4 输入数据		R
	D8264	D8274	D8284	D8294	通道 1 平均次数 （设定范围：1~4095）		R/W
	D8265	D8275	D8285	D8295	通道 2 平均次数 （设定范围：1~4095）		R/W
	D8266	D8276	D8286	D8296	通道 3 平均次数 （设定范围：1~4095）		R/W
	D8267	D8277	D8287	D8297	通道 4 平均次数 （设定范围：1~4095）		R/W
	D8268	D8278	D8288	D8298	错误状态		R/W
	D8269	D8279	D8289	D8299	机型代码=1		R

注：R 表示读入，W 表示写入。

当 4AD-ADP 发生错误时，在错误状态中保存发生错误的状态。具体错误状态如表 7-72 所示。

表 7-72　错误状态表

位	内　　容
b0	检测出通道 1 上限量程溢出
b1	检测出通道 2 上限量程溢出
b2	检测出通道 3 上限量程溢出
b3	检测出通道 4 上限量程溢出
b4	EEPROM 错误
b5	平均次数的设定错误
b6	4AD-ADP 硬件错误（含电源异常）
b7	4AD-ADP 通信数据错误
b8	检测出通道 1 下限量程溢出
b9	检测出通道 2 下限量程溢出
b10	检测出通道 3 下限量程溢出
b11	检测出通道 4 下限量程溢出
b12~b15	未使用
—	—

实例　向通道 1、2 中写入数据，控制程序图如图 7-72 所示。

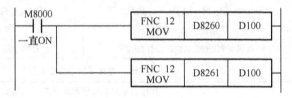

图 7-72　控制程序图

7.3.2　模拟量输出模块及指令

模拟量输出模块简称 D/A 模块。在生产过程中，用于模拟电压或电流作为驱动信号或者给定信号的系统。

FX₃ᵤ 系列 PLC 的模拟量输出模块一般有：FX₃ᵤ-4DA（4 通道模拟量输出模块）、FX₃ᵤ-4DA-ADP（4 通道模拟量输出模块）等。

1. FX₃ᵤ-4DA 模拟量输出模块

1）性能规格

FX₃ᵤ-4DA 模拟量输出模块如图 7-73 所示。

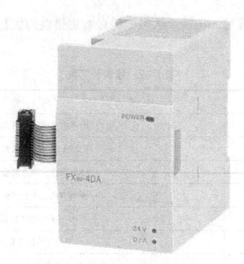

图 7-73　FX₃ᵤ-4DA 模拟量输出模块

FX₃ᵤ-4DA 模拟量输出模块的技术指标如表 7-73 所示。

表 7-73　FX₃ᵤ-4DA 模拟量输出模块的技术指标

项　目	电 压 输 出	电 流 输 出
模拟量输出范围	DC −10～+10V （外部负载电阻 1kΩ～1MΩ）	DC 0～20mA、4～20mA （外部负载电阻不超过 0.5kΩ）
数字输入	带符号 16 位二进制	15 位二进制
分辨率	0.32mV（20V/64 000）	0.63μA（20mA/32 000）
总体精度	环境温度 25±5℃ 针对满量程 20V±0.3%（±60mV） 环境温度 0～55℃ 针对满量程 20V±0.5%（±100mV）	环境温度 25±5℃ 针对满量程 20mA±0.3%（±60μA） 环境温度 0～55℃ 针对满量程 20mA±0.5%（±100μA）
转换时间	1ms（与使用的通道数无关）	
隔离方式	在模拟电路和数字电路之间光电隔离 直流/直流变压器隔离主单元电源 在模拟通道之间没有隔离	
模拟量用电源	DC24V±10%　160mA	
I/O 占有点数	8 个	
编程指令	FROM/TO	

2）模块连接

FX₃ᵤ-4DA 模块通过扩展电缆与 PLC 基本单元或扩展单元相连接，通过 PLC 内部总线传送数字量，如图 7-74 所示。

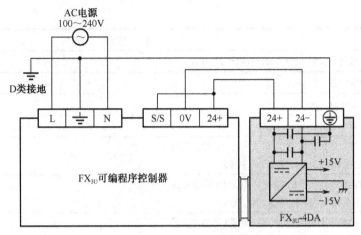

图 7-74　FX₃ᵤ-4DA 连接图

3）缓冲存储器与控制指令

如果要启动模块的 D/A 转换功能，可以通过 PLC 的 TO 指令（FNC79）进行转换的控制与数字量的输出。BFM 的存储地址如表 7-74 所示。

表 7-74　FX₃ᵤ-4DA BFM 存储地址

BFM 编号	内　　容
#0	指定通道 1～4 的输出模式
#1	通道 1 的输出数据
#2	通道 2 的输出数据
#3	通道 3 的输出数据
#4	通道 4 的输出数据
#5	可编程序控制器 STOP 时的输出设定
#6	输出状态
#7、#8	不可以使用
#9	通道 1～4 的偏置、增益设定值的写入指令
#10	通道 1 的偏置数据（单位：mV 或者 μA）
#11	通道 2 的偏置数据（单位：mV 或者 μA）
#12	通道 3 的偏置数据（单位：mV 或者 μA）
#13	通道 4 的偏置数据（单位：mV 或者 μA）
#14	通道 1 的增益数据（单位：mV 或者 μA）
#15	通道 2 的增益数据（单位：mV 或者 μA）
#16	通道 3 的增益数据（单位：mV 或者 μA）
#17	通道 4 的增益数据（单位：mV 或者 μA）
#18	不可以使用
#19	设定变更禁止
#20	功能初始化 用 K1 初始化。初始化结束后，自动变为 K0
#21～#27	不可以使用

BFM 编号	内　容
#28	断线检测状态（仅在选择电流模式时有效）
#29	错误状态
#30	机型代码 K3030
#31	不可以使用
#32	可编程序控制器 STOP 时，通道 1 的输出数据 （仅在 BFM #5=H○○○2 时有效）
#42	可编程序控制器 STOP 时，通道 2 的输出数据 （仅在 BFM #5=H○○2○ 时有效）
#43	可编程序控制器 STOP 时，通道 3 的输出数据 （仅在 BFM #5=H○2○○时有效）
#44	可编程序控制器 STOP 时，通道 4 的输出数据 （仅在 BFM #5=H2○○○时有效）
#36、#37	不可以使用
#38	上下限值功能设定
#39	上下限值功能状态
#40	上下限值功能状态的清除
#41	上下限值功能的通道 1 下限值
#42	上下限值功能的通道 2 下限值
#43	上下限值功能的通道 3 下限值
#44	上下限值功能的通道 4 下限值
#45	上下限值功能的通道 1 上限值
#46	上下限值功能的通道 2 上限值
#47	上下限值功能的通道 3 上限值
#48	上下限值功能的通道 4 上限值
#49	不可以使用
#50	根据负载电阻设定修正功能（仅在电压输出时有效）
#51	通道 1 的负载电阻值（单位：Ω）
#52	通道 2 的负载电阻值（单位：Ω）
#53	通道 3 的负载电阻值（单位：Ω）
#54	通道 4 的负载电阻值（单位：Ω）
#55～#59	不可以使用
#60	帧态自动传递功能的设定
#61	指定错误状态（BFM #29）自动传送的目标数据寄存器（BFM #60 b0 ON 时有效）
#62	指定上下限值功能状态（BFM #39）自动传送的目标数据寄存器（BFM #60 b1 ON 时有效）
#63	指定断线检测状态（BFM #28）自动传送的目标数据寄存器（BFM #60 b2 ON 时有效）
#64～#79	不可以使用
#80	表格输出功能的 START/STOP
#81	通道 1 的输出形式

续表

BFM 编号	内　容
#82	通道 2 的输出形式
#83	通道 3 的输出形式
#84	通道 4 的输出形式
#85	通道 1 的表格输出执行次数
#86	通道 2 的表格输出执行次数
#87	通道 3 的表格输出执行次数
#88	通道 4 的表格输出执行次数
#89	表格输出功能的输出结束标志位
#90	表格输出的错误代码
#91	发生表格输出错误的编号
#92～#97	不可以使用
#98	数据表格的起始软元件编号
#99	数据表格的传送指令
#100～#398	形式 1 的数据表格
#399	不可以使用
#400～#698	形式 2 的数据表格
#699	不可以使用
#700～#998	形式 3 的数据表格
#999	不可以使用
#1000～#1298	形式 4 的数据表格
#1299	不可以使用
#1300～#1598	形式 5 的数据表格
#1599	不可以使用
#1600～#1898	形式 6 的数据表格
#1899	不可以使用
#1900～#2198	形式 7 的数据表格
#2199	不可以使用
#2200～#2498	形式 8 的数据表格
#2499	不可以使用
#2500～#2798	形式 9 的数据表格
#2799	不可以使用
#2800～#3098	形式 10 的数据表格

　　按照工厂出厂调整值处理输出特性，不使用状态信息等时，可以通过以下简单的程序运行。
要求输出模式为：

　　设定通道 1、通道 2 为模式 0（电压输出，-10～+10V）。

　　设定通道 3 为模式 3（电流输出，4～20mA）。

　　设定通道 4 为模式 2（电流输出，0～20mA）。

程序控制图如图 7-75 所示。

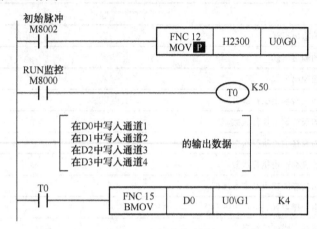

图 7-75　程序控制图

2. FX₃ᵤ-4DA-ADP 模拟量输出模块

1）性能规格

FX₃ᵤ-4DA-ADP 模拟量输出模块如图 7-76 所示。

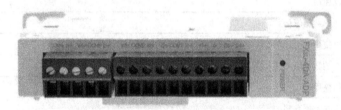

图 7-76　FX₃ᵤ-4DA-ADP 模拟量输出模块

FX₃ᵤ-4DA-ADP 模拟量输出模块的技术指标如表 7-75 所示。

表 7-75　FX₃ᵤ-4DA-ADP 模拟量输出模块的技术指标

项　　目	电 压 输 出	电 流 输 出
模拟量输出范围	DC 0～10V （外部负载电阻 5kΩ～1MΩ）	DC 4～20mA （外部负载电阻不超过 0.5kΩ）
数字输入	12 位（带符号）	
分辨率	2.5mV（10V/4000）	4μA（16mA/4000）
总体精度	环境温度 25±5℃时 针对满量程 10V±0.5%（±50mV） 环境温度 0～55℃时 针对满量程 10V±1.0%（±100mV） 外部负载电阻（R_S）不满 5kΩ时， 增加下面的计算部分 （每 1%增加 100mV） 针对满量程 10V $\left(\dfrac{47 \times 100}{R_S + 47} - 0.9\right)$%	环境温度 25±5℃时 针对满量程 16mA±0.5%（±80μA） 环境温度 0～55℃时 针对满量程 16mA±1.0%（±160μA）

续表

项　目	电 压 输 出	电 流 输 出
转换时间	200μs（每个运算周期更新数据）	
隔离方式	在模拟电路和数字电路之间光电隔离 直流/直流变压器隔离主单元电源 在模拟通道之间没有隔离	
模拟量用电源	DC24V（−15%～+20%）　150mA	
I/O 占有点数	0 个（与可编程序控制器的最大输入/输出点数无关）	
编程指令	FROM/TO	

2）模块连接

FX₃ᵤ-4DA-ADP 模块通过扩展电缆与 PLC 基本单元或扩展单元相连接，通过 PLC 内部总线传送数字量，模块需要外加 24V 直流电源。

3）特殊软元件一览

连接 4DA-ADP 时，FX₃ᵤ 可编程序控制器的特殊软元件分配如表 7-76 所示。

表 7-76　FX₃ᵤ 特殊软元件分配表

特殊软元件	软元件编号				内　容		属性
	第 1 台	第 2 台	第 3 台	第 4 台			R/W
特殊辅助继电器	M8260	M8270	M8280	M8290	通道 1 输出模式切换		R/W
	M8261	M8271	M8281	M8291	通道 2 输出模式切换	OFF：电压输出	R/W
	M8262	M8272	M8282	M8292	通道 3 输出模式切换	ON：电流输出	R/W
	M8263	M8273	M8283	M8293	通道 4 输出模式切换		R/W
	M8264	M8274	M8284	M8294	通道 1 输出保持解除设定		R/W
	M8265	M8275	M8285	M8295	通道 2 输出保持解除设定		R/W
	M8266	M8276	M8286	M8296	通道 3 输出保持解除设定		R/W
	M8267	M8277	M8287	M8297	通道 4 输出保持解除设定		R/W
	M8268～ M8269	M8278～ M8279	M8288～ M8289	M8298～ M8299	未使用（请不要使用）		—
特殊数据寄存器	D8260	D8270	D8280	D8290	通道 1 输出数据		R/W
	D8261	D8271	D8281	D8291	通道 2 输出数据		R/W
	D8262	D8272	D8282	D8292	通道 3 输出数据		R/W
	D8263	D8273	D8283	D8293	通道 4 输出数据		R/W
	D8264～ D8267	D8274～ D8277	D8284～ D8287	D8294～ D8297	未使用（请不要使用）		—
	D8268	D8278	D8288	D8298	错误状态		R/W
	D8269	D8279	D8289	D8299	机型代码=2		R

注：R 表示读入，W 表示写入。

当 4DA-ADP 发生错误时，在错误状态中保存发生错误的状态。具体错误状态如表 7-77 所示。

表 7-77　错误状态表

位	内　容
b0	通道 1 输出数据设定值错误
b1	通道 2 输出数据设定值错误
b2	通道 3 输出数据设定值错误
b3	通道 4 输出数据设定值错误
b4	EEPROM 错误
b5	未使用
b6	4DA-ADP 硬件错误（含电源异常）
b7～b15	未使用

实例　向 D100、D101 输入指定为模拟量输出的数字值。控制程序如图 7-77 所示。

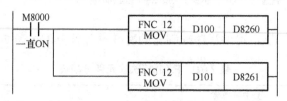

图 7-77　控制程序图

7.3.3　PID 指令

PLC 在配置了模拟量输入、输出模块的基础上，通过 PID 指令实现模拟量的闭环 PID 调节功能，如图 7-78 所示。PID 的控制过程为：每一个采样周期中，PLC 计算被控量的给定值与反馈值的差值 $e(n)$，对 $e(n)$ 进行 PID 运算后，将 PID 的初始值作为执行机构和被控对象的驱动调节信号，使得被控量不断接近给定值。

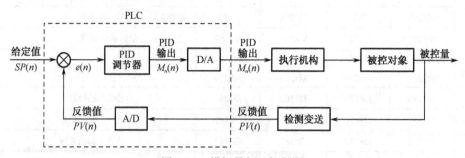

图 7-78　模拟量闭环控制图

PID 运算指令的助记符、指令代码、操作数及程序步如表 7-78 所示。

表 7-78　PID 运算指令

指令名称	助记符	指令代码	操作数				程　序　步
			S1	S2	S3	D	
PID 运算指令	PID	FNC88	D	D	D	D	PID…9 步 PID、PIDP…13 步

PID 运算指令梯形图如图 7-79 所示。

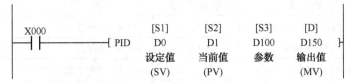

图 7-79 PID 运算指令梯形图

1. 指令说明

（1）PID 表达式为

$$输出值 = K_P \left\{ e + K_D T_D \frac{\mathrm{d}e}{\mathrm{d}t} + \frac{1}{T_I} \int e \mathrm{d}t \right\}$$

式中 K_P——比例系数，由[S3]+3 设定；

e——偏差；

K_D——微分放大系数，由[S3]+5 设定；

T_D——微分时间常数，由[S3]+6 设定；

T_I——积分时间常数，由[S3]+4 设定。

（2）本指令是将当前值[S2]与设定值[S1]之差送到 PID 环节中计算，得到当前输出控制值送到目标[D]中，[S3]指定 PID 运算的参数表首地址。

PID 调节与控制参数设定详见表 7-79。

表 7-79　PID 调节与控制参数设定表

参数地址		名　称	设定范围	作　用	备　注
S[3]		采样周期	1～3267ms	PID 调节器采样周期	
S[3]+1	bit 0	PID 调节器选择	0/1	0：正向；1：逆向	
	bit 1	有无输入变化量报警设定	0/1	0：无输入变化量报警； 1：有输入变化量报警	
	bit 2	有无输出变化量报警设定	0/1	0：无输出变化量报警； 1：有输出变化量报警	
	bit 4	自整定动作设定	0/1	0：不动作；1：动作	
	bit 5	PID 输出限制设定	0/1	0：无效；1：有效	
	bit 6	自动调谐方式选择	0/1	0：阶跃法；1：极限循环法	
	bit 3、bit 7～bit15			不能使用	
S[3]+2		反馈输入滤波器常数 L	0%～99%	0%：滤波无效	
S[3]+3		K_P	1%～32 767%		
S[3]+4		T_I	0～32 767	0：积分调节无效	单位：100ms
S[3]+5		K_D	0～1	0：微分调节无效	
S[3]+6		T_D	0～32 767	0：微分调节无效	单位：10ms
S[3]+7～S[3]+19		PID 处理			不能使用
S[3]+20		反馈输入变化率监控阈值	0～32 767	正向变化率阈值	（S[3]+1）bit1=1 时
S[3]+21			0～32 767	逆向变化率阈值	

续表

参 数 地 址		名 称	设 定 范 围	作 用	备 注
S[3]+22		PID 调节器输出变化 率监控阈值	0～32 767	正向变化率阈值	（S[3]+1）bit2=1 时
			0～32 767	逆向变化率阈值	
S[3]+23		PID 调节器输出上限值	−32 768～32 767	PID 调节器输出最大值	（S[3]+1）bit2=1 时
		PID 调节器输出下限值	−32 768～32 767	PID 调节器输出最小值	
S[3]+24	bit 0	反馈输入变化率超差报警		1：正向变化率超差	0：正常
	bit 1	反馈输入变化率超差报警		1：正向变化率超差	0：正常
	bit 2	PID 输出变化率超差报警		1：正向变化率超差	0：正常
	bit 3	PID 输出变化率超差报警		1：正向变化率超差	0：正常

2．PID 控制类型的选择

PID 控制算法在实际应用中可以使用 P、PI 或者 PID。P 与误差在时间上是一致的，它能及时地消除误差的输出。I 的大小与误差的历史情况有关，能消除稳态误差，提高控制精度。D 可以改善系统的动态响应速度，使得输出值波动的幅度不会太大。

如果控制对象是静态系统，一般用 P 控制就能达到控制目的；如果控制对象是惯性较大的动态系统，使用 PI 控制比较合适；如果控制对象是需要跟踪的系统，由于是惯性小的系统，就需要用 PID 来控制，以满足系统的性能要求。

3．PID 调节器调节方向的选择

调节器的输出随着反馈的增加而减小的调节为逆向调节，反之为正向调节。

4．采样周期 T_S 的选择

T_S 为计算机进行 PID 运算的时间间隔。为了能及时反映模拟量的变化，T_S 越小越好，但是 T_S 太小会增加 CPU 的运算工作量，而且相邻两次采样值几乎没有变化也是没有意义的。一般 T_S 的经验数据是：流量 T_S 为 1～5s、压力 T_S 为 3～10s、液位 T_S 为 6～8s、温度 T_S 为 15～20s 等。

5．K_P、T_I、T_D 的确定

工程上常采用阶跃法现场测定后计算处置并最后通过调试确定。阶跃法的具体做法如下：

（1）断开系统反馈，将 PID 调节器设定为 $K_P=1$ 的比例调节器，在系统输入端加一个阶跃信号，测量并画出被控对象（包括执行机构）的开环阶跃响应曲线，如图 7-80 所示。

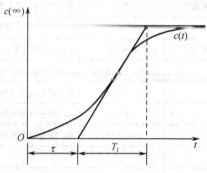

图 7-80　被控对象的阶跃响应曲线

（2）在曲线的最大斜率出作切线，求得被控对象的纯滞后时间 τ 和上升时间 T_I。

（3）根据求出的值查表 7-80 可计算 K_P、T_I、T_D 的参考值。

表 7-80　阶跃法 PID 参数经验公式

控制方式	K_P	T_I	T_D
PI	$0.84\,T_I/\tau$	3.4τ	—
PID	$1.15T_I/\tau$	2.0τ	0.45τ

7.4　应用实例

例 7-1　用传送指令编一个星形-三角形降压启动控制程序。

分析：改变不同数据寄存器中的数值，在 0 和 1 之间变换，从而实现由星形到三角形的转换。

解析：把 Y3～Y0 看成一个数据 K1Y0，当作星形启动时，Y0、Y1 置 ON，即 K1Y0=3，10s 后自动转化成三角形，Y0、Y2 置 ON，即 K1Y0=5。星形-三角形降压启动控制程序如图 7-81 所示。

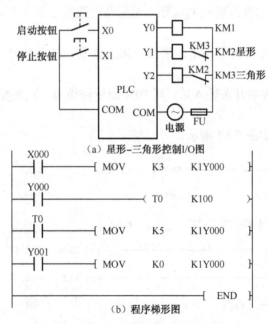

图 7-81　星形-三角形降压启动控制程序

例 7-2　有 17 个彩灯，要求实现彩灯亮点移动的效果。

分析：17 个彩灯可以理解为 PLC 的 Y0～Y7，按照要求在 0 和 1 之间进行变换。

解析：控制程序如图 7-82 所示，通过梯形图可知是通过右移寄存器中的数值来实现的。

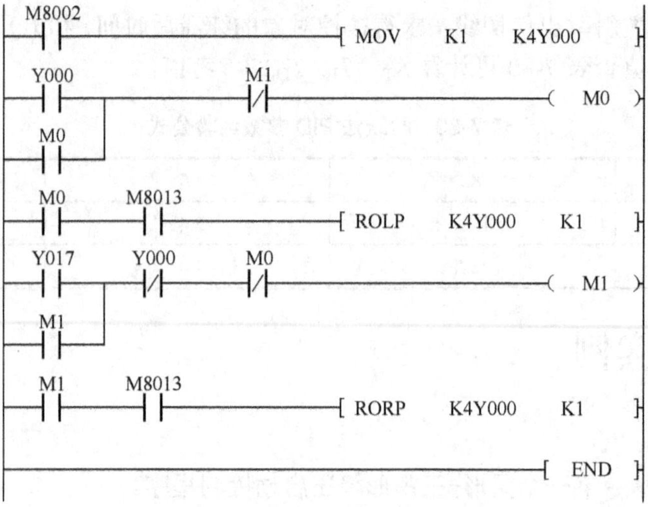

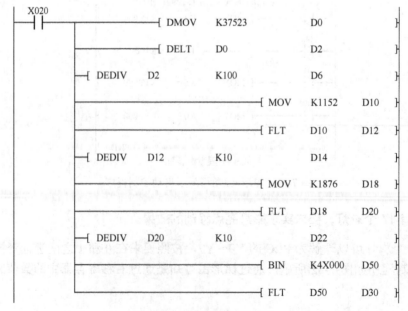

图 7-82　彩灯控制程序梯形图

例 7-3　编一程序解方程 $y = \dfrac{115.2x + 375.23}{187.6}$，其中 x 由接在 X0~X17 的 4 位数字开关输入，变化范围是 0~9999。

分析：主要考察 PLC 的数制转换的运算，然后通过四则运算指令寻找方程的解。

解析：

（1）由于小数不能直接写入程序中，所以先输入整数，转化成浮点数后，再通过除以 10 或者 100 变成小数。

（2）程序中的 x 通过数字开关输入后，用 BIN 指令转换成二进制整数，然后转换成浮点数的格式才能进行计算。

（3）控制程序梯形图如图 7-83 所示。

图 7-83　控制程序梯形图

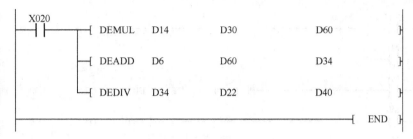

图 7-83　控制程序梯形图（续）

例 7-4　用旋转编码器测量电动机的转速，编码器每转输出 360 个脉冲，试编写 PLC 的控制程序。

分析：可以用速度检测指令测出 100ms 所得的脉冲数，然后代入转速公式中进行计算；公式中有乘除运算，可以对公式中的常数进行约分，然后再进行计算。设编码器输出的脉冲输入到 PLC 的 X0 点。D10 为电动机的转速。控制程序指令梯形图如图 7-84 所示。

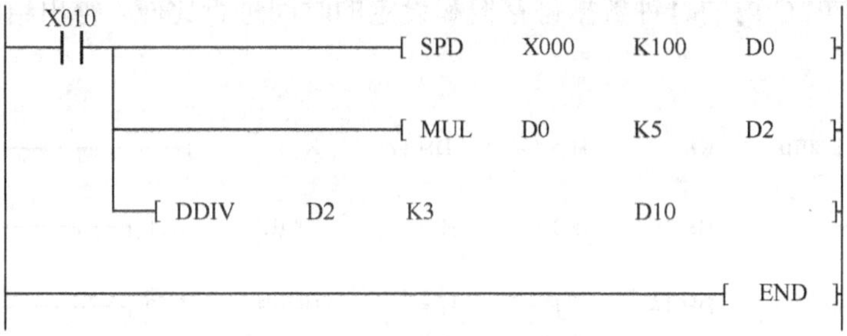

```
  X010
───┤├───┬──────────────────────[ SPD   X000   K100   D0 ]
        │
        ├──────────────────────[ MUL   D0   K5   D2 ]
        │
        └──[ DDIV   D2   K3   D10 ]
  ──────────────────────────────────────[ END ]
```

图 7-84　控制程序指令梯形图

例 7-5　编一程序控制 D10。要求按下启动按钮 X010，D10 在 10s 内从 0 增大到 4000 并保持，当按下停止按钮 X011 时，D10 在 10s 内从 4000 减小到 0。

分析：由于要在 10s 内从 0 增大到 4000，所以要采用恒扫描周期的方法，且要把 M8026 置 ON 才能把数据保持。控制程序指令梯形图如图 7-85 所示。

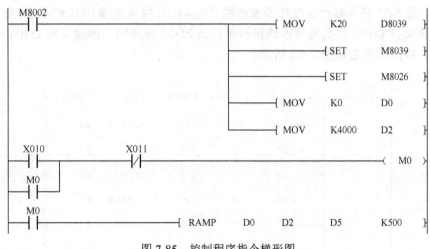

图 7-85　控制程序指令梯形图

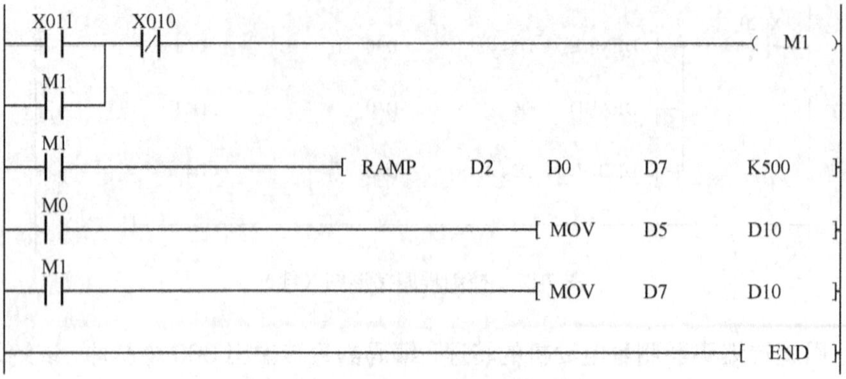

图 7-85　控制程序指令梯形图（续）

例 7-6　当 PLC 内置时钟运行至 2008 年 10 月 3 日 11 时 11 分 10 秒时，输出 Y10 并持续 10s。

分析：可以用 PLC 内的时钟数据寄存器和设定的时间进行比较，得出结果输出。指令梯形图如图 7-86 所示。

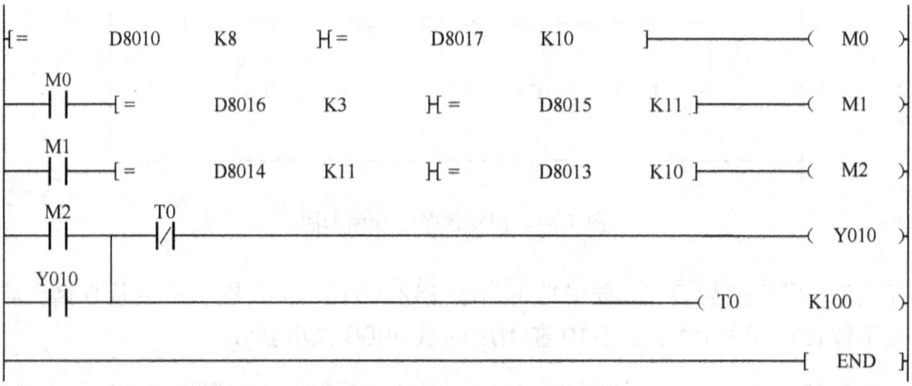

图 7-86　指令梯形图

例 7-7　图 7-87 所示触点比较指令梯形图 FX₃ᵤ-4DA 模块连接 PLC 时要求：当 X000 接通时，通道 1 将数据 D100 的数据转换成模拟量；当 X001 接通时，通道 2 将 D101 中的数据转换成模拟量。程序梯形图如图 7-87 所示。

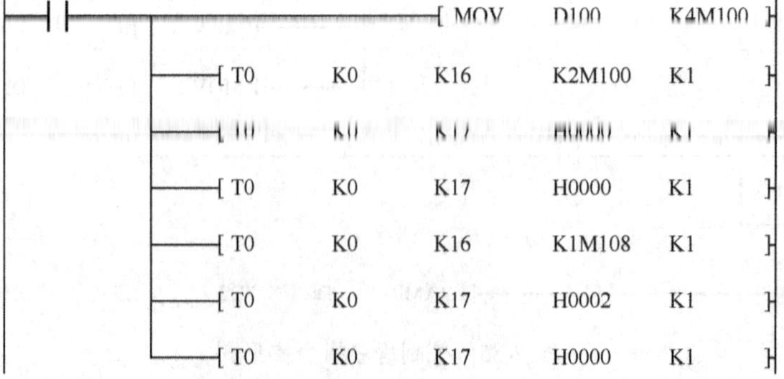

图 7-87　程序梯形图

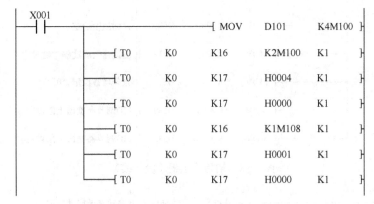

图 7-87　程序梯形图（续）

例 7-8　某加热系统温度 PID 控制要求如下：

（1）温度测量反馈信号来自 FX₃U-4AD-TC 特殊功能模块的通道 2（其余通道不用），传感器类型为 K 型热电偶，反馈输入滤波器常数为 70%。

（2）系统目标温度为 50℃，加热器输出周期为 2s 的 PWM 型信号，输出"ON"为加热，PID 输出限制功能有效。

（3）PLC 输入/输出端及寄存器地址分配如下：

X010：自动调谐启动输入。

X011：PID 调节启动输入。

Y000：PID 调节出错报警。

Y001：加热器控制。

D500：目标温度给定输入（单位 0.1℃）。

D501：温度反馈输入（单位 0.1℃）。

D502：PID 调节器输入（每一 PWM 周期的加热时间）。

D510～D538：PID 控制参数设定区。

（4）系统的 PID 调节参数通过自动调谐设定，自动调谐要求如下：

目标温度：50℃。

自动调谐采样时间：3s。

阶跃调谐时的 PID 输出图变量：最大输出的 90%。

（5）系统正常工作时的 PID 调节要求如下：

目标温度：50℃。

采样时间：3s。

根据以上控制要求编制的程序如图 7-88～图 7-91 所示。

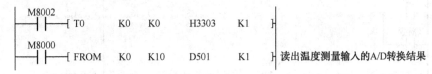

图 7-88　初始设定程序段

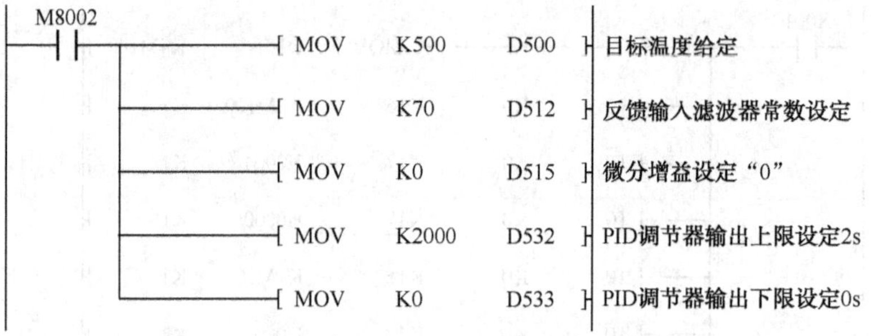

```
  M8002
──┤├──────┬──────────[ MOV    K500    D500  ]  目标温度给定
          │
          ├──────────[ MOV    K70     D512  ]  反馈输入滤波器常数设定
          │
          ├──────────[ MOV    K0      D515  ]  微分增益设定"0"
          │
          ├──────────[ MOV    K2000   D532  ]  PID调节器输出上限设定2s
          │
          └──────────[ MOV    K0      D533  ]  PID调节器输出下限设定0s
```

图 7-88　初始设定程序段（续）

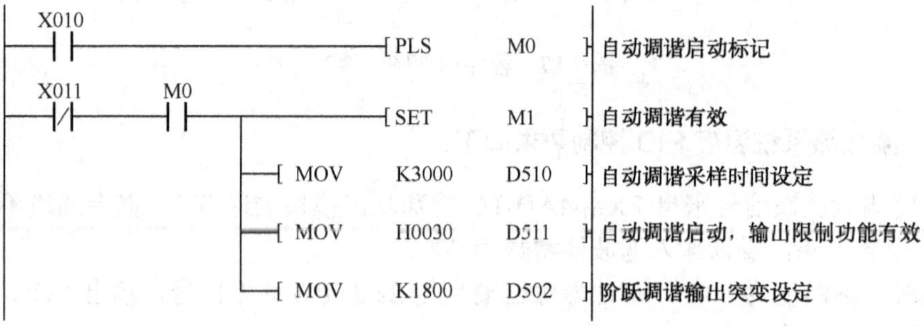

```
  X010
──┤├──────────────────────────[ PLS    M0   ]  自动调谐启动标记

  X011   M0
──┤/├───┤├───┬────────────────[ SET    M1   ]  自动调谐有效
             │
             ├──[ MOV    K3000   D510  ]  自动调谐采样时间设定
             │
             ├──[ MOV    H0030   D511  ]  自动调谐启动，输出限制功能有效
             │
             └──[ MOV    K1800   D502  ]  阶跃调谐输出突变设定
```

图 7-89　自动调谐设定程序段

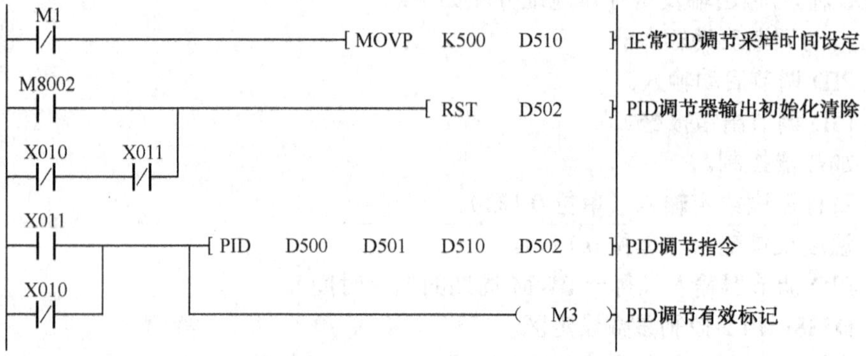

```
  M1
──┤/├────────────────────[ MOVP   K500    D510  ]  正常PID调节采样时间设定

  M8002
──┤├─────────────────────────────[ RST    D502  ]  PID调节器输出初始化清除

  X010   X011
──┤├────┤/├──┐
             │
  X011       │
──┤├───────[ PID    D500    D501    D510    D502  ]  PID调节指令

  X010
──┤/├──────────────────────────────────( M3 )  PID调节有效标记
```

图 7-90　PID 调节程序段

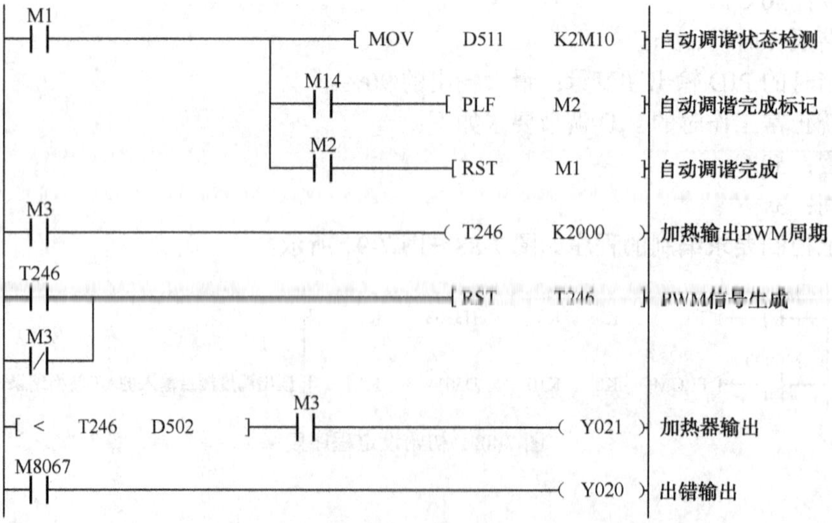

```
  M1
──┤├─────────────────────────[ MOV    D511    K2M10 ]  自动调谐状态检测
             M14
            ─┤├──────────────[ PLF    M2   ]  自动调谐完成标记
             M2
            ─┤├──────────────[ RST    M1   ]  自动调谐完成

  M3
──┤├─────────────────────────────( T246    K2000 )  加热输出PWM周期

  T246
──┤├───┬─────────────────────────[ RST    T246  ]  PWM信号生成
  M3   │
──┤/├──┘

  ┤ < T246    D502 ├─┤ M3 ├──────( Y021 )  加热器输出

  M8067
──┤├─────────────────────────────────( Y020 )  出错输出
```

图 7-91　输出控制程序段

图中 M1、M3 为自动调谐及正常 PID 调节标记，形成互锁。图 7-91 中输出是由 D502 的数据控制的。

例 7-9　有 16 个灯，启动后，从第一个灯开始亮，亮后灭掉，每隔 1s 再亮一个，亮到第 16 个时，停顿 2s 后，从第 16 个再亮到第 1 个，如此循环下去。

分析：本例中要实现的效果是例 7-2 的拓展，需要在例 7-2 的基础上加上定时器，来达到时间定时的作用。

解析：程序梯形图如图 7-92 所示。

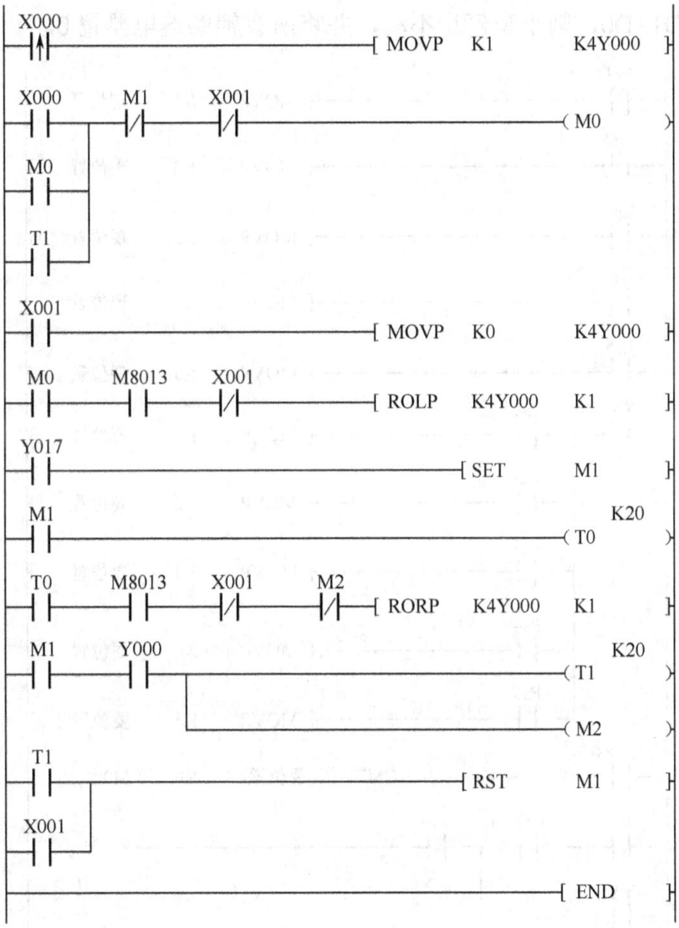

图 7-92　程序梯形图

例 7-10　某选秀节目有 16 位评委，每位评委手中有一个投票器，选手只有同时获得其中 8 位评委的投票方能晋级。现需设计出一表决程序，16 位评委对某一选手投票，投票结束显示出该选手是否晋级。程序梯形图如图 7-93 所示。

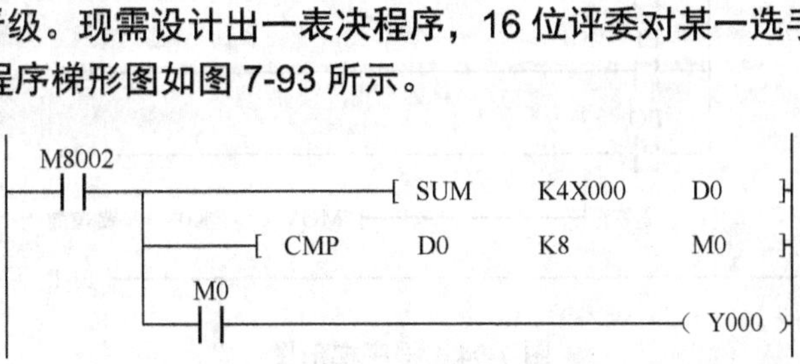

图 7-93　程序梯形图

解析：当 M8002 接通时，评委开始尽兴投票，SUM 指令开始对 X000～X017 中的 1 进行计数，并传递给存储器 D0，CMP 指令将 D0 中 1 的个数与 8 进行比较，当 D0 中的数超过 8 时，接通辅助寄存器 M0，输出 Y0，提示该选手晋级。

例 7-11　某生产车间中需要通过小车在五个地方来回运输生产资料。程序梯形图如图 7-94 所示。

分析：当 X001～X005 中任一接通时，将数据传送入 D1 中，操作员接通 X006～X012 中任一个时，将其数据传入 D1 中并与 D0 中的数据进行比较，若 D1>D0，则小车前进，若 D1<D0，则小车后退，如果 D1=D0，则小车停止不动，并将所有辅助继电器置 0。

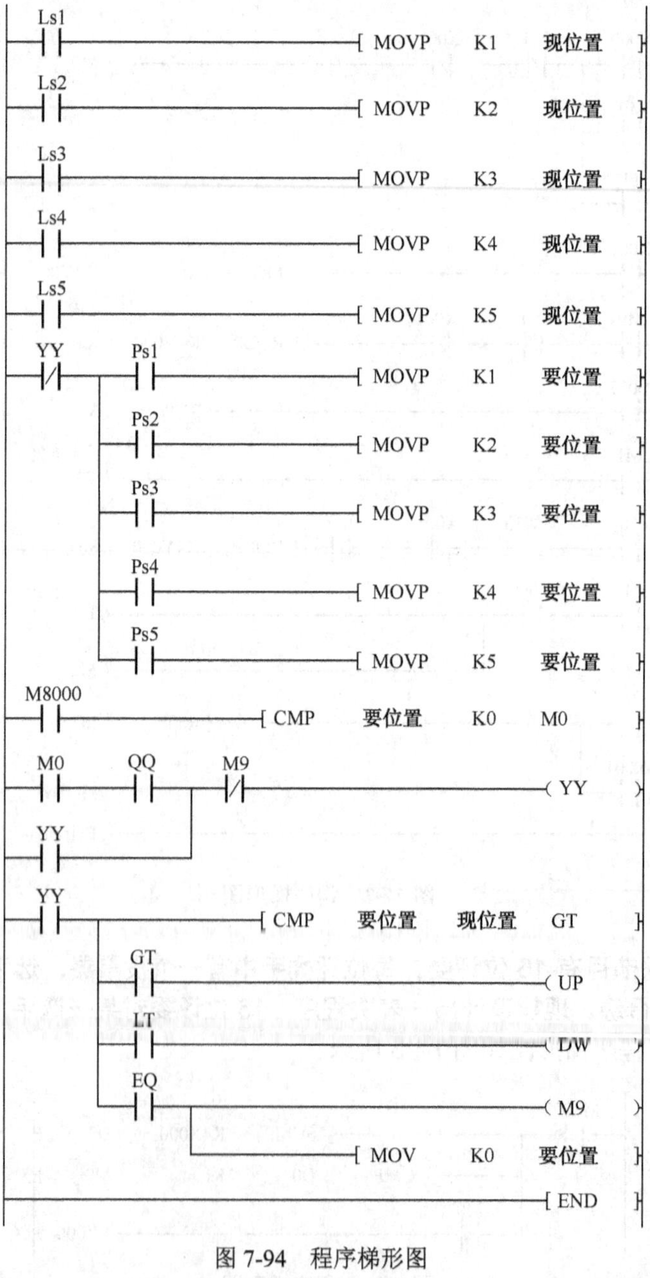

图 7-94　程序梯形图

解析：小车当前的位置用 D0 表示，要去的位置用 D1 表示；YY、UP、DW 分别为输出 Y000、Y001、Y002；QQ 代表 X000，Ls1～Ls5 代表 X001～X005，Ps1～Ps5 代表 X006～X012；EQ 代表 M1，LT 代表 M2，GT 代表 M10，LT 代表 M12。

思考与练习

1．FX₃U 系列 PLC 的功能指令共有哪几种类型？其表达形式应包含哪些内容？

2．功能指令中何为连续执行？何为脉冲执行？

3．计算 D9、D11、D13 之和并放入 D25 中，求以上 3 个数的平均值，并将其放入 D35 中。

4．当输入条件 X1 满足时，将 C4 的当前值转换成 BCD 码送到输出元件 K4Y0 中，画出梯形图。

5．当 X0 为 ON 时，用定时器中断，每 99ms 将 Y10～Y13 组成的元件组 K4Y10 加 1，设计主程序和中断子程序。

6．FX₃U 系列 PLC 有哪些特殊功能单元？各有什么用途？

7．FX₃U 系列 PLC 的模拟量输入模块和模拟量输出模块有何异同之处？

第8章

三菱 FX 系列 PLC 的通信技术

本章知识点:

- 三菱 FX 系列通信系统的分类、组成和接口电路;
- 三菱 FX 系列 PLC 的 $N:N$ 网络通信原理及应用;
- 并行链接结构、原理及应用;
- 计算机链接与无协议通信;
- CC-Link 通信结构、原理及应用。

基本要求:

- 了解 PLC 通信系统的分类、组成和接口电路;
- 理解三菱 FX 系列 PLC 的 $N:N$ 网络通信原理及应用;
- 掌握 PLC 并行链接通信的基本结构、基本原理及应用;
- 了解计算机链接与无协议通信连接方式及设置;
- 掌握 CC-Link 通信系统的基本组成、原理及实际应用。

能力培养:

通过 PLC 通信技术的学习,使学生掌握 PLC 通信技术相关知识,达到可以根据不同的设计要求和工程实际,正确地选择合理的通信方式;运用本章所学知识,解决工程应用中的 PLC 通信问题,培养和提高学生通信技术的工程应用水平。

8.1 FX 系列 PLC 通信基础

近年来,随着计算机通信网络技术的不断发展和日益成熟,工业自动化程度越来越高,自动控制系统的方式也悄然发生了转变,由传统的集中控制向多级分布式控制方向发展,因此 PLC 具备通信及网络的功能也成为了必需,具有相互之间的连接、远程通信等功能。

PLC 的通信是指任意的两台设备之间存在信息交换。PLC 的通信包括 PLC 与 PLC 的通信、PLC 与计算机以及 PLC 与现场设备或远程 I/O 之间的信息交换。随着技术的发展,近年来 PLC 的组网与通信在自动化领域中成为了越来越受重视的新兴技术。

PLC 的信息交换与计算机类似,它们之间的信息交换都采用数字信号,即它们之间交换的信息由 "0" 和 "1" 表示。通常把具有一定的编码、格式和位长要求的数字信号称为数据信息。数据通信就是指将数据信息通过合适的传输路径从一台设备传送到另一台设备。PLC 的通信,也就是将位于不同地方的 PLC、计算机以及现场设备等,通过一定的通信介质,按照规定的通信协议,将它们连接起来,并经过某种特定的通信方式高效率地完成数据的传送、交换和处理的过程。

FX 系列 PLC 支持以下五种类型的通信。

1. 并行链接

当只有两个 FX 系列的 PLC 之间进行通信时，才能采用并行链接。例如，FX$_{3U}$、FX$_{2N}$、FX$_{2NC}$、FX$_{1N}$、FX$_{2C}$ 等系列可编程序控制器进行数据传输时，则是采用 100 个辅助继电器或者 10 个数据寄存器交换数据。如果是采用 FX$_{1S}$ 或者 FX$_{0N}$ 的 PLC 进行 1∶1 链接，则只能通过 50 个辅助继电器和 10 个数据寄存器进行链接。

2. N∶N 网络

用 FX$_{3U}$、FX$_{2N}$、FX$_{2NC}$、FX$_{1N}$、FX$_{2C}$ 可编程序控制器进行数据传输可建立在 N∶N 的基础上。如果使用此网络，可最多在 8 台 FX 可编程序控制器之间，通过 RS-485 通信连接，实现软元件相互链接的功能。

3. 计算机链接

计算机链接是指一台上位机与多台 PLC 之间的连接。每台 PLC 均可以接收上位机的命令，并将执行的结果送给上位机。这就构成一个简单的"集中监督管理，分散控制"的分布式控制系统，最多可连接 16 台 FX 系列可编程序控制器。

4. 无协议通信（用 RS 指令进行数据传输）

无协议通信功能，是执行打印机或条形码阅读器等无协议数据通信的功能。在 FX 系列中，通过使用 RS 指令、RS2 指令，可以使用无协议通信功能。RS2 指令是 FX$_{3G}$、FX$_{3U}$、FX$_{3UC}$ 可编程序控制器的专用指令，通过指定通道，可以同时执行两个通道的通信。

5. 可选编程端口

对于 FX$_{3U}$、FX$_{2N}$、FX$_{2NC}$、FX$_{1N}$、FX$_{1S}$ 等可编程序控制器，当该端口连接在 FX$_{3U}$-232-BD、FX$_{2N}$-232-BD、FX$_{0N}$-232ADP、FX$_{1N}$-232-BD、FX$_{2N}$-422-BD、FX$_{3U}$-422-BD 上时，可支持一个编程协议。

本节就主要从通信的组成、通信的方式、通信介质、通信协议以及常用的通信接口等方面加以介绍。

8.1.1　PLC 通信的基本概念

1. 通信系统的基本构成

如图 8-1 所示为通信系统的基本组成结构框图，通信的硬件分别由发送设备、传送设备、接收设备、控制设备（通信软件、通信协议）和通信介质（总线）等部分组成。

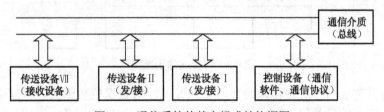

图 8-1　通信系统的基本组成结构框图

发送设备在发送数据的同时，也可接收来自其他设备的信息。同样，接收设备在接收数据的同时，也可发送反馈信息。控制设备按照通信协议和通信软件的要求，对发送和接收之间进行同步的协调，确保信息发送和接收的正确性和一致性。通信介质是数据传输的信道。通信协议的作用主要是规定各种数据的传输规则，更有效率地利用通信资源，保持通信的顺畅。收发双方都必须严格遵守通信协议的各项规定。通信软件则是人与通信系统之间的一个接口，使用者可以通过通信软件了解整个通信系统的运作情况，进而对通信系统进行各种控制和管理。

传送设备至少有两个，其中有的是发送设备，有的是接收设备。对于多台设备之间的数据传送，还有主从之分。主设备起控制、发送和处理信息的主导作用，从设备被动地接收、监视和执行主设备的信息。主从关系在实际通信时由数据传送的结构来确定。在 PLC 通信系统中，传送设备可以是 PLC、计算机或各种外围设备。

2. 通信方式

数据通信有两种基本方式：并行通信方式和串行通信方式。

1）并行通信方式

并行通信方式是指传送数据的每一位同时发送或接收。并行通信的特点就是能够将多个数据位同时进行传输，传输的数据有多少位，就相应地有多少根传输线。并行通信的速度快，但是传输位数增多，电路复杂程度也相应增加，成本上升。并行通信适合于短距离的数据通信，不适合远距离传送。如图 8-2 所示，表示一个 8 位二进制数，只需要一个时钟周期就可以从 A 设备传送到 B 设备。

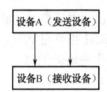
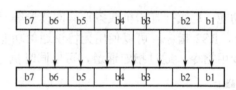

图 8-2　并行通信示意图

2）串行通信方式

串行通信是指传送的数据一位一位地顺序传送，串行通信的特点就是多位数据在一根数据线上顺序地进行传送，其速度比并行通信要慢。串行通信方式电路简单，适合多位数、长距离通信。如图 8-3 中的 8 位数据，先做并/串转换，然后用 8 个时钟周期（$T_1 \sim T_8$）将其全部发送至接收设备；接收设备每个时钟周期接收 1 位数据，8 个时钟周期才接收完，经串/并转换，完成了 8 位数据的传输。

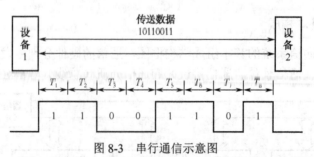

图 8-3　串行通信示意图

传送数据时只需要 1～2 根传输线分时传送即可，与数据位数无关。目前串行通信的传输速率每秒可达兆字节的数量级。PC 与 PLC 的通信，PLC 与现场设备、远程 I/O 的通信，开放式现场总线（CC-Link）的通信均采用串行通信方式。

（1）串行通信的数据通路形式。在串行数据通信中，按数据传送的方向可分为单工、半双工和全双工三种方式，如图 8-4（a），（b），（c）所示。

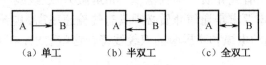

（a）单工　　　　（b）半双工　　　　（c）全双工

图 8-4　串行通信的数据通路形式

单工通信是指消息只能单方向传输的工作方式，不能进行反方向传送。单工通信信道是单向信道，发送端和接收端的身份是固定的，发送端只能发送信息，不能接收信息；接收端只能接收信息，不能发送信息，数据信号仅从一端传送到另一端，即信息流是单方向的。

半双工是指数据可以沿两个方向传送，但同一时刻一个信道只允许单方向传送，因此又被称为双向交替通信。（信息在两点之间能够在两个方向上进行发送，但不能同时发送的工作方式。）半双工方式要求收发两端都有发送装置和接收装置。由于这种方式要频繁变换信道方向，故效率低，但可以节约传输线路。半双工方式适用于终端与终端之间的会话式通信。

全双工是指在通信的任意时刻，线路上可以同时存在 A 到 B 和 B 到 A 的双向信号传输。在全双工方式下，通信系统的每一端都设置了发送器和接收器，因此，能控制数据同时在两个方向上传送。全双工方式无须进行方向的切换，因此，没有切换操作所产生的时间延迟，这对那些不能有时间延误的交互式应用（如远程监测和控制系统）十分有利。

（2）串行通信的通信方式。在串行通信方式中，为了保证发送数据和接收数据的一致性，又采用了两种通信技术，即同步通信和异步通信技术。

异步通信是指通信的发送设备与接收设备使用各自的时钟控制数据的发送和接收过程。为使双方的收发协调，要求发送设备和接收设备的时钟尽可能一致。异步通信是以字符（构成的帧）为单位进行传输，字符与字符之间的间隙（时间间隔）是任意的，但是每个字符中的各位是以固定的时间传送的，即字符之间是异步的（字符之间不一定有"位间隔"的整数倍的关系），但是同一字符内的各位是同步的（各位之间的距离均为"位间隔"的整数倍）。异步通信的特点是不要求收发双方时钟的严格一致，实现容易，设备开销较小，但是需要在每组数据的开始位加"0"标记，在末尾处加校验位"1"和停止位"1"标记。以这种特定的方式，一组一组发送数据，接收设备将一组一组地接收，在开始位和停止位的控制下，保证数据传送不会出错，因此传输效率不高，适用于中、低速数据通信。串行异步通信方式示意图如图 8-5 所示。

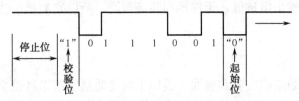

图 8-5　串行异步通信方式示意图

同步通信方式与异步通信方式的不同之处在于它以数据块为单位，在每个数据块的开始处加入一个同步字符来控制同步，而在数据块中的每个字节前后不需加开始位、校验位和停止位标记，因而克服了异步传送效率低的缺点。同步传送所需要的软、硬件价格较贵，所以通常只在数据传送速率超过 2000bps 的系统中使用。

PLC 通信常采用半双工或全双工异步串行通信方式。

3. 通信介质

通信介质是信息传输的物质基础和重要渠道，是 PLC 与通用计算机及外部设备之间相互联系的桥梁。PLC 通信多采用有线介质：同轴电缆（带屏蔽）、双绞线、光纤等。

PLC 对通信介质的基本要求是通信介质必须具有传输速率高、能量损耗小、抗干扰能力强、性价比高等特性。目前，同轴电缆和带屏蔽的双绞线符合这些要求，在 PLC 的通信中广泛使用。

4. 通信接口

FX 系列 PLC 的串行异步通信接口主要有 RS-232C、RS-422 和 RS-485 等。

1）RS-232C 通信接口

RS-232C 接口标准：标准的 25 针 D 型连接器。RS-232C 由美国电子工业协会 EIA 于 1962 年公布，是规定了通信系统间数据交换方式、电气传输标准、收发双方通信协议的标准。RS-232C 规定，1 电平：-5~-15V；0 电平：+5~+15V。由于电平相差很大，因此抗干扰能力较强。它采用按位串行通信的方式传送数据，波特率规定为 19 200bps、9600bps、4800bps 等几种。RS-232C 的缺点是：传输距离不大，传输速率较低，抗共模干扰能力较差等。为此，EIA 推出 RS-422A 接口标准。

2）RS-422 通信接口

针对 RS-232C 的不足，EIA 于 1977 年推出了串行通信标准 RS-422A，对 RS-232C 的电气特性进行改进，RS-422A 是 RS-499 的子集。

在 RS-232C 的 25 个引脚的基础上，增加到了 37 个引脚，从而功能上比 RS-232C 多了 10 种新功能。RS-422A 采用平衡驱动、差分接收电路，从根本上取消了信号地线，大大减少了地电平所带来的共模干扰。平衡驱动器相当于两个单端驱动器，其输入信号相同，两个输出信号互为反相信号。外部输入的干扰信号是以共模方式出现的，两极传输线上的共模干扰信号相同，因接收器是差分输入，共模信号可以互相抵消。只要接收器有足够的抗共模干扰能力，就能从干扰信号中识别出驱动器输出的有用信号，从而克服外部干扰的影响。

RS-422 在最大传输速率 10Mbps 时，允许的最大通信距离为 12m；传输速率为 100Kbps 时，最大通信距离为 1200m。一台驱动器可以连接 10 台接收器。

3）RS-485 通信接口

跟 RS-422A 基本一样，区别在于：RS-422 为全双工，而 RS-485 为半双工。RS-422A 需要有两对平衡差分信号线，而 RS-485A 只需要一对。RS-485A 与 RS-422A 一样，都是采用差动接收发送的方式，而且输出阻抗低，无接地回路等问题，所以它的抗干扰性也相当好，传输速率可达 10Mbps。

5. 通信协议

为了保证收发各方通信的准备和畅通，类似于同交通规则用来规范交通行为一样，在通信系统中用通信协议来规范收发各方的通信行为。通信协议是通信双方的一种约定，约定包括对数据格式、同步方式、传送速度、传送步骤、检纠错方式以及控制字符定义等问题作出统一规定，通信双方必须共同遵守，因此也叫通信控制规程，属于 ISO/OSI 七层参考模型中的数据链路层。

通常采用的通信协议有两类：同步通信协议和异步通信协议。

1）同步通信协议

采用同步通信时，将许多字符组成一个信息组，这样字符可以一个接一个地传输。但是，每组信息（通常称为帧）的开始处要加上同步字符，在没有信息传输时，要填上空字符，因此同步传输不允许有空隙，在同步传输过程中，一个字符可以对应 5～8 位。当然，对于同一个传输过程，所有字符对应相同的数位。比如说 n 位，这样传输时，每 n 位划分为一个时间片，发送端在同一时间中发送一个字符，接收端在同一个时间片中接收一个字符，同步传输时，一个信息帧中包含许多字符。每个信息帧用同步字符作为开始，一般同步字符和空字符共用同一个代码，在整个系统中，由一个统一的时钟控制发送端发送代码。接收端检测到有一串数位和同步字符相匹配时，就认为一个信息帧开始了，于是，此后的数位作为实际传输信息来处理。面向字符的同步协议规定了 10 个特殊字符（称为控制字符）作为信息传输的标志，其格式如表 8-1 所示。

表 8-1　面向字符的同步协议

SYN	SOH	标题	STX	数据块	ETB/ETX	校验块

SYN：同步字符（Synchronous Character），每帧可加上 1 个（单同步）或 2 个（双同步）同步符。

SOH：标题开始（Start of Header）。

标题：Header，包含源地址（发送方地址）、目的地址（接收方地址）和路由指示。

STX：正文开始（Start of Text）。

数据块：正文（Text），由多个字符组成。

ETB：传输块结束，标识本数据块结束。

ETX：全文结束（全文分为若干块传输）。

2）异步通信协议

以起止式协议为例，起止式异步协议的一帧数据的格式如表 8-2 所示。

表 8-2　异步协议帧格式

起始位（1 位）	数据位（5～8 位）	校验位	停止位

起止式异步通信的特点是：通信信息一个字符接一个字符地传输，每个字符一位接一位地传输，并且传输一个字符时，总是以起始位开始，以停止位结束，字符之间没有固定的时间间隔要求。每一个字符的前面都有一位起始位（低电平，逻辑值 0），字符本身由 5～8 位数据位组成，接着字符后面是一位校验位（也可以没有校验位），最后是一位或一位半或二位停止位，停止位后面是一不定长的空闲位。停止位和空闲位都规定为高电平（逻辑值 1），这样就可以保证起始位开始处一定有一个下降沿。这种格式是靠起始位和停止位来实现字符的界定或同步的，故称为起止式协议。异步通信可以采用正逻辑或负逻辑。

8.1.2　RS-485 标准串行接口

由于 RS-485 是从 RS-422 基础上发展而来的，所以 RS-485 的许多电气规定与 RS-422 相仿。RS-422A 是全双工，两对平衡差分信号线分别用于发送和接收，所以采用 RS-422 接口通信时最少需要 4 根线。RS-485 为半双工，只有一对平衡差分信号线，不能同时发送和接收，RS-485 可以采用二线与四线方式，二线制可实现真正的多点双向通信，而采用四线连接时，与 RS-422 一样只能实现点对多的通信，即只能有一个主（Master）设备，其余为从设备，但它比 RS-422 有改进，无论四线还是二线连接方式，总线上可接到 32 个设备。

如图 8-6 所示，使用 RS-485 通信接口和双绞线可组成串行通信网络，构成分布式系统，系统最多可连接 128 个站。

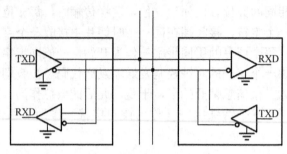

图 8-6　采用 RS-485 的网络

RS-485 的逻辑"1"以两线间的电位差为+（2～6）V 表示，逻辑"0"以两线间的电位差为-（2～6）V 表示。RS-485 接口信号电平比 RS-232C 降低了，就不易损坏接口电路的芯片，且该电平与 TTL 电平兼容，可方便与 TTL 电路连接。由于接口 RS-485 具有良好的抗噪声干扰性、高传输速率（10Mbps）、长的传输距离（1200m）和多站能力（最多 128 站）等优点，所以在工业控制中应用广泛。

RS-422/RS-485 接口一般采用 9 针的 D 型连接器。普通个人计算机一般不配备 RS-422 和 RS-485 接口，但工业控制计算机基本上都有配置。如图 8-7 所示为 RS-232C/RS-422 转换的电路原理。

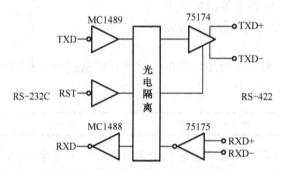

图 8-7　RS-232C/RS-422 转换的电路原理

RS-422 和 RS-485 接口的电气特性如表 8-3 所示。

表 8-3　RS-422 和 RS-485 接口的电气特性

规　定	RS-422	RS-485
工作方式	差分	差分
节点数	1 发 10 收	1 发 10 收
最大传输电缆长度（m）	1219	1219
最大传输速率（Mbps）	10	10
驱动器输出信号电平（负载最小值，V）	±2.0	±1.5
驱动器输出信号电平（空载最大值，V）	±6V	±6
驱动器共模电压（V）	−3～+3	—
接收器共模电压（V）	−7～+7	−7～+12

8.2　FX 系列 PLC 的 $N:N$ 网络通信

对于多控制任务的复杂控制系统，在工业控制系统中，不可能单靠改进机型或增大 PLC 点数来实现复杂的控制功能，而是采用多台 PLC 连接通信来实现。PLC 与 PLC 之间通过 RS-485 链接，进行软元件相互链接的功能称为 $N:N$ 网络功能。

图 8-8 是三菱 FX 系列的 PLC 与 PLC 之间 $N:N$ 网络链接框图。图中 PLC 与 PLC 之间是用 RS-485 通信用的 FX3U-485-BD 功能扩展板或特殊适配器连接的，可以通过简单的程序数据链接 PLC，这样的链接又叫并联链接。在各站间，自动数据链接位软元件（0～64 点）和字软元件（4～8 点），通过分配到本站上的软元件，可以知道其他站的数据寄存器数值和 ON/OFF 状态。应当注意的是，并联链接时，它内部的特殊辅助继电器不能作为其他用途。这种链接适用于集中管理和生产线的分布控制等。

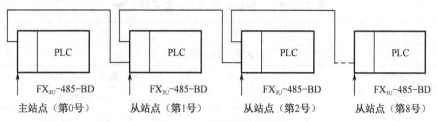

图 8-8　$N:N$ 网络链接框图

在图 8-8 中，0 号 PLC 称为主站点，其余的称为从站点。通过 FX3U-485-BD 上的通信接口进行主站点与从站点之间的通信。在每一台 PLC 的数据寄存器和辅助继电器中分别有一片系统指定的共享数据区，网络中的每一台 PLC 都分配有自己的数据寄存器和辅助继电器。

对于每一台 PLC 来说，分配给它的共享数据区的数据自动传动到其他站的相同区域，分配给其他 PLC 的共享数据区中的数据是其他站自动传送来的。对于某一台 PLC 的用户程序来说，在使用其他站自动传来的数据时，就像读/写自己内部数据区一样非常方便。共享数据区中的数据与其他 PLC 里面的对应数据在时间上有一定的延迟，数据传送周期与网络中传送的数据量和站点数有关。

8.2.1　相关的标志和数据寄存器说明

（1）相关的辅助继电器。$N:N$ 网络相关的辅助继电器见表 8-4。

表 8-4　$N:N$ 网络相关的辅助继电器

属性	FX0N、FX1S	FX1N、FX2NC、FX2N、FX3U	名　称	描　述	响应类型
只读	M8038	M8038	设定参数	设定参数用的标志位。也可以作为确认有无 $N:N$ 网络程序用的标志位。在顺控程序中请勿用 ON	主、从站
只读	M504	M8183	主站的数据传送序列错误	当主站中发生数据传送序列错误时置 ON	从站

续表

属性	FX$_{0N}$、FX$_{1S}$	FX$_{1N}$、FX$_{2NC}$、FX$_{2N}$、FX$_{3U}$	名　称	描　述	响应类型
只读	M511	M8184～M8190	从站的数据传送序列错误	当各从站发生数据传送序列错误时置 ON	主、从站
只读	M503	M8191	正在执行数据传送序列	执行 $N:N$ 网络时置 ON	主、从站

注意：在程序错误、CPU 错误或停止状态下，每一站点处产生的通信错误数目是不能进行计数的。除此之外，PLC 内部辅助寄存器与站号是一一对应的。

FX$_{0N}$、FX$_{1S}$ 可编程序控制器的场合，站号 1：M505；站号 2：M506；站号 3：M507；……站号 7：M511。FX$_{1N}$、FX$_{2NC}$、FX$_{2N}$、FX$_{3U}$ 的场合，站号 1：M8184；站号 2：M8185；站号 3：M8186；……站号 7：M8190。

（2）PLC 数据寄存器（字软元件）见表 8-5。

表 8-5　PLC 数据寄存器（字软元件）表

数据寄存器编号		R/W	名　称	检测
确认用的数据寄存器				
D8173		R	相应站点号的设定状态	M/L
D8174		R	通信从站的设定状态	M/L
D8175		R	刷新范围的设定状态	M/L
D8063		R	串行通信错误代码 1（通道 1）	M/L
D8438		R	串行通信错误代码 2（通道 2）	M/L
通信设定用的数据寄存器				
D8176		W	相应站点号的设定	M/L
D8177		W	从站站数的设定	M
D8178		W	刷新范围的设定	M
D8179		W/R	设置重试次数	M
D8180		W/R	监视时间	M
确认通信状态用的数据寄存器				
D201	D8201	R	当前链接扫描时间	M/L
D202	D8202	R	最大链接扫描时间	M/L
D203	D8203	R	数据传送序列错误的计数值（主站）	L
D204～D210	D8204～D8210	R	数据传送序列错误的计数值（从站）	M/L
D211	D8211	R	主站数据传送错误代码	L
D212～D218	D8212～D8213	R	从站数据传送错误代码	M/L
D219～D255	—	—	不使用	

8.2.2　参数设置

D8176 是相应站号设置的数据存储器。当（D8176）=0 时，该站设定为主站点；当（D8176）=1～7 时，表示为从站点号。

D8177 是设定从站站数的数据寄存器。当（D8177）=1 时，为 1 个从站点；当（D8177）=2 时，为 2 个从站点；当（D8177）=7 时，为 7 个从站点。D8177 的初始值为 7。

D8178 是设定刷新范围的数据寄存器。当（D8178）=0 时，为模式 0；当（D8178）=1 时，为模式 1；当（D8178）=2 时，为模式 2。D8178 的初始值设定为 0。只需要在主站中设定，在从站中不需要。

不同型号 PLC 模式设定如表 8-6 所示。

表 8-6　不同型号 PLC 模式设定表

模式（设定值）	模式 0（0）	模式 1（1）	模式 2（2）
FX$_{0N}$	o	×（不能使用）	×（不能使用）
FX$_{1S}$	o	×（不能使用）	×（不能使用）
FX$_{1N}$	o	o	o
FX$_{2N}$	o	o	o
FX$_{2NC}$	o	o	o
FX$_{3U}$	o	o	o

对 FX$_{0N}$、FX$_{1S}$、FX$_{1N}$、FX$_{2N}$、FX$_{2NC}$、FX$_{3U}$ 系列 PLC 来说，模式 0 时，第 0~7 号站点的位软元件不刷新，只对字软元件每站的 4 点刷新，即对第 0 号站的 D0~D3、第 1 号站的 D10~D13……第 7 号站的 D70~D73 刷新。

对 FX$_{1N}$、FX$_{2N}$、FX$_{2NC}$、FX$_{3U}$ 系列 PLC 来说，模式 1 时，可对每站 32 点位软元件、4 点字软元件的刷新范围进行刷新，即可对第 0 号站的 D0~D3、M1000~M1031，第 1 号站的 D10~D13、M1064~M1095，第 2 号站的 D20~D23、M1128~M1159……第 7 号站的 D70~D73、M1448~M1479 刷新。

对 FX$_{1N}$、FX$_{2N}$、FX$_{2NC}$、FX$_{3U}$ 系列 PLC 来说，模式 2 时，可对每站 64 位软元件、8 点字软元件的刷新范围进行刷新，即可对第 0 号站的 D0~D7、M1000~M1063，第 1 号站的 D10~D17、M1064~M1127……第 7 号站的 D70~D77、M1448~M1511 刷新。

三种模式刷新范围如表 8-7 所示。

表 8-7　三种模式刷新范围

站号	模 式 0		模 式 1		模 式 2	
	位软元件（M）	字软元件（D）	位软元件（M）	字软元件（D）	位软元件（M）	字软元件（D）
	0 点	各站 4 点	各站 32 点	各站 4 点	各站 64 点	各站 8 点
站号 0		D0~D3	M1000~M1031	D0~D3	M1000~M1031	D0~D7
站号 1		D10~D13	M1064~M1095	D10~D13	M1064~M1095	D10~D17
站号 2		D20~D23	M1128~M1159	D20~D23	M1128~M1159	D20~D27
站号 3		D30~D33	M1192~M1223	D30~D33	M1192~M1223	D30~D37
站号 4		D40~D43	M1256~M1287	D40~D43	M1256~M1287	D40~D47
站号 5		D50~D53	M1320~M1351	D50~D53	M1320~M1351	D50~D57
站号 6		D60~D63	M1384~M1415	D60~D63	M1384~M1415	D60~D67
站号 7		D70~D73	M1448~M1479	D70~D73	M1448~M1479	D70~D77

D8179 为设定重试次数的数据寄存器。可设定 0~10 数值，默认值为 3。

D8180 为设定监视时间的数据寄存器。监视时间是指主站点与从站点之间的通信驻留时间。设定值的范围是 5~55，默认值为 5，乘以 10（单位为 ms），即为通信超时的持续时间。

8.3 并行链接通信

两台同一组的 FX 系列的 PLC 之间的数据自动传送是用并行链接实现的。如果用 FX$_{1N}$、FX$_{2N}$、FX$_{2NC}$、FX$_{2C}$ 和 FX$_{3U}$ 可编程序控制器进行数据传输，是采用 10 个数据寄存器和 100 个辅助继电器在 1∶1 的基础上完成的。FX$_{1S}$ 和 FX$_{0N}$ 的数据传输是采用 10 个数据寄存器和 50 个辅助继电器进行的。

8.3.1 并行链接通信基础

当两个 FX 系列的可编程序控制器的主单元分别安装一块通信模块后，可用单根双绞线连接，编程时设定主站和从站，应用特殊继电器在两台可编程序控制器之间自动进行数据传送，实现数据通信链接是很容易的。主站由 M8070 设定，从站由 M8071 设定，而且，并行链接有高速和标准两种模式，由 M8162 设定。图 8-9 为用两块 FX$_{3U}$-485-BD 连接模块通信的两台 FX$_{3U}$ 主单元的配置图。

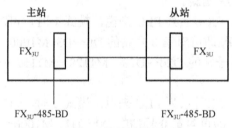

图 8-9 并行链接框图

并行链接时相关软元件的设定如下：

（1）用于设定并行链接的软元件，使用并行链接时，必须设定下列的软元件，见表 8-8。

表 8-8 设定软元件

软 元 件	名 称	操 作
M8070	设定并行链接的主站	为 ON 时，作为主站链接
M8071	设定并行链接的从站	为 ON 时，作为从站链接
M8178	通道的设定	设定要使用的通信口的通道。（使用 FX$_{3U}$ 时）OFF：通道 1；ON：通道 2
D8070	判断为错误的时间（ms）	设定判断并行链接数据通信错误的时间[初始值：500]

（2）判断并行链接错误用的软元件，见表 8-9。

表 8-9 判断并行链接错误用的软元件

软 元 件	名 称	内 容
M8072	并行链接运行中	并行链接运行中设为 ON
M8073	主站/从站的设定异常	主站或从站的设定内容中有误时置为 ON

软 元 件	名　称	内　容
M8063	链接错误	通信错误时置 ON

（3）并行链接两种模式的比较，见表 8-10。

表 8-10　并行链接两种模式的比较

模　式	通信设备	FX₃U、FX₂N、FX₂NC、FX₁N	FX₁S、FX₀N	通信时间
标准模式 （M8162 为 OFF）	主站→从站	M800～M899（100 点） D490～D499（10 点）	M400～M449（50 点） D230～D239（10 点）	70（ms）+主站扫描时间+从站扫描时间
	从站→主站	M900～M999（100 点） D500～D509（10 点）	M450～M499（50 点） D240～D249（10 点）	
高速模式 （M8162 为 ON）	主站→从站	D490、D491（2 点）	D230、D231（2 点）	20（ms）+主站扫描时间+从站扫描时间
	从站→主站	D500、D501（2 点）	D240、D241（2 点）	

8.3.2　并行链接通信的应用

两台 FX₃U 系列的 PLC 通过并行链接来交换数据，通过程序来实现下述功能：主站点输入 X0～X7 的 ON/OFF 状态输出到从站点的 Y0～Y7，当主站点的计算结果（D0+D2）大于 100 时，从站的 Y10 导通；从站点的 X0～X7 的 ON/OFF 状态输出到主站点的 Y0～Y7；设置主站点中的定时器是用从站点中 D10 的值。

根据控制要求，主站点梯形图如图 8-10 所示。

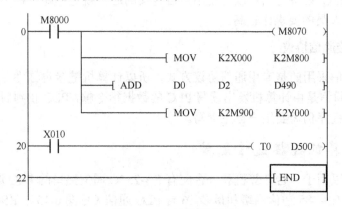

图 8-10　主站点梯形图

从站点梯形图如图 8-11 所示。

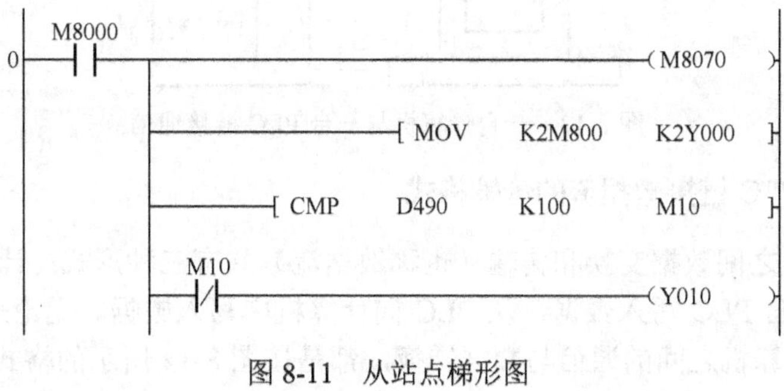

图 8-11　从站点梯形图

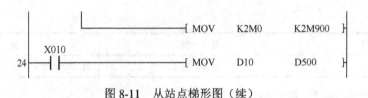

图 8-11 从站点梯形图（续）

8.4 计算机链接与无协议通信

计算机与 PLC 通信，首先需要 PLC 将各种参数发送给计算机，计算机接收到参数以后，对参数进行分析、处理之后，显示给操作者。操作者再将需要 PLC 执行的各种操作输入计算机，由计算机将操作指令回传给 PLC。PLC 一般是直接面向工作现场，面向工作设备，进行实时监控。上位机则主要完成数据传输和处理，修改参数显示图像，打印报表，监视工作状态，网络通信和编写 PLC 程序等任务。上位机与 PLC 可以发挥各自的优势，从而扩大 PLC 在实际项目中的应用。

PLC 与计算机组成的通信系统有如下两种通信协议形式。

1. 无协议通信

无协议通信方式可以实现 PLC 与各种有 RS-232C 接口的设备（如计算机、条形码阅读器和打印机等）之间的通信，其通信方式是使用 RS 指令实现的。这种通信方式的优点是非常灵活，PLC 与 RS-232C 设备之间可以使用用户自定义的通信规定；缺点在于需要用户自己编写 PLC 程序，对编程人员的要求比较高。

2. 计算机链接通信协议

计算机链接通信采用的是专用通信协议方式，所以计算机链接也称为专用通信协议或控制协议。计算机链接通信是由计算机发出读写 PLC 的数据指令帧，PLC 收到后自动生成和返回响应帧，但计算机的程序仍需要用户自主编写。

8.4.1 计算机链接通信基础

计算机链接可以用于一台计算机和一台配有 RS-232C 通信接口的 PLC 通信（见图 8-12），计算机也可以通过 RS-485 通信网络和最多 16 台 PLC 通信（见图 8-13），RS-485 网络和计算机 RS-232C 通信接口之间需要使用 FX-485PC-IF 转换器。

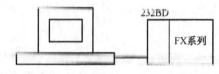

图 8-12 一台计算机与一台 PLC 链接通信

1. 计算机与 PLC 链接数据流的传输格式

计算机和 PLC 之间数据交换和传输（也称数据流）共有三种形式：计算机从 PLC 中读取数据，在计算机中向 PLC 写入数据，从 PLC 向计算机中写入数据。无论采用哪一种数据流的形式实现 PLC 与计算机之间的通信与数据转换，都是按图 8-14 所示的格式进行的。

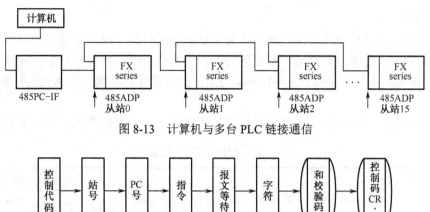

图 8-13　计算机与多台 PLC 链接通信

图 8-14　数据传输的基本格式

图 8-14 所示的计算机链接协议中各组成部分的意义说明如下：

1）控制代码

控制代码如表 8-11 所示。PLC 接收到单独的控制代码 EOT（发送结束）和 CL（清除）时，将初始化传输过程，此时 PLC 不会作出任何响应。在以下几种情况时，PLC 将会初始化传输过程：电源接通时；数据通信完成时；接收到发送结束信号（EOT）或清除信号（CL）时；接收到控制代码 NAK 时；计算机发送命令报文后超过了超时检测时间时。

表 8-11　控制代码

信　号	代　码	功 能 描 述	信　号	代　码	功 能 描 述
STX	02H	文本的开始	LF	0AH	打印及换行
ETX	03H	文本的结束	CL	0CH	清除
EOT	04H	传送结束	CR	0DH	打印及回车换行
ENQ	05H	查询	NAK	15H	否定响应
ACK	06H	肯定响应			

计算机使用 RS-485 接口时，在发出命令报文后如果没有信号从 PLC 传输到计算机接口，就会在计算机上产生错误信号，直到接收到来自 PLC 的文本开始（STX）、确认（ACK）和不能确认（NAK）信号之中的任何一个为止。检测到通信错误时，PLC 会向计算机发送不能确认（NAK）信号。

用计算机链接协议从计算机向 PLC 发送的命令执行完成后，必须相隔约两个 PLC 扫描周期，计算机才能再次发送命令。

2）站号

站号是设置在可编程序控制器一侧的，用于决定计算机访问哪一台 PLC，同一网络中各个 PLC 的站号不能重复，否则会出现错误，不能实现正常通信。但不要求网络中各站站号是连续的数字。在 FX 系列中用特殊数据寄存器 D8121 来设定站号，设定范围为 00H～0FH。

3）PC 号

PC 号就是在三菱公司 A 系列 PLC 的 MELSECNET（Ⅱ）或 MELSECNET/B 网络中与计算机链接混合使用时，用于识别与哪个可编程序控制器之间进行存取的编号，用两个 ASCII 字符来表示。FX 系列 PLC 的标识号用十六进制数 FFH 对应的两个 ASCII 字符 46H、46H 来表示。

4）报文等待

使用计算机发送信息到变为接收状态需要一定的延迟时间。报文等待时间用来决定当 PLC 接收到从计算机发送过来的数据后，需要等待的最少时间，然后才能向计算机发送数据。报文等待时间以 10ms 为单位，可以在 0～150ms 的范围内设置等待时间，用 ASCII 码表示。

5）指令

就是指定计算机对相应的可编程序控制器需要执行什么内容的存取，见表 8-12。

表 8-12　计算机链接中的指令

命　令	功　　能	对应的可编程序控制器	
		FX$_{3U}$、FX$_{3UC}$	FX$_{2N}$、FX$_{2NC}$、FX$_{1N}$、FX$_{1S}$、FX$_{0N}$
BR	以 1 点为单位读位元件（X、Y、S、T、C）	o	
WR	以 16 点为单位读位元件或以 1 点为单位读出字元件	o	o
QR	以 16 点为单位读位元件或以 1 点为单位读出字元件	o	×
BW	以 1 点为单位写元件（Y、M、S、T、C）组	o	o
WW	以 16 点为单位写位元件组或以 1 点为单位写字元件组（D、T、C）	o	o
QW	以 16 点为单位写位元件组或以 1 点为单位写字元件组（D、T、C）	o	×
BT	位软元件以 1 点为单位写入字软元件（强制 ON/OFF）	o	o
WT	以 16 点为单位对位元件置位/复位（强制 ON/OFF） 或是字软元件以 1 点为单位随机制定写入数据	o	o
QT	以 16 点为单位随机制定位软元件后，置位/复位（强制 ON/OFF） 或是以 1 点为单位随机指定字软元件后，写入数据	o	×
RR	远程运行可编程序控制器	o	o
RS	远程停止可编程序控制器	o	o
PC	读 PLC 的型号名称	o	o
GW	开关所有连接的可编程序控制器的全局信号	o	o
—	没有用于下位请求通信（从可编程序控制器发出发送请求）的指令	o	o
TT	从计算机接收到的字符被直接返回	o	o

6）字符

数据字符即所需发送的数据报文信息，其字符个数由实际情况决定。如读命令中的数据字符包括需要读取数据信息的存储器首地址和需要读取数据的位数或字数。PLC 返回的报文数据区中则是要读取的数据。

7）和校验码

和校验码就是将作为和校验对象的数据按十六进制数据进行加法运算，并将得出的结果（求和）的低位 1 个字节（8 位）转换成 2 位数的 ASCII 码。

可以通过 FX 可编程序控制器的参数设定，设定是否需要在报文中附加和校验码。

● 有"和校验"时，在发送时在报文中附加和校验码，在接收时将接收到的数据计算得出的数值与和校验码比较以检查接收的报文。

● 无"和校验"时，不附加和校验码，也不对接收到的数据进行检查。

8）控制码 CR.LF

D8120 的 b15 位设置为 1 时，则选择控制协议格式 4，PLC 在报文末尾加上控制代码 CR.LF（回车、换号符）。

2. 计算机从 PLC 读取数据

计算机从 PLC 读取数据的过程分为 A、B、C 这三部分（见图 8-15）。下面以控制协议格式 4 为例，介绍计算机读取 PLC 数据的过程及数据传输格式。

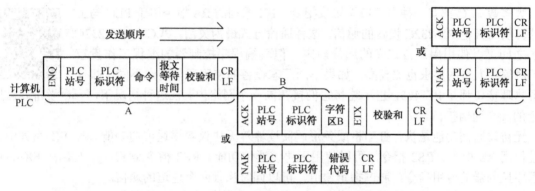

图 8-15　计算机读取 PLC 数据的过程及数据传输格式

（1）计算机向 PLC 发送读数据命令报文（A 区），以控制代码 ENQ（请求）开始，后面是计算机要发送的数据，数据按照从左至右的顺序发送。

（2）PLC 接收到计算机的命令之后，则向计算机发送计算机要求读取的数据，该报文以控制代码 STX 开始（B 部分）。

（3）计算机接收到 PLC 中读取的数据之后，则向 PLC 发送确认报文，该报文以 ACK 开始（C 部分），表示数据已经收到。

（4）计算机向 PLC 发送读数据的命令有误时（如命令格式不正确或 PLC 站号不符等），或在通信过程中产生了错误，PLC 将向计算机发送有错误代码的报文，即 B 部分以 NAK 开始的报文，通过错误代码告诉计算机产生通信错误的可能原因，计算机接收到 PLC 发来的有误报文时，向 PLC 发送无法确认的报文，即 C 部分以 NAK 开始的报文。

3. 计算机向 PLC 写数据

计算机向 PLC 写数据的过程分为 A、B 两部分（见图 8-16）。

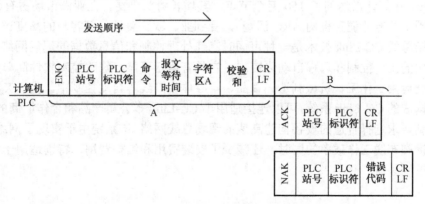

图 8-16　计算机向 PLC 写数据的数据传输

（1）计算机先向 PLC 发送写数据命令（见图 8-16 中的 A 部分）。

（2）PLC 接收到写数据命令后，执行相应的操作，执行完成后向计算机发送确认的信号（B 部分以 ACK 开头的报文），表示写数据操作已完成。

（3）若计算机发送的写命令有错误或者在通信过程中出现了错误，PLC 向计算机发送 B 部分中以 NAK 开头的报文，通过错误代码告诉计算机产生通信错误可能的原因。

8.4.2　无协议通信

大多数 PLC 都有一种串行口无协议指令，FX 系列的 RS 指令用于 PLC 与上位计算机或其他 RS-232C 设备的通信。这种通信方式最为灵活，PLC 与 RS-232C 设备之间可以使用用户自定义的通信规定，但可编程序控制器的编程工作量较大，对编程人员的要求也比较高。如果不同厂家设备的使用通信规定不同，即使设备物理接口都是 RS-485，也不能将它们接在同一个网络内。在这种情况下，一台设备要占用 PLC 的一个通信接口。

无协议通信功能是执行打印机或条形码阅读器等无协议数据通信的功能。在 FX 系列中，通过使用 RS 指令、RS2 指令，可以使用无协议通信功能。RS2 指令是 FX_{3G}、FX_{3U}、FX_{3UC} 可编程序控制器的专用指令，通过指定通道，可以同时执行两个通道的通信。

（1）通信数据点数允许最多发送 4096 点数据，最多接收 4096 点数据。

但是，发送数据和接收数据的合计点数不能超出 8000 点。

（2）采用无协议方式，连接支持串行通信的设备，可以实现数据的交换通信。

（3）RS-232C 通信的场合，总延长距离最大可达 15m。

RS-485 通信的场合，最大可达 500m（采用 485BD 连接时，最大为 50m）。

8.5　CC-Link 通信

CC-Link 是在工控系统中可以将控制和信息数据同时以 10Mbps 高速传输的现场网络。CC-Link 具有性能卓越、应用广泛、使用简单、节省成本等突出优点。作为开放式现场总线，CC-Link 是唯一起源于亚洲地区的总线系统，CC-Link 的技术特点尤其适合亚洲人的思维习惯。1998 年，汽车行业的马自达、五十铃、雅马哈、通用、铃木等也成为了 CC-Link 的用户，而且 CC-Link 迅速进入中国市场。1999 年，销售的实绩已超过 17 万个节点，2001 年达到了 72 万个节点，到 2001 年累计量达到了 150 万个节点，其增长势头迅猛，在亚洲市场占有超过 15% 的份额（据美国工控专业调查机构 ARC 调查），受到亚、欧、美、日等客户的高度评价。

三菱现场总线 CC-Link 技术是一种可同时高速处理控制和信息数据的现场网络系统，可提供高效一体化的工厂控制和远程自动化控制。它具有运行可靠、修改控制软件简单、成本低等特点，正广泛运用于化工、机械制造、食品、半导体生产线等自动控制中。由 FX_{2N} 系列程控器作为主站构成的 CC-Link 系统，可以连接适用于 CC-Link 本公司产品和合作厂商的工控设备，可按用户控制要求选择合适的设备构建高速的现场总线网络。该系统由于实现了网络的省配线、省空间，在提高布线工作效率的同时，还减少了安装费用和维护费用，特别适用于中小型工厂建立集散型控制系统。

8.5.1 CC-Link 家族

为了使用户能更方便地选择和配置自己的 CC-Link 系统，2000 年 11 月，CC-Link 协会（CC-Link Partner Association，简称 CLPA）在日本成立。主要负责 CC-Link 在全球的普及和推进工作。为了全球化的推广能够统一进行，CLPA（CC-Link 协会）在全球设立了众多的驻点，分布在美国、欧洲、中国、中国台湾、新加坡、韩国等国家和地区，负责在不同地区、各个方面推广和支持 CC-Link 用户和成员的工作。

经过 CLPA 多年来在世界范围内的不断努力发展和推广，CC-Link 这一源于亚洲的现场网络正变得越来越开放。CLPA 从成立以来一直进行各种积极的普及推广活动，并且现在还取得了 ISO 认证，CC-Link 已经成为真正的全球标准网络。CLPA 现在有 "Woodhead"、"Contec"、"Digital"、"NEC"、"松下电工"、"idec" 和 "三菱电机" 七个常务理事会员。到 2002 年 4 月底，CLPA 在全球拥有 250 多家会员公司，其中包括浙大中控、中科软大等几家中国大陆地区的会员公司。

现今，CLPA 提出了基于以太网的工业网络构想并在逐步实现中，它是针对整体系统优化需要的解决方案，它集成了各种功能：不但可以控制，而且可以进行设备管理（设定、监视）、设备维护（监视和故障检测）、数据收集（动作状态）等。正是整合网络 CC-Link IE 提供了从信息层到现场设备层网络的无缝通信。通过 CC-Link 的发展储备起来的技术和经过验证的服务，CLPA 正积极推广让它更加开放来满足用户的需要。

8.5.2 CC-Link

CC-Link 是通信和控制链接系统（Control & Communication-Link System）的简称。CC-Link 是基于 RS-485 通信的一种总线标准。当前总线种类：Profibus（欧洲）、DeviceNet（美国）和 CC-Link（日本）。

1. CC-Link 的通信原理

CC-Link 的结构图如图 8-17 所示。

CC-Link 的通信原理是基于数据链接和自动刷新的原理。PLC 分别在 CC-Link 模块和 CPU 中开辟一块内存缓冲区（BFM），其中 CC-Link 模块中的 BFM 和远程站的输入相对应（I/O 或 RWw、RWr，在编程时可以对此 BFM 不予理会），通过 "数据链接" 接收从站的数据变化，同时，把数据传送到 CPU 中的 BFM。而 CPU 模块中的 BFM 通过 "自动刷新" 的方法接收从站的数据变化。CC-Link 的底层通信协议遵循 RS-485。CC-Link 提供循环传输和瞬时传输两种通信方式。一般情况下，CC-Link 主要采用广播—轮询（循环传输）的方式进行通信。具体的方式是：主站将刷新数据（RY/RWw）发送到所有从站，与此同时轮询从站 1；从站 1 对主站的轮询作出响应（RX/RWr），同时将该响应告知其他从站；然后主站轮询从站 2（此时并不发送刷新数据），从站 2 给出响应，并将该响应告知其他从站；依次类推，循环往复。除了广播—轮询方式以外，CC-Link 也支持主站与本地站、智能设备站之间的瞬时通信。从主站向从站的瞬时通信量为 150 字节/数据包，由从站向主站的瞬时通信量为 34 字节/数据包。

2. 特点与功能

（1）速率。使用双绞线，通信距离为 100m 时通信速率为 10Mbps，1200m 时通信速率为 156Kbps。可以通过增加中继器加长距离，通信距离可达到 7.6km，使用光中继器时，可达到

13.2km（注：普通 RS-232、RS-485 通信的通信速率为 112.5Kbps）。CC-Link 实现了最高为 10Mbps 的高速通信速率，输入/输出响应可靠，并且响应时间快、可靠和具有确定性。

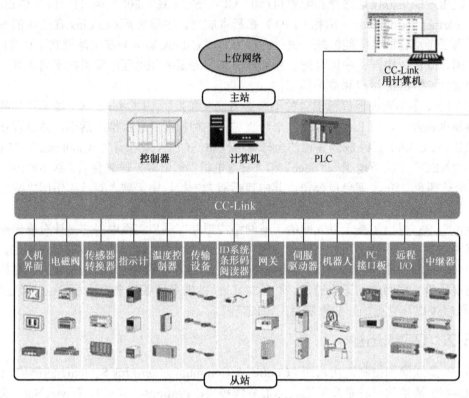

图 8-17　CC-Link 的结构图

CC-Link 输入/输出响应时间如图 8-18 所示。

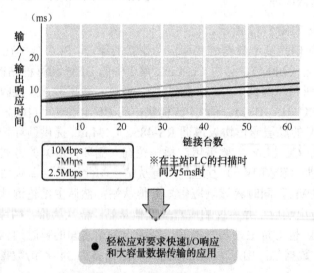

图 8-18　CC-Link 输入/输出响应时间

（2）通信数量。每个 CC-Link 系统最多可处理 4096 个远程 I/O 点，其中远程输入（RX）为 2048 个，远程输出（RY）为 2046 个。每个系统最多可处理 512 个远程寄存器 RW（包括远程写寄存器 RWr）。每个系统中最多链接的站点为 64 个。每个远程站或本地站链接的个数为：32 个远程输入（RX）和 32 个远程输出（RY），4 个远程写寄存器（RWw）和 4 个远程读寄存器（RWr）。

（3）站类型。一般分为五种，其中包括主站、备用主站、远程站、本地站、智能站。主站控制和处理整个网络系统，安装在基板上，需要注意的是，它的站号必须为 0 号。CC-Link 的模块有 Q 系列（QJ61BT11（V1.0）、QJ61BT11N（V2.0））、QnA 系列（AJ61QBT11、A1SJ61QBT11）、A 系列（AJ61BT11、A1SJ61BT11）。远程站分为 I/O 站（R-I/O）和远程设备站。R-I/O 处理远程开关量信号，远程设备站可处理 I/O 量和模拟量。在一个系统中最多有 64 个 R-I/O。R-I/O 模块有 AJ65SBT-16D（直流 24V/16 点输入）。远程设备站有特殊功能块、变频器、GOT 或感应器等。在一个系统中最多有 42 个远程设备站。本地站具有自己的 CPU，可协助主站处理数据，但没有控制网络参数的功能。本地站不能控制主站，也不能直接控制主站之外的其他站点，只能通过主站控制其他站点。本地站与主站选定由软件（GPP）网络的设置来决定。能通过瞬时传送和信息传送来执行数据通信的站，就是智能站，如带有 RS-232 接口的智能仪表、变频器和伺服器等。在一个系统中最多可以有 26 个智能站。CC-Link 站类型具体如表 8-13 所示。此外，CC-Link 系统可配备多种中继器，可在不降低通信速率的情况下，延长通信距离，最长可达 13.2km。例如，可使用光中继器，在保持 10Mbps 通信速率的情况下，将总距离延长至 4300m。另外，T 型中继器可完成 T 型连接，更适合现场的连接要求。

表 8-13 CC-Link 站的类型

CC-Link 站的类型	内 容
主站	控制 CC-Link 上的全部站，并需设定参数的站。每个系统中必须有一个主站，如 A/QnA/Q 系列 PLC 等
本地站	具有 CPU 模块，可以与主站及其他本地站进行通信的站
备用主站	主站出现故障时，接替作为主站，并作为主站继续进行数据链接的站，如 A/QnA/Q 系列 PLC 等
远程 I/O 站	只能处理位信息的站，如远程 I/O 模块、电磁阀等
远程设备站	可处理位信息及字信息的站，如 A/D、D/A 转换模块，变频器等
智能设备站	可处理位信息及字信息，而且也可完成不定期数据传送的站，如 A/QnA/Q 系列 PLC、人机界面等

3．CC-Link 的功能

1）自动刷新功能、预约站功能

CC-Link 网络数据从网络模块到 CPU 是自动刷新完成的，不必有专用的刷新指令；安排预留以后需要挂接的站，可以事先在系统组态时加以设定，当此设备挂接在网络上时，CC-Link 可以自动识别，并纳入系统的运行，不必重新进行组态，保持系统的连续工作，方便设计人员设计和调试系统。

2）完善的 RAS 功能

RAS 是 Reliability（可靠性）、Availability（有效性）、Serviceability（可维护性）的缩写。该功能包括备用主站、从站脱离、自动恢复、测试和监控，它提供了高可靠性的网络系统并使网络瘫痪的时间最小化，如图 8-19 所示。

3）互操作性和即插即用功能

CC-Link 提供给合作厂商描述每种类型产品的数据配置文档。这种文档称为内存映射表，用来定义控制信号和数据的存储单元（地址）。然后，合作厂商按照这种映射表的规定，进行 CC-Link 兼容性产品的开发工作。以模拟量 I/O 开发工作表为例，在映射表中位数据 RX0 被定义为"读准备好信号"，字数据 RWr0 被定义为模拟量数据。由不同的 A 公司和 B 公司生产的同样类型的产品，在数据的配置上是完全一样的，用户根本不需要考虑在编程和使用上 A 公司与 B 公司的不同，另外，如果用户换用同类型的不同公司的产品，程序基本不用修改，可实现"即插即用"连接设备。

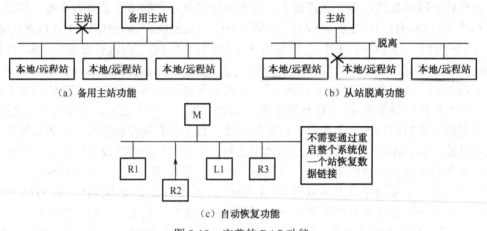

图 8-19　完善的 RAS 功能

4）循环传送和瞬时传送功能

CC-Link 有两种通信模式：循环通信和瞬时通信。循环通信是数据一直不停地在网络中传送，数据是按站的不同类型可以共享的，由 CC-Link 核心芯片 MFP 自动完成；瞬时通信是在循环通信的数据量不够用的情况下，或需要传送比较大的数据（最大 960 字节），可以用专用指令实现一对一的通信。

5）优异抗噪性能和兼容性

为了保证多厂家网络的良好兼容性，一致性测试是非常重要的。通常只是对接口部分进行测试。而且，CC-Link 的一致性测试程序包含了抗噪声测试。因此，所有 CC-Link 兼容产品具有高水平的抗噪性能。正如我们所知，能做到这一点的只有 CC-Link。除了产品本身具有卓越的抗噪性能以外，光缆中继器给网络系统提供了更加可靠、更加稳定的抗噪能力。至今还未收到过关于噪声引起系统工作不正常的报告。

4. CC-Link 的应用特点

由于 CC-Link 可以直接连接各种流量计、电磁阀、温控仪等现场设备，降低了配线成本，并且便于接线设计的更改；通过中继器可以在 4.3km 以内保持 10Mbps 的高速通信速率，因此广泛用于半导体生产线、自动化传送线、食品加工线以及汽车生产线等各个现场控制领域。在中国国内，也已经有不少地方使用了 CC-Link。现将其应用特色归纳如下：

1）便于组建价格低廉的简易控制网

作为现场总线网络的 CC-Link 不仅可以连接各种现场仪表，而且还可以连接各种本地控制站 PLC 作为智能设备站。在各个本地控制站之间通信量不大的情况下，采用 CC-Link 可以构成一个简易的 PLC 控制网，与真正的控制网相比，价格极为低廉。

2）便于组建价格低廉的冗余网络

在一些领域对系统的可靠性提出了很高的要求，这时往往需要设置主站和备用主站构成冗余系统。虽然 CC-Link 是一个现场级的网络，但是提供了很多高一等级网络所具有的功能，如可以对其设定主站和备用主站，由于其造价低廉，因此性价比较高。

3）适用于一些控制点分散、安装范围狭窄的现场

在楼宇监控系统中，如燃气监控系统，其相应的检测点很多，而且比较分散。另外，高层建筑为追求设计的经济性，往往尽量缩小夹层和上下通道的尺寸。采用 CC-Link 现场网络连接分立的远程 I/O 模块，一层网络最多可以控制 64 个地方的 2048 点，总延长距离可达 7.6km。小型的输入/输出模块体积仅为 87.3mm×50mm×40mm，足以安装在极为狭窄的空间内。

4）适用于直接连接各种现场设备

由于 CC-Link 是一个现场总线网，因此它可以直接连接各种现场设备。

5. CC-Link/LT

CC-Link/LT 提供优异的性能，并且可更大限度地减少配线。CC-Link/LT 专门为传感器、执行器和其他小型 I/O 的应用而设计。它简化和减少了现场设备和控制柜的配线。CC-Link/LT 是建立在 CC-Link 技术基础上的。它具有开放性、高速运行和优异的抗噪声性能。

由于 CC-Link/LT 规格的加入，CC-Link 技术被进一步扩充。CC-Link/LT 满足了小规模 I/O 系统对开放式现场总线连接的需要。CC-Link 家族的两个层面如下：

首先，CC-Link 是一种高速现场网络，它能够通过同一电缆同时进行控制层信息和 I/O 数据的处理。其次，CC-Link/LT 减少了控制柜内和现场设备的接线，除此之外，它还有很多优点。

● 开放式网络技术。

CC-Link/LT 利用和 CC-Link 相同的开放式网络技术，使用户可以从众多的供应商中灵活选择合适的设备，借以提高系统构建的机动性。

● 不需要参数设置。

只有主站要求速率设置，从站不需要设置网络传输速率。

● 尽量减少了不用的 I/O 地址数量。

通过点数模式设置，将不用的 I/O 地址数减到最小。通过从 4 点、8 点或 16 点模式中选择最合适的模式，就可以获得对网络地址最有效的应用。如图 8-20 所示为 8 点模式和 4 点模式的设置。

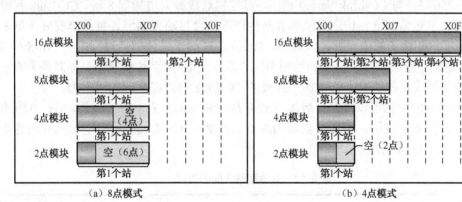

图 8-20　8 点模式和 4 点模式的设置

● 优异的抗噪声性能。
● 采用与 CC-Link 相同的现场网络测试技术。
● 编程简单。
● 不需要特殊的网络指令或地址，CC-Link/LT 设备可作为"本地 I/O"使用。
● 丰富的 RAS 功能。

- CC-Link/LT 同样具备丰富的 RAS 功能：网络诊断、内部回送诊断、从站脱离、自动恢复。
- 简便有效的网络连接。
- 通用的 CC-Link "One-Touch" 接插件不需要特殊工具而能够进行快速、可靠的连接。对于增加网络单元来说特别简便。专用扁平电缆可以进行信号与电源的传输。该电缆消除了配错线的可能性，并减少了更换模块的时间和接线费用。
- 高速响应。

CC-Link/LT 在 2.5Mbps 的网络通信速率时能够以 1.2ms 的极短时间快速更新所有的 I/O 点。根据应用中要求的电缆距离可以选择三种通信速率（2.5Mbps/625Kbps/156Kbps）。图 8-21 为 CC-Link/LT 链接扫描时间。

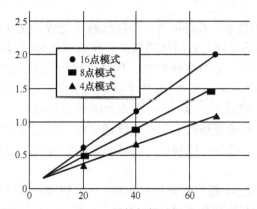

图 8-21　CC-Link/LT 链接扫描时间（2.5Mbps 时）

8.5.3　CC-Link Ver2.0 提供更多功能和更优异的性能

CC-Link Ver2.0 通过 2 倍、4 倍或 8 倍等扩展循环设置，最大可以达到 RX、RY（各 8192 点）和 RWw、RWr（各 2048 字）。每台最多可链接点数（占用 4 个站时）从 128 位、32 字扩展到 896 位、256 字，与 CC-Link Ver1.0 相比，可控制点数最大增加到 8 倍。CC-Link 将继续在包括汽车制造、半导体制造、传送系统和食品生产等各种自动化领域提供简单安装和省配线的优秀产品。除了这些传统的优点外，CC-Link Ver2.0 将在如半导体制造过程中的 "In-Situ 监视" 和 "APC（先进的过程控制）"，仪表和控制中的 "多路模拟–数字数据通信" 等需要大容量和稳定的数据通信领域满足其要求，这增加了开放的 CC-Link 网络在全球的吸引力。

新版本 Ver2.0 的主站可以兼容新版本 Ver2.0 从站和 Ver1.0 的从站（但是，Ver1.0 版本从站只能提供 Ver1.0 版本的规格，不能提供增加的数据容量）。CC-Link Ver1.0、Ver2.0 的各类型站之间能否通信如表 8-14 所示。

表 8-14　各类型站之间的通信

发送站	接收站	（Ver2.0 站）				（Ver1.0 站）				
		M	L	ID	RD	M	L	ID	RD	RIO
（Ver2.0 站）	主站　　　　M		◎	◎	◎		○	○	○	○
	本地站　　　L	◎		-	-	○	○	-	-	-
	智能设备站　ID	◎	◎	-	-	×	×	-	-	-
	远程设备站　RD	◎	◎	-	-	×	×	-	-	-

续表

发送站		接收站		(Ver2.0 站)				(Ver1.0 站)				
				M	L	ID	RD	M	L	ID	RD	RIO
（Ver1.0 站）	主站	M		○	×	×		○	○	○	○	
	本地站	L	○	○	-	-	○	○	-	-	-
	智能设备站	ID	○	○	-	-	○	○	-	-	-
	远程设备站	RD	○	○	-	-	○	○	-	-	-
	远程 I/O 站	RIO	○	○	-	-	○	○	-	-	-

注：◎：可进行扩展循环传送通信；○：可进行循环传送通信；×：不能通信；—：无此功能；\：无此项。

8.5.4 CC-Link Safety 构筑最优化的工厂安全系统

国际标准的制定，呼吁安全网络的重要性，帮助制造业构筑工厂生产的安全系统。实现安全系统的节省配线，根据生产效率，是与控制系统紧密结合的安全网络。

CC-Link Safety 的特点如下：

● 高速通信的实现

实现 10Mbps 的安全通信速率，凭借与 CC-Link 同样的高速通信，可构筑具有高度响应性能的安全系统。

● 通信异常的检测

能实现可靠紧急停止的安全网络，具备检测通信延迟或缺损等所有通信出错的安全通信功能，发生异常时能可靠停止系统。

● 原有资源的有效利用

可继续利用原有的网络资源，可使用 CC-Link 专用通信电缆。在链接报警灯等设备时，可使用原有的 CC-Link 远程站。

● RAS 功能

集中管理网络故障及异常信息，安全从站的动作状态和出错代码传送至主站管理。还可通过安全从站、网络的实时监视，解决前期故障。

● 兼容产品开发的效率化

Safety 兼容产品开发更加简单，CC-Link Safety 技术已经通过安全审查机关审查，可缩短兼容产品的安全审查时间。

8.5.5 CC-Link IE

CC-Link IE 是指基于以太网并能够实现从控制层到现场层纵向整合的网络。在当今制造业，可追踪的产品信息数据不断增加，对高速且大容量的工业用网络的需求也日渐高涨。同时，在汽车、食品等 FA 领域，为了削减在系统构筑、保养以及维护上的整体工程成本，要求有可以将信息层到现场网络进行纵向整合的网络。鉴于此，CC-Link 协会最新提出了基于以太网的整合网络构想"CC-Link IE"，并于 2007 年率先推出了 CC-Link IE 控制层网络。CC-Link IE 控制层网络实现 1Gbps 的通信速率，控制方式采用令牌方式。此种令牌方式在传输过程中，由于不发生帧冲突，提高了通信容量，特别适用于追求定时性通信的网络，如图 8-22 所示就是 CC-Link IE 控制层整体图。

CC-Link IE 控制层的基本特征是：第一，能够为构筑高效的生产系统提供必要的稳定易用的实时通信，主要包括用于循环通信的网络共享内存、稳定的循环通信与报文数据混合传输、冗余环路拓扑；其次，基于以太网实现除生产现场外包括信息系统的制造系统整体的最优化，如无缝通信。它有很多优势，超高速/超大容量；更广泛的 RAS 功能；共享内存结构；稳定和可靠性；利用以太网技术等。

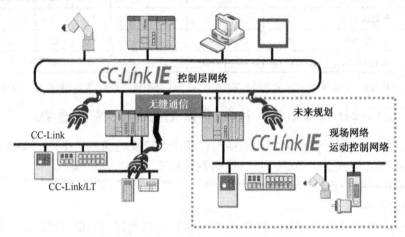

图 8-22　CC-Link IE 控制层整体图

8.5.6　CC-Link 技术规范

具体如表 8-15～表 8-18 所示。

表 8-15　CC-Link 规格（Ver.1.10）

项　　　目		规　　　格
控制规格	最大链接点数	远程 I/O（RX、RY）：各 2048 点
		远程寄存器（RWw）：256 点（主站→远程，本地站）
		远程寄存器（RWr）：256 点（远程，本地站→主站）
	每个站链接点数	远程 I/O（RX、RY）：各 32 点（本地站各 30 点）
		远程寄存器（RWw）：4 点（主站→远程，本地站）
		远程寄存器（RWr）：4 点（远程，本地站→主站）
	最大占用站数	4 个站（最大 I/O 点数：128，链接寄存器：32）
通信规格	通信速率	10M/5M/625K/156Kbps
	通信方式	广播轮询
	同步系统	帧同步系统
	代码系统	NRZI
	传送路径	总线方式（遵照 EIA RS-485）
	传送方式	根据 HDLC
	错误控制系统	CRC

项　目	规　格
可连接的模块数	64 个站。但必须满足以下条件： $(1×a) + (2×b) + (3×c) + (4×d) ≤64$ a：占有一个站的模块数，　　b：占有两个站的模块数 c：占有三个站的模块数　　d：占有四个站的模块数 $(16×A) + (54×B) + (88×C) ≤2304$ A：远程 I/O 模块数……………………………………最大 64 个 B：远程设备站模块数……………………………………最大 42 个 C：本地站、备用主站和智能站模块………………………最大 26 个

通信规格	远程站数	1～64

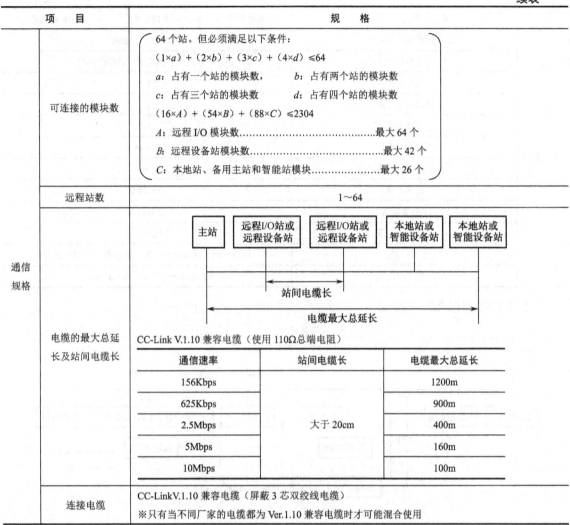

通信规格 | 电缆的最大总延长及站间电缆长

CC-Link V.1.10 兼容电缆（使用 110Ω 总端电阻）

通信速率	站间电缆长	电缆最大总延长
156Kbps	大于 20cm	1200m
625Kbps		900m
2.5Mbps		400m
5Mbps		160m
10Mbps		100m

连接电缆	CC-LinkV.1.10 兼容电缆（屏蔽 3 芯双绞线电缆） ※只有当不同厂家的电缆都为 Ver.1.10 兼容电缆时才可能混合使用

表 8-16　CC-Link/LT 规格

项　目			4 点模式	8 点模式	16 点模式
最大链接点数，（）内为 I/O 都使用时			256 点（512 点）	512 点（1024 点）	1024 点（2048 点）
每个站连接点数，（）内为 I/O 都使用时			4 点（8 点）	8 点（16 点）	16 点（32 点）
控制规格	链接扫描时间（ms）	连接 32 个站	点数	128 点	256 点	512 点
			2.5Mbps	0.7	0.8	1.0
			625Kbps	2.2	2.7	3.8
			156Kbps	8.0	10.0	14.1
		连接 64 个站	点数	256 点	512 点	1024 点
			2.5Mbps	1.2	1.5	2.0
			625Kbps	4.3	5.4	7.4
			156Kbps	15.6	20.0	27.8

续表

项　目		4 点模式	8 点模式	16 点模式
通信规格	通信速率（bps）		2.5M/625K/156K	
	协议		BITR 方式（广播轮询+间隔时间响应）	
	网络拓扑		T 分支	
	错误控制方式		CRC	
	连接站数		64	
	远程站站号		1～64	
	每一分支最大连接站数		8	
	站间距离		没有限制	
	T 分支间隔		没有限制	
	主站连接位置		干线的端头	
	RAS 功能		网络诊断、内部反馈诊断、从站脱离、自动恢复	
	连接电缆		专用扁平电缆（0.75mm²×4）	

T 分支连接如图 8-23 所示。

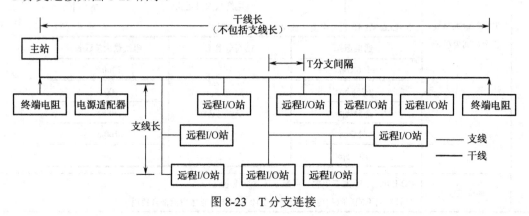

图 8-23　T 分支连接

表 8-17　T 分支连接规格

项　目	规　格			备　注
通信速率	2.5Mbps	625Kbps	156Kbps	—
站间距离	无限制			—
每一分支最多连接模块数	8			—
干线最大长度	35m	100m	500m	终端电阻间的电缆长 不包括支线长
T 分支间隔	无限制			—
最大支线长	4m	16m	60m	每一分支电缆长度
支线总长	15m	50m	200m	支线的合计长

表 8-18 CC-Link/LT 专用扁平电缆规格

项 目	规 格	横 截 面
电缆型号	扁平电缆	
工作温度范围	−10~80℃	
额定电压	30V	
线芯数	4	
导体电阻（20℃）	23.4 Ω/km 以下	
安全性	UL Subject758	
阻燃性	UL VW-1 · -F-	

8.6 实例应用

例8-1 两台 FX$_{3U}$ 系列 PLC 通过 1∶1 并行链接通信网络交换数据，设计其高速模式的通信程序。通信操作要求如下：

（1）当主站的计算结果≤100 时，从站 Y010 变为 ON；

（2）从站的 D10 值用于设定主站的计时器（T0）值。

图 8-24 所示为并行链接高速模式通信程序。

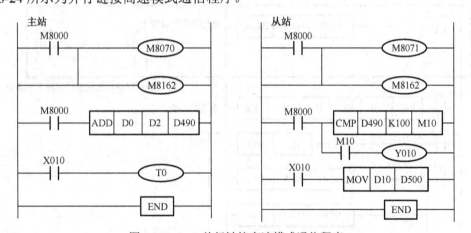

图 8-24 1∶1 并行链接高速模式通信程序

例8-2 连接 FX$_{3U}$ 系列与带 RS-232C 接口的打印机，打印从可编程序控制器发送的数据的情况。选用符合打印机接口的针脚排列的电缆进行通信。

1）系统构成

系统构成图如图 8-25 所示。

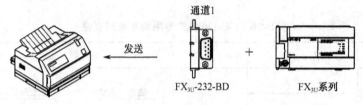

图 8-25　系统构成图

主机的通信格式如表 8-19 所示。

表 8-19　主机的通信格式

数据长度	8 位
奇偶校验	偶校验
停止位	2 位
波特率	2400bps
报头	无
报尾	无
控制线（H/W）	普通/RS-232C，有控制线
通信方式（协议）	无协议
CR、LF	无

2）顺控程序

FX₃U 系列与带 RS-232C 接口的打印机通信程序如图 8-26 所示。

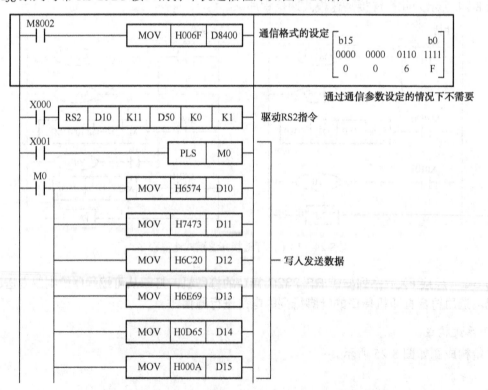

图 8-26　FX₃U 系列与带 RS-232C 接口的打印机通信程序

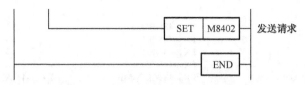

图 8-26 FX₃U 系列与带 RS-232C 接口的打印机通信程序（续）

3）动作

动作如图 8-27 所示。

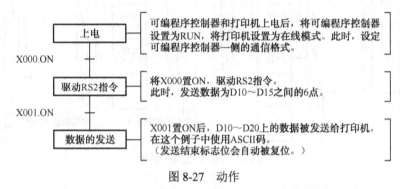

图 8-27 动作

例 8-3 两台 FX₃U 系列 PLC 之间实现 $N:N$ 通信。

1）三菱 FX₃U 系列 PLC 之间通信硬件配置（$N:N$ 通信）

通信扩展板 FX₃U-485-BD、双绞电缆。

2）通信扩展板的安装和通信电缆的连接

三菱 FX₃U-485-BD 的安装比较简单，只需要把 PLC 左侧的扩展口打开，把通信扩展板安装上去再使用螺丝固定即可。电缆在选用的时候要注意使用带屏蔽的双绞线电缆，可以直接使用我们日常生活中经常使用的网线，型号为 10BASE-T（3 类线以上），但也要带屏蔽。图 8-28 为通信电缆的连接，接线完成以后要特别注意，连接完毕之后一定要在网络的两端设置终端电阻，这里由于使用的是三菱 FX₃U-485-BD，所以只需将两端通信扩展板的拨动开关拨到 110Ω 的位置就可以了。

3）三菱 FX₃U 系列 PLC 之间通信软件设置（$N:N$ 通信）

（1）主站程序的编写。主站程序（见图 8-29）主要是设定几个必须设置的软元件，首先是第一行 M8038，这是 $N:N$ 网络标志位，运行时不需要置 ON；M8176 指的是站号，由于这里写的是主站，所以站号为 0。第二行 D8177 是从站数量的设定，有几个从站就设定为几个。第三行 D8178 是模式的调整，本次试验我们使用的都是 FX₃U 系列 PLC，所以设置为 2。第四行 D8179 指的是通信不成功时需重试的次数。第五行 D8180 设置异常判定时间，通信时超过此时间可设置异常报警。关于软元件的功能可以参考表 8-4 和表 8-5。

（2）从站程序的编写。需要注意的是，从站除了一个 D8176 元件必须写外，如果采用通道 2 的话，还必须在 M8038 后面输出一个 M8179。从站程序如图 8-30 所示。

N:N网络的接线采用1对接线方式。

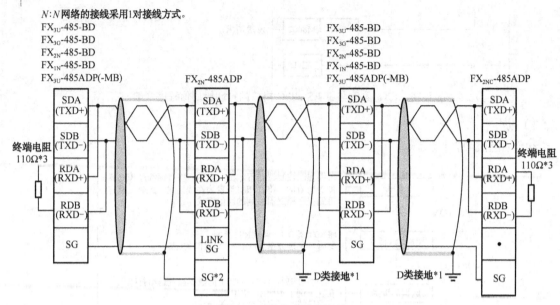

图 8-28　通信电缆的连接

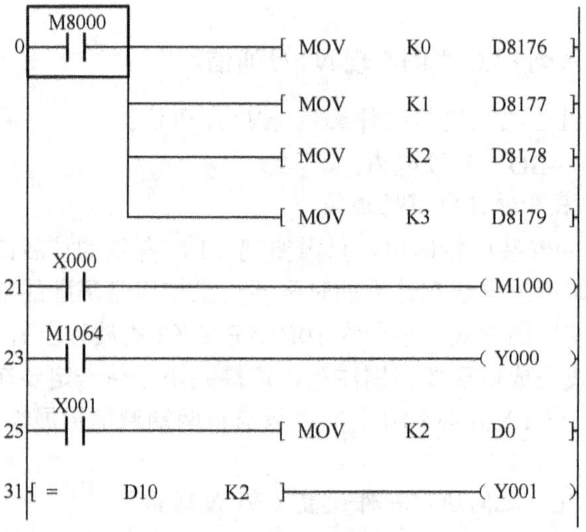

图 8-29　主站程序

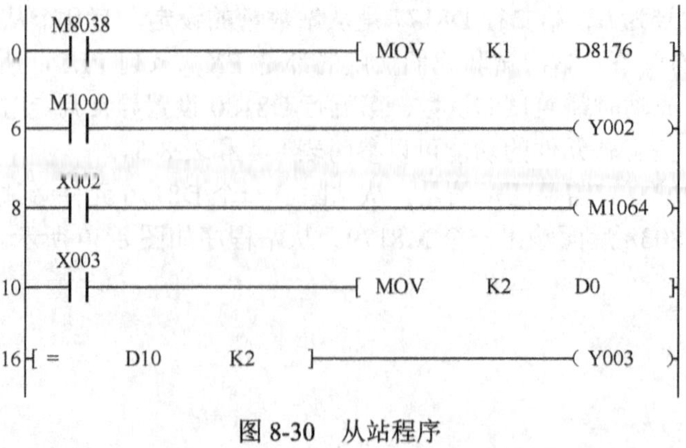

图 8-30　从站程序

（3）程序运行分析。主站和从站的软元件参数设定好之后开机运行 PLC，查看通信扩展板的两个指示灯有没有闪烁，如果其中有一个不闪烁或者连一个都不闪烁，则说明链接或者软元件参数设置有问题，需重新检查设置；如果都闪烁，则通信成功，可以分析程序。下面我们来分析一下主站和从站运行后操作相关输入和有什么结果。

操作主站 X000 输入 ON，则主站中 M1000 输出 ON，从站中的 Y002 则输出 ON，操作主站中的 X001 输入 ON，则主站中传送 2 到 D0 中。从站中 Y003 输出 ON 操作从站中 X002 输入 ON，则从站中 M1064 输出 ON，主站中 Y000 输出 ON 操作从站中 X003 输入 ON，则从站中传送 2 到 D10，主站中 Y001 输出 ON。

（4）链接软元件的分配。主站中使用的链接软元件是 M1000，为什么从站中使用的是 M1064，其实这个是系统早就分配好了的，分配如表 8-7 所示。

思考与练习

1. 三菱 FX 系列 PLC 通信主要有哪几种通信方式？
2. PLC 的通信系统由哪几个基本部分组成？
3. 计算机与 PLC 通信的基本格式是什么？每个组成部分的具体意义是什么？
4. 无协议通信具有哪些特点？
5. CC-Link 具有哪几个功能？
6. 列表比较三菱 FX 系列几种通信方式的异同点。

参 考 文 献

[1] 孙平. 电气控制与 PLC[M]. 北京：高等教育出版社，2012.

[2] 李道霖. 电气控制与 PLC 原理与应用[M]. 北京：电子工业出版社，2004.

[3] 刘美俊. 电气控制与 PLC 工程应用[M]. 北京：机械工业出版社，2011.

[4] 张桂香. 电气控制与 PLC 应用[M]. 北京：化学工业出版社，2003.

[5] 田淑珍. 工厂电气控制设备及技能训练[M]. 北京：机械工业出版社，2007.

[6] 张振国，方承远. 工厂电气与 PLC 控制技术[M]. 北京：机械工业出版社，2011.

[7] 范永胜，王岷. 电气控制与 PLC 应用（第 3 版）[M]. 北京：中国电力出版社，2014.

[8] 薛士龙. 电气控制与可编程控制器[M]. 北京：电子工业出版社，2011.

[9] 黄永红. 电气控制与 PLC 应用技术[M]. 北京：机械工业出版社，2011.

[10] 王永华. 现代电气控制及 PLC 应用技术（第 2 版）[M]. 北京：北京航空航天大学出版社，2008.

[11] 巫莉. 电气控制与 PLC 应用[M]. 北京：中国电力出版社，2010.

[12] 宋伯生. PLC 编程理论·算法及技巧[M]. 北京：机械工业出版社，2006.

[13] 王珍喜，霍松林. 电气控制与 PLC[M]. 北京：冶金工业出版社，2013.

[14] 孙振强. 电气控制与 PLC 技术[M]. 济南：山东科学技术出版社，2011.

[15] 胡成龙，何琼. PLC 应用技术[M]. 武汉：湖北科学技术出版社，2008.

[16] 刘建华，张静之. 三菱 FX$_{2N}$ 系列 PLC 应用技术[M]. 北京：机械工业出版社，2010.

[17] 林春方. 电气控制与 PLC 原理及应用[M]. 上海：上海交通大学出版社，2008.

[18] 杨后川，张春平. 三菱 PLC 应用 100 例[M]. 北京：电子工业出版社，2011.

[19] 李金城. PLC 模拟量与通信控制应用实践[M]. 北京：电子工业出版社，2011.

[20] 向晓汗，王保银. 三菱 FX 系列 PLC 完全精通教程[M]. 北京：化学工业出版社，2012.

[21] 王栋. 煤矿设备电气控制与 PLC 应用技术[M]. 北京：机械工业出版社，2014.

[22] 王建，张文凡. PLC 实用技术[M]. 北京：机械工业出版社，2012.

[23] 赵燕，徐汉斌. PLC——从原理到应用程序设计[M]. 北京：电子工业出版社，2013.

[24] 龚仲华，史建成，孙毅. 三菱 FX/Q 系列 PLC 应用技术[M]. 北京：人民邮电出版社，2006.

[25] 张万忠. 可编程控制器应用技术[M]. 北京：化学工业出版社，2012.

[26] 谢文辉，张志芳. PLC 应用技术易读通[M]. 北京：中国电力出版社，2008.

[27] 郑凤翼. PLC 程序设计方法与技巧[M]. 北京：机械工业出版社，2014.

[28] 范次猛. PLC 编程与应用技术[M]. 武汉：华中科技大学出版社，2012.

[29] 何琼. PLC 应用技术[M]. 北京：科学出版社，2011.

[30] 程子华，刘小明. PLC 原理与编程实例分析[M]. 北京：国防工业出版社，2010.

[31] 罗雪莲. 可编程控制器原理与应用[M]. 北京：清华大学出版社，2008.

反侵权盗版声明

电子工业出版社依法对本作品享有专有出版权。任何未经权利人书面许可，复制、销售或通过信息网络传播本作品的行为，歪曲、篡改、剽窃本作品的行为，均违反《中华人民共和国著作权法》，其行为人应承担相应的民事责任和行政责任，构成犯罪的，将被依法追究刑事责任。

为了维护市场秩序，保护权利人的合法权益，我社将依法查处和打击侵权盗版的单位和个人。欢迎社会各界人士积极举报侵权盗版行为，本社将奖励举报有功人员，并保证举报人的信息不被泄露。

举报电话：（010）88254396；（010）88258888

传　　真：（010）88254397

E-mail：　dbqq@phei.com.cn

通信地址：北京市海淀区万寿路 173 信箱
　　　　　电子工业出版社总编办公室

邮　　编：100036